스마트 쉘터 공간

예술과 공학이 만나다

스마트 쉘터 공간: 예술과 공학이 만나다

2018년 6월 18일 1판 1쇄 발행

지은이 고경호, 김덕수, 김언용, 김정은, 박영욱, 송복섭, 정연심, 정은영, 지승열

펴낸이 김현표
본부장 최진선
편집 서상영
디자인 신정민
제작 길유순

펴낸곳 **미진사**
주소 경기도 파주시 광인사길 103
전화 031-955-6266
팩스 031-955-6267
이메일 mijinsa@mijinsa.com
홈페이지 www.mijinsa.com
등록번호 제406-2013-000126호

ISBN 978-89-408-0561-9 [93610]
값 16,000원

이 저서는 2015년 대한민국 교육부와 한국연구재단의 지원을 받아 수행된 연구임
(NRF - 2015S1A5B6037105)

SMART

스마트 쉘터 공간 ×××××××××××× 예술과 공학이 만나다

고경호 · 김덕수 · 김언용
김정은 · 박영욱 · 송복섭
정연심 · 정은영 · 지승열

SHEL-TER

미진사

일러두기

1. 본서에 사용한 부호는 다음과 같습니다.

   『 』 단행본, 잡지, 신문
   「 」 도서의 장이나 절, 논문, 기고문
   《 》 전시
   〈 〉 작품(연작), 건축물, 영화
   ‘ ’ 강조 또는 주목할 어구
   “ ” 인용문, 대화문

2. 외국 인명, 지명, 작품명 및 독음은 국립국어원 외래어 표기법을 따르는 것을 원칙으로 하되, 관용적으로 굳어진 경우는 그에 따랐습니다.

차례

이 책에 수록된 일부 원고의 원 출처는 다음과 같습니다.

1장. 박영욱, 「좋은 공간의 모색: 모더니즘의 공간과 포스트모더니즘 공간을 넘어서」, 『현대미술사연구』 40, 현대미술사학회, pp. 7-33, 2016.

2장. 정은영, 「에토스와 삶의 형식: 비트겐슈타인 하우스에 대한 연구」, 『미술사와시각문화』 19, 2017, pp. 6-37 부분 수정.

3장. 고경호; 김정은, 「현대 미술에서의 쉘터(Shelter) 공간 연구: 안드레아 지텔(Andrea Zittel)의 작품을 중심으로」, 『조형디자인연구』 19(3), 2016, pp. 170-187 부분 수정.

4장. 정연심, 「어반토피아의 꿈과 이동성: 현대 미술에서의 쉘터 스페이스」, 『현대미술사연구』 40, 현대미술사학회, 2016, pp. 151-175 부분 수정.

5장. 김덕수, 「U-Eco City의 TOD 생활권 공간모델」 13(3), 『도시설계(한국도시설계학회지)』 13(3), 2012, pp. 5-20.

6장. 송복섭, 「U-city 로드맵 작성을 위한 공간단위 설정 연구」, 『국토계획(대한국토도시계획학회 논문집)』 45, 2010, pp. 211-223.

7장. 송복섭, "Defining the architectural characteristics of multi-purse shelters", International conference on urban regeneration and sustainability, 2016.7.14. Spain.

9장. 지승열; 고경호, 「뇌파 정보를 활용한 스마트 쉘터 운용에 관한 연구」, 『현대미술사연구』 41, 현대미술사학회, 2017, pp. 119-138 부분 수정.

서론

프랑스 신고전주의 건축의 형성에 영향을 끼쳤던 마크 앙투안 로지에Marc Antoine Laugier는 1753년에 발표한 『건축론*Essai sur l'architecture*』에서 모든 건축은 가장 근원적인 것으로 소급되어야 하며 그것을 추구해야 한다고 주장하였다. 그가 말하는 건축의 가장 근원적인 형태는 나무로 만든 보와 기둥, 그리고 지붕으로 이루어진 단순한 형태의 원시 오두막이다. 우리나라의 과수원에 있는 원두막 형태를 떠올리면 된다. 이 단순한 형태야말로 건축의 모든 것을 말해 준다. 잠을 자거나 휴식은 물론이며, 비가 오면 비를 피할 수 있고, 강렬한 햇빛의 가림막이 되기도 하며, 바깥의 싱그러운 공기를 마음껏 마실 수 있다. 인간의 생존에 반드시 필요한 것만을 갖추고 있을 뿐더러, 외부 환경에 적절하게 노출되어 있으므로 외부 세계는 막아야 할 침입의 대상이라는 경계 의식을 만들지도 않는다. 심지어 원시 오두막은 경우에 따라서 이동도 가능하다. 여기에는 이 책에서 사용되는 '쉘터shelter'의 개념이 전부 암시되어 있다고 해도 과언이 아니다. 쉘터는 단순히 외부로부터 몸을 피하는 은신처나 신체적 거주만을 위한 장소가 아닌 니라 외부 세계와 소통하는 장소이기도 하기 때문이다.

그러나 사람들은 자신이 거주하는 공간을 똑똑하게 사용하기 위해서 너무나도 많은 것들을 설치하고 수많은 기능을 부여해 왔다. 그럼으로써 우리가 거주하는 건축물이나 장소는 거대하고 복잡한 구조물로서 외부 세계와는 완전히 차단된 공간으로 변질된다. 이 엄청난 건축물들은 원시 오두막과 달리 외부 환경과 소통하기보다는 그로부터 완전한 도피를 꿈꾼다. 그러나 그 결과는 그다지 똑똑한 것이 아니었다. 현재 우리가 살고 있는 건물은 온갖 기능과 장치를 갖추고 있지만, 그것은 자연환경이나 다른 외부인의 침입으로부터 보호하고자 하는 폐쇄적인 공간이 되었다. 아이러니하게도 외부와의 완벽한 차단은 자연적, 사회적 재앙 혹은 외부의 불확실한 세계를 항상 걱정하게 만드는 심리적인 불안과 불가분의 관계를 맺고 있다. 불행하게도 우리가 만든 첨단의 거주 공간은 외부 환경과 우리를 이어주는 안정된 쉘터도 아니고 복잡한 현실로부터 벗어나 자기만의 사색과 여유가 가능한 힐링을 위한 쉘터도 아니다.

스마트 쉘터는 여러 가지 기능을 갖춘 많은 것들로 빼곡히 채워진 가제트 공간이 아니다. 건축에서 스마트함은 때로는 '비어 있음'이나 '기능적으로 모호함'을 뜻한다. 루이스 칸Louis Kahn은 정주하는 방도 아니면서 그렇다고 통로도 아닌, 모호하면서도 기능적으로 정해지지 않은 공간을 선호했다. 그가 갤러리와 같이 방도 아니면서 복도도 아닌 공간에 흥미를 느꼈던 것은 당연하다. 갤러리 공간은 애초에 많은 것이 채워져 있으면 안 된다. 기능적으로 비워져 있을 때 자신의 기능을 발휘할 수 있다. 렘 콜하스Rem Koolhaas의 〈시애틀 공공 도서관Seattle Central Library〉은 이러한 모호함으로 만들어진 공간이라 할 수 있다. 계단이 아닌 비스듬한 경사면은 층과 층을 잇는 연결 통로이면서 동시에 서가이자 열람실이기도 하다. 스마트함은 많은 기능들로 채워지는 것이 아닌 오히려 로지에의 오두막에 가까운 것이 된다.

이 책은 쉘터의 기본적인 의미로부터 출발하여 그것을 어떠한 방식으로 스마트하게 구현할 수 있는가에 대한 문제의식을 담고 있다. 사물인터넷 기술이 상용화되기 시작한 오늘날의 상황에서 공간의 성격은 급진적으로 변하고 있다. 이 책은 그러한 과학기술의 변화를 거부하고 로지에의 오두막으로 돌아가자는 자연주의를 주장하는 것이 결코 아니다. 오히려 그보다는 디지털 기술이 어떠한 방식으로 가장 근본적인 의미에서 스마트한 거주지, 즉 스마트 쉘터를 만드는 데 일조하는지에 대한 근본적이고도 광범위한 탐구를 지향하고 있다. 쉘터는 거주지뿐만 아니라 재난으로부터의 보호나 은신처를 뜻하기도 한다. 재난이 닥쳤을 때 사람들은 단순히 자연에 적대적으로 대응하기보다, 어떻게 대처해야 하는지를 탐구하면서 자연과 공존하는 법을 익힌다. 이 순간이야말로 사람들이 가장 스마트해지는 순간인 것이다. 스마트 쉘터를 재난 상황과 관련지어 생각할 수밖에 없는 이유도 여기에 있다. 이 책에서 첨단 과학기술을 스마트 쉘터와 관련지으려는 것도 이러한 연관을 반영한 것이다. 사물인터넷이나 유비쿼터스 기술 등은 단지 사람들의 편리나 산업적인 목적이 아닌 근본적인 의미에서 스마트한 공간을 위한 장치 구현의 수단이 되어야 한다. 물론 이 책이 그 구체적 방안이나 확정적인 기술적인 방향을 발견한 것은 아니다. 오히려 그것을 모색하기 위한 예비적인 과정이라고 할 수 있다.

이 책은 연구재단 사업 중 하나인 '학제간융합연구지원사업'에 선정되어 2015년 9월부터 3년간 진행된 '스마트 쉘터Smart Shelter 공간 구축을 위한 철학·건축·예술·문화·공학에 대한 융합 연구'의 결과물 중 하나이다. 과제명에서도 알 수 있듯이 본 연구는 학제 간 연구라는 융합적 성격을 분명히 담고 있다. 이 책은 연구 책임자를 포함하여 연구 과제에 참여한 공동 연구원들의 연구로 이루어진 결과물이다. 책의 내용을 보면 알 수 있듯이, 건축 공학 전공자뿐만 아니라 철학, 미술 이론, 조형 예술 실기를 담당하는 교수에 이르는 포괄적인 영역의 연구자들이 이 책을 집필하였다. 그리하여 이 책은 1부인 스마트 쉘터에 관한 이론적 모색과 2부인 스마트 쉘터에 관한 실천적 모색으로 구성되어 있다.

1부에서는 스마트 쉘터의 근본적인 문제의식을 살피기 위해서 철학적, 예술적 모색이 이루어진다. 1부는 모더니즘 공간과 이를 극복하고자 하는 포스트모더니즘 공간이 어떠한 점에서 진정한 쉘터의 의미를 결여하고 있는지를 밝히는 글(박영욱)을 비롯해서, 오스트리아 출신의 철학자 비트겐슈타인이 직접 설계한 집에 나타난 '에토스'적 의미를 통해서 당시 부르주아지의 도덕관을 비판적으로 살피고 쉘터의 근본적인 의미를 되짚어 보는 글(정은영)이 포함된다. 그리고 현대 사회에서 마이크로 유토피아를 구현하고자 하는 안드레아 지텔의 쉘터 작업들을 파헤치는 글(고경호, 김정은)과 20세기 어반토피아의 꿈과 이동성을 주제로 하며, 테크놀로지를 기술 중심이 아닌 삶의 문제와 관련한 벅민스터 풀러의 설치 작업을 살피는 글(정연심)과 같이 현대 미술에서 쉘터가 어떻게 모색되고 있는지를 밝히는 연구 작업이 소개된다.

2부에서는 본격적인 건축학적 공학적 연구들로서 모더니즘 도시 계획에서 배제되었던 실질적인 보행자가 기반이 되는 도시 공간을 유비쿼터스 기술을 통하여 어떻게 구축할 것인가 하는 문제의식을 담은 글(김덕수)과 재난과 관련하여 쉘터를 어떻게 유형화시키며 구축할 것인가를 다루는 글(송복섭)과 스마트한 도시 공간 구축을 위한 맵(송복섭)을 제시하는 글이 포함된다. 또한 재난 상황을 가정할 경우 정보 기술이 어떠한 방식으로 스마트한 공간을 구축하는데 활용될 수 있는가에 대한 구체적인 방안을 모색하는 글(김언용)과 뇌파를 활용하여 주변의 환경과의 관계 속에서 스마트한 공간을 공학적으로 구현할 수 있는 방안을 모색한 글(지승렬)도 포함된다.

여기에 수록된 글들은 스마트 쉘터를 주제로 한 프로젝트의 결과물이므로 대부분 학회지에 발표되었던 논문들을 단행본에 맞추어 재구성한 것들이다. 스마트 쉘터라는 공동의 주제를 가지고 연구자들의 자신의 연구 분야 및 관심사에 맞추어 진행한 연구의 성과물들이므로 매우 포괄적이고도 근본적인 문제의식을 담고 있다. 따라서 독자들은 이 책을 통해서 오늘날 우리가 사는 현실 속에서 어떻게 하면 스마트한 공간을 구축할 수 있는지에 대한 근본적이고도 포괄적인 문제의식을 접하고 이에 대한 답을 모색하는 여정에 동참할 수 있을 것으로 기대한다.

끝으로 이 책이 나올 수 있도록 지원을 해준 한국연구재단, 미진사의 최진선 본부장님과 편집을 맡아 주신 서상영 편집자님, 디자인을 맡아 주신 신정민 디자이너님, 그리고 원고의 편집을 맡아 주신 배혜정 선생님, 홍익대학교 융합예술연구센터의 이대철 연구원, 장수의 연구원, 콘노유키 연구원, 이주현 연구원, 재혁Marcus Jay Kennedy 연구원을 비롯하여 김재도 선생님, 김주옥 선생님, 박정선 선생님, 황수진 선생님, 이경미 연구원, 김동현 연구원 , 장준호 연구원, 김한기 연구원, 강덕봉 연구원께 진심으로 감사의 말씀을 전한다.

고경호

1부

이론 편

1. **좋은 공간의 모색** ○ 박영욱
   모더니즘 공간과 포스트모더니즘 공간을 넘어서
2. **삶의 형식과 쉘터의 의미** ○ 정은영
   비트겐슈타인 하우스에 담긴 철학적 성찰
3. **현대 미술에서의 쉘터 공간** ○ 고경호, 김정은
   안드레아 지텔의 작품을 중심으로
4. **어반토피아의 꿈과 이동성** ○ 정연심
   현대 미술에서의 쉘터 스페이스

1. 좋은 공간의 모색

모더니즘 공간과 포스트모더니즘 공간을 넘어서

박영욱

1. 좋은 공간이란 무엇인가?

"좋은 공간이란 무엇인가?"라는 물음에 대한 답부터 시작해 보자. 답부터 말하자면, "답은 없다."는 것이 답이다. 이는 마치 "공간이란 무엇인가?"에 대한 답이 없는 것과 마찬가지이다. 공간에 대한 어떤 물리학적 대답도 완벽할 수 없으며 어려움에 직면할 수밖에 없음을 감안한다면, 공간이란 "무엇Was"인가에 대한 물음보다는 우리가 공간을 어떠한 방식으로 표상하는가, 즉 "어떻게Wie"의 물음으로 바꾸는 것이 더 현명한 일일 것이다.[1] 마찬가지로 좋은 공간이 어떤 것인지에 대해서 아무리 완벽하게 정의한다 할지라도 논박 불가능할 수는 없다. 좋은 공간이 존재하는 것이 아니라 좋은 공간에 대한 표상만이 존재할 따름이다.

물론 좋은 공간 혹은 더 구체적으로 좋은 공간 디자인이란 무엇인가에 대한 보편적인 정의의 시도가 없었던 것은 아니다. 그러나 그러한 정의는 항상 그 시대에 제약된 사회적 통념으로 환원되어 버리고 만다. 가령 18세기에 로지에Marc-Antoine Laugier는 원시 오두막을 건축의 본질을 모두 담고 있는 것으로 생각하였다. 천장과 이를 받치고 있는 기둥, 그리고 보만 있다면 인간은 그 속에서 충분히 거주할 수 있고 그 외의 것은 잉여이며 본질적인 것이 아니라고 생각하였다. 좋은 공간의 조건은 바로 원시 오두막처럼 건물이 되기 위한 최소한의 조건일 뿐이다. 그러나 우리는 이것이 결코 좋은 공간의 조건이 아님을 안다. 오늘날 천장과 기둥만으로 이루어진 공간에서 거주하고 싶은 사람은 거의 없을 듯하다. 결국 로지에가 생각하는 좋은 공간이란 단지 기능적으로 거주할 수 있는 최소한의 조건을 지닌 공간일 뿐이다. 이러한 공간론은 결국 기능성과 경제성이 최고의 기준이라는 사회적 통념에 의존한다. 로지에가 생각하는 좋은 공간의 조건 자체가 근대적인 사회적 통념으로부터 비롯된 표상인 셈이다.

로지에와 달리 좋은 공간의 조건을 이러한 효율성과 경제성 이외의 영역에서 찾으려 한 장 누벨Jean Nouvelle의 경우에도 사회적 통념의 제약은 똑같이 나타난다. 누벨은 좋은 공간 혹은 건축의 요소를 건축주(클라이언트)에게 '말해지지 않은 부분'에서 찾고자 한다.[2] 이때 건축주에게 말해지지 않은 부분이란 투자한 돈에 대한 가성비를 최고의 가치로 두는 건축주들에게 언급하지 않고 건축가가 자신의 예술적 가치를 실현하는 미적 차원을 뜻한다. 누벨은 이러한 미적 차원의 실현을 건축 디자인의 '특이성singularity'에서 찾는다. 누벨이 보기에 경제적 효율성만을 추구할 경우 마치 로지에의 원시 오두막처럼 기능성만 지닌 채 동일한 건축물만 지어질 뿐이다. 특이성이란 바로 이러한 획일성으로부터 벗어나 건축가 혹은 건축물이 지니는 고유한 차이를 뜻한다.

누벨의 심미주의적 경향은 얼핏 기능성과 효용만을 강조하는 근대 공간론과는 대립되는 것처럼 보인다. 이는 공간의 효용성과 경제성만을 따지는 기능주의를 비판하고 근대성을 넘어서고자 하는 포스트모더니즘 공간론의 변론처럼 보일 수도 있다. 그러나 이러한 심미주의는 모더니즘 건축에서 이미 표방된 것이다. 좋은 디자인이란 그 자체로서 미적 가치를 지니는 것이라는 심미주의는, 예술은 어떤 외부적 요소로부터도 자유로워야 하며 그 자체로 순수한 미적 형식으로 평가되어야 한다는 미적 자율성의 원칙과 무관하지 않다. 이러한 측면에서 보자면 포스트모더니즘 건축은 모더니즘 건축으로부터의 단절이라기보다 모더니즘의 심미주의를 극단화 한 것에 불과하다.

마르크 오제Marc Augé에 따르면 이러한 심미적 공간은 시간적 기억이나 몸의 축적 등 전통적인 인류학적 가치의 공간, 즉 장소성을 상실한 추상적인 '비-장소non-places'에 불과하다. 여기서 '장소'와 '비장소'의 구분은 세르토Michel de Certeau의 '장소lieu'와 '공간espace' 구분에 상응한다.[3] 그런데 시각적인 미적 차원에 대한 강조를 통해서 장소가 소멸하고 '비-장소'의 등장이 가장 분명하게 드러나는 곳은 모더니즘 공간보다는 오늘날의 포스트모더니즘 공간일 것이다. 누벨의 포스트모더니즘 건축이 지향하는 심미주의, 즉 건축의 특이성에 대한 추구는 아이러니하게도 기능주의가 팽배한 모더니즘의 획일화된 양식보다 더 장소성이 결여된 형태로 나타난다. 가령 오늘날 우리 사회를 대표하는 공간인 슈퍼마켓, 백화점, 호텔, 공항 등의 공간은 국적과 장소성이 완전히 상실된 '비-장소'의 사례들이다.[4] 이렇게 보자면 우리가 흔히 말하는 포스트모더니즘 공간은 '초근대주의supermodernisme' 공간일 뿐이다.

비들러Anthony Vidler는 효용성을 강조하는 기능주의적 측면이나 이와 대립되는 심미주의적 측면 모두가 근대 건축의 이율배반적 양상임을 주장한다. 근대 사회는 개인을 전체 사회에 통합시키고자 하는 이데올로기적 과업을 지닌다. 이는 곧 개별적 요소를 전체에 통합하고자 하는 기능주의적 관점과 무관하지 않을 것이다. 이에 반하여 근대는 이전 사회와는 단절된 새로운 미적 가치 기준을 제시하고자 한다. 이는 곧 예술을 위한 예술, 즉 예술의 형식적 자율성에 대한 추구라고 할 수 있다. 비들러에 따르면 근대 사회의 이러한 이데올로기적 측면과 모더니즘 형식의 역설적 상황은 결코 해소되지 않는다.[5] 그것은 단지 임시적으로 봉합된 상태에 있을 뿐이다.

모더니즘 공간은 투명성의 지향을 통하여 이러한 이율배반적인 양상을 봉합하고자 하였다. 물론 그러한 기획이 결코 성공적일 수는 없었다.[6] 포스트모더니즘 공간은 모더니즘 공간의 투명성이 지닌 이율배반성에 대한 인지로부터 출발한다. 그러나 포스트모더니즘 공간 역시 모더니즘 공간의 모순을 극복하기보다는 다른 방식으로 그것을 재생산할 따름이다. 이 글은 모더니즘 공간과 포스트모더니즘 공간에 전제된 공간의 근본적인 특징을 모더니즘 건축과 포스트모더니즘 건축에 내재한 공간론을 참조하여 왜 포스트모더니즘 공간이 모더니즘 공간의 모순을 극복하지 못하고 재생산하는가를 살필 것이다.

2. 모더니즘 공간: 투명성을 향하여

근대 공간을 떠올릴 때 무엇보다도 도시 공간을 떠올리는 것은 너무나 자연스러운 일이다. 중세 공간을 대표하는 것이 교회 건물과 그 주변, 혹은 영주의 성과 그 밑으로 펼쳐진 목가적인 농촌의 풍경인 것과는 매우 대조적이다. 물론 고대 로마나 르네상스의 시대의 피렌체 등을 도시의 표상으로 떠올릴 수도 있겠지만, 적어도 근대 이후의 역사적 범주로서 도시의 표상은 하비David Harvey가 근대 공간의 특징으로 묘사한 '시공간의 압축'을 가장 잘 나타내는 대도시(메트로폴리스)일 것이다. '시공간의 압축'은 근대 자본주의 사회에서 가장 중요한 생산과 소비의 효율성을 극대화하기 위한 전략적 특성을 나타낸다. 애초에 상업과 교역을 바탕으로 발전한 도시의 특성상 도시 공간은 기능적인 것에 초점을 맞추어졌다고 해도 과언이 아니다.

도시의 기능적 분화가 근본적으로 자본의 논리에 의한 것인지 혹은 단순히 사람들의 필요에 의한 것인지에 대한 논의를 차치한다 하더라도 도시의 형성을 자본의 법칙이 지배하지 않는다고는 말할 수 없을 것이다. 도시를 자본과 분리해 생각할 수 없는 한 자본이 이윤을 창출하기 위한 구조는 도시에도 적용될 수밖에 없다.[7] 자본이 값싼 임금을 받는 노동자, 천민, 부랑자를 반드시 필요로 하듯이 음습한 뒷골목이나 사창가, 노숙자들이 점거하는 공원과 같은 장소는 불가피한 것이다. 그리고 노동자나 천민, 부랑자들이 기존 제도에 대한 반란의 가능성을 항상 잠재적으로 지니고 있듯이 도시의 이러한 지역 또한 도시가 지향하는 통합적 체계에 대한 일탈과 반란의 가능성을 잠재적으로 지닌다. 하비가 근본적으로 지리적인 것을 정치적인 것과 같은 것으로 볼 수 있는 근거도 여기에 있을 것이다.[8] 이윤 창출이라는 자본의 기능이 원활하게 수행되기 위해서는 값싼 임금 노동, 즉 하급 노동자, 천민, 부녀자 혹은 이주민 노동자 등이 필수적이듯이 도시 또한 이러한 공간이 필수적이다. 슬럼가와 음습한 골목, 사창가 등의 음지는 대도시의 또 다른 얼굴인 셈이다.[9]

그러나 도시는 다른 한편으로 자신의 또 다른 얼굴인 이러한 이질적 지대를 감추거나 제거하려 한다. 이는 이성이 자신의 정당성을 내세우기 위해서 타자인 광기를 반드시 필요로 하며 그것을 추방해야 할 대상으로 간주한다는 푸코Michel Foucault의 통찰을 떠올리기에 매우 충분하다. 광기가 이성 자신의 은폐된 또 다른 모습에 불과한 것처럼 도시의 투명하고 밝은 빛은 음습함을 지닐 수밖에 없다. 이성이 아무리 광기를 추방하려 하여도 그 자체의 숨겨진 모습이므로 표면적으로 감추어질 뿐 추방할 수 없다. 광기가 없이는 이성이 존재할 수 없기 때문이다. 도시 공간의 경우에도 기능적 합리성과 편리성에 대한 집착은 그러한 합리적 통제가 불가능한 영역을 추방할 수는 없으며 그것을 표면에서 감추고자 할 뿐이다. 이러한 이질적인 영역의 공간들은 항상 도시 자체에 내재할 수밖에 없다. 이러한 공간은 우리의 이성적 잣대로부터 어긋난 비합리적이고, 때론 비정상적인 공간처럼 간주될 것이다. 그런데 바로 이러한 비합리적이고 비정상적인 공간이 푸코가 말하는 '헤테로토피아Heterotopia'의 공간을 형성한다.

푸코의 '헤테로토피아'는 도시 바깥에 존재하는 완전히 새로운 이질적인 공간이라기보다 도시 안에 존재하는 이질적인 공간이다.[10] 그것은 우리의 '정상적·합리적'인 잣대로 보자면 비합리적이고 이질적인 공간처럼 보일 터이지만, 이런 판단은 정상이라고 믿는 합리성의 기준을 그 대상에 적용하기 때문에 생기는 것이다. 가령 우리나라 사람들은 소의 부위를 '등심, 채끝, 안심, 제비추리, 살치, 양지머리…' 등으로 공간화하는데 익숙하다. 소의 부위를 의학적 혹은 기능적으로 구분하는 서양인들이 보기에 이런 방식으로 소의 부위를 공간화하고 체계화한다는 것은 비이성적이고 심지어는 야만스럽게 보일 수도 있다. 그러나 이는 공간을 기능적으로 혹은 해부학적으로 혹은 기능적으로 나누어야 한다는 그들의 합리적인 기준에서 볼 때만 그러하다. 모든 공간에 적용될 수 있는 이러한 보편적인 '외재적 기준'과 달리 매우 미세한 식감, 즉 미각적 기준이라는 나름대로의 고유한 '내재적 기준'을 적용한다면 이러한 공간 영역의 구분은 충분히 가능하며 의미 있는 것이 된다. 이것이 푸코가 말하는 '헤테로토피아'의 세계, 즉 동질적인 공간에 속하지 않는 이질적인 공간인 것이다.

벤야민Walter Benjamin이나 보들레르Charles Baudelaire가 도시의 산책자flâneur가 되어 도시를 배회할 수 있었던 것도 바로 도시 속에는 표면으로 드러나지는 않지만 마치 유물처럼 흩어져 있는 이런 이질적인 것들이 있기 때문이다. 도시는 도시에 반하는, 즉 근대 이전의 이질적인 흔적들을 제거한다. 그러나 그것은 표면에서 감춰질 뿐 사라진 것은 아니다. 따라서 도시는 오로지 파편[11]의 형태로만 존재할 뿐이다. 벤야민은 이러한 도시의 흔적들을 발견하고 그것과 마주하기 위해서는 사물을 관조적으로 바라보는 듯한 태도를 취해서는 안 되며 그 속으로 깊숙이 들어가야 한다고 생각하였다.[12] 벤야민에게 도시란 마치 흙을 파 보면 어디선가 듬성듬성 과거의 흔적을 담은 유물들이 발견되는 그런 고고학적 탐사의 공간인 것이다.[13] 이러한 고고학적 탐사에 나선 산책자는 그 본성상 도시의 자본주의적 가치 기준을 비웃으며 한량처럼 시간을 보낸다는 점에서도 도시가 부과하는 자본주의의 규범으로부터 일탈한다.[14] 산책자는 불필요한 곳에서 과다한 시간을 보내기도 하며 이정표에 정해진 대로 행로를 결정하지도 않는다.

그러나 이러한 이질적 공간들이 반드시 낭만적인 산보를 위한 공간이라고만 할 수는 없다. 이러한 공간들은 오히려 때로는 추악하고 비체계적이며 야만스럽게 보이기까지 한다. 매음굴이나 고가도로의 밑, 신도시의 공터, 묘지 등이 대표적인 이질적인 공간일 것이다.[15] 그로스Elizabeth Grosz는 이러한 이질적인 공간을 '외부the Outside'라고 칭한다. 물론 그녀가 말하는 '외부'란 말 그대로 내부에 대립되는 바깥의 공간을 뜻하지 않는다. 이러한 이질적인 공간들은 인종이라든가 성적인 정체성의 외부에 존재하는 공간이다.[16] 그렇기 때문에 이러한 공간은 별도로 존재하는 외부의 공간이라기보다는 도시 공간 내에 구석구석 존재하는 '사이In-between' 공간이라고 할 수 있을 것이다.[17] 한마디로 이러한 공간은 도시의 정체성을 형성하는 균질적 공간의 군데군데 벌어진 틈과도 같은 것이다. 이 '사이 공간', 즉 그로츠의 '외부'는 도시의 외부가 아닌 도시 자체를 형성하는 가장 깊숙한 내부이기도 한 것이다.[18]

그러나 근대 도시는 자신의 계몽주의적 프로젝트를 위해서 그 추악한 내부를 감추고자 한다. 계몽주의의 관점에서 보자면 도시는 하비가 말한 자본의 증식을 위한 공간이 아닌 위생과 치안의 공간이다. 벤야민은 근대성을 관통하는 공간의 이념을 '투명성'에서 찾았다.[19] 투명한 공간이란 시각적인 투명성과 관련이 없는 것은 아니지만, 예측 가능하며 위생적이며 안전하며 기능적으로 완벽한 체계를 갖춘 공간을 암시적으로 드러내는 것이다. 그런데 투명성은 모더니즘 건축을 대표하는 르코르뷔지에Le Corbusier의 특성을 집약적으로 드러내는 것이기도 하다.

기디온Sigfried Giedion에 따르면 건축가를 포함한 진정한 예술가는 주변 환경을 그대로 모방하기보다는 자신의 시각을 통해서 여과된 세계를 다른 사람에게 보여주고자 한다.[20] 그가 보기에 르코르뷔지에의 작품은 바로 근대 예술이 표현하고자 하는 세계를 보여준다. 기디온은 "르코르뷔지에의 주택 작품에 내재된 정신은 근대 회화에 표현된 정신과 완전히 같다. 근대 미술가들의 작품 속에 완성된 부유하는 듯한 투명성은 르코르뷔지에의 그림에도 나타나고 있다."[21]고 말하면서 다음과 같이 첨가한다. 르코르뷔지에는 건축에서 자신의 개념을 표현하는 수단으로 철근 콘크리트를 택했는데, 콘크리트를 무거움을 표현하는 수단으로 사용한 독일이나 영국적 전통과 달리 프랑스 전통을 따라 건물에 경쾌함과 명확함을 부여하려고 노력했다는 것이다.[22] 이러한 경쾌함과 명확함은 곧 공중으로 부상하려는 듯한 가벼운 투명성의 다른 표현이라고 할 수 있을 것이다.

얼핏 보면 이는 우리가 흔히 알고 있는 철저한 기능주의자로서 르코르뷔지에의 모습과는 다소 거리가 있는 것처럼 보일 수도 있다. 그러나 투명성이라는 범주는 단순히 미적인 범주가 아니다. 그것은 기능주의의 도덕적 격률을 담고 있는 것이기도 하다. 가령 러스킨John Ruskin은 기능적으로 분명한 의미를 드러내지 않는 건축 요소는 어떠한 의미에서건 정당화될 수 없다고 본다. 그는 단지 눈과 마음의 심미적 요소에만 호소하는 것을 진실이라는 미덕을 배반한 '사기'로 간주한다. 그 대표적인 형태가 거짓된 구조나 지지 방식을 제시하는 것이다.[23] 거짓된 구조란 그 구조의 정당성이 명확하게 드러나지 않는 구조를 말하는 것이다. 가령 후기 고딕 건물의 지붕에 달려 있는 펜던트와 같은 것은 기능적으로 정당성을 부여할 수 없기 때문에 거짓된 구조를 지닌 건축적 사기의 예에 해당된다는 것이다. 이는 달리 말하면 기능적으로 그 구조적 정당성이 투명하게 드러나는 건축물이야말로 고귀한 건축물이라고 할 수 있다는 것이다. 물론 그러한 구조는 아무에게나 투명하게 드러나지는 않을 것이다. 가령 동물의 뼈는 일반인들에게는 그 구조적 신비가 드러나지 않으며, 지적인 눈에 그 구조적 신비를 드러낸다.[24] 여기서 투명하다는 것은 누구에게나 쉽사리 드러난다는 뜻은 아니다. 눈에 드러나지 않지만 명백하게 기능적인 의미를 지녀야 한다는 것이다. 러스킨은 이러한 건물이야말로 고귀한 건물이라고 평가한다.

물론 예술 비평가인 러스킨과 달리 건축가인 르코르뷔지에의 건축적 관심은 근본적으로 미학적인 차원과 관련이 있는 것은 아니었다. 가령 건축에서 재료와 관련하여 르코르뷔지에는 건축에서 재료 자체의 고유한 예술적 차원에 대해서는 관심을 두지 않았다. 그는 오로지 구조물을 세우는 기능적 측면에서만 재료를 고려하였다.[25] 주지하다시피 르코르뷔지에는 주택을 '거주를 위한 기계'로 정의하였다. 이러한 정의 속에는 건축물이 단지 현란한 장식이나 예술적 감상을 위한 대상이 되어서는 안 되며, 그 건축물의 원래 목적인 기능에 부합하도록 기능적으로 최적화되어야 한다는 생각이 담겨져 있다. 건축의 근본적인 목적은 건축물의 기능에 맞는 구조물을 만드는 것이 그의 근본적인 생각이다.

그런데 르코르뷔지에는 이러한 기능주의적 태도를 강하게 견지함에도 불구하고 이러한 완강함 때문에 미학적 차원을 포기하지는 않았다. 그는 기능적인 차원과 미학적인 차원이 서로 동전의 양면과도 같은 것이라고 보았다. 이는 러스킨이 건축의 심미적인 차원은 그것이 구조적인 정당성, 즉 기능성을 지닐 때 사기가 아닌 진실한 것으로 받아들일 수 있다는 도덕적 규제의 차원을 넘어선다. 르코르뷔지에는 기능적인 것이 미적인 것을 규제해야 한다는 차원을 넘어서 기능적인 것 그 자체가 미적인 것이라는 믿음을 지니고 있었다. 이러한 사실은 그가 자동차나 비행기를 가장 이상적인 디자인의 모델로 자주 언급하는 데서도 나타난다.[26] 그에게 자동차나 비행기가 이상적인 디자인의 모델인 것은 어렵지 않게 알 수 있다. 자동차나 비행기의 경우 디자인의 모든 요소들은 그 기능을 최적화하는데 맞추어져 있다. 가령 비행기의 날개는 공기의 저항을 최소화하면서도 수평을 유지할 수 있는 기능이 최적화된 형태로 이루어져있다. 공기의 저항에 무력하거나 수평을 유지하는데 방해가 될 수 있는 어떤 디자인도 엄청난 위험을 초래할 수 있기 때문이다.

르코르뷔지에에게 자동차나 비행기는 단순히 기능을 극대화한 디자인의 대표적인 모델의 의미로 그치는 것은 아닌 듯하다. 가령 비행기의 경우 그것은 하늘로 비상하는 가벼움을 형상화하고 있다. 비행기가 지닌 기능적 구조는 그에게 그 자체가 미학적 가치를 나타내는 것이며 고귀한 인간 지성이 외화되어 나타난 것이다. 말하자면 그에게 심미적인 것과 기능적인 것은 완전하게 일치하는 것으로 간주된다. 그는 건축이 기능이라는 최고의 미덕을 갖추는 것이야말로 곧 미학적으로도 가장 고귀하다고 생각한 것이다. 그의 이러한 건축적 이상은 건축의 목표가 인간의 실질적 거주를 위한 것이라는 휴머니즘의 가치를 최고의 자리에 두면서도 그것을 심미적인 차원과 분리하지 않았다는 점에서 위대한 의미를 지님에 틀림없다.

그의 초기 대표작인 〈사보아 주택villa savoye〉은 이러한 이상을 구현한 것으로 평가된다. 육중한 콘크리트 건물을 필로티piloti 구조를 활용하여 공중으로 띄워 놓음으로써 건물 내부의 구조에서 내력벽을 효과적으로 줄일 수 있었다. 그리하여 파티션을 활용한 공간의 자유로운 분할이 가능해졌으며, 커다란 가로 유리창은 채광을 극대화하며 건물 전체를 투명하고 가벼운 느낌이 들게 만들었다. 전통적인 지붕 대신 옥상 정원이 가능해졌으며, 지상의 필로티 공간 역시 자동차가 어느 부분이나 자유롭게 통행할 수 있는 동선을 제공하였다. 그러면서도 〈사보아 주택〉은 이러한 기능적 요소들이 동시에 르코르뷔지에의 심미적인 차원을 만족시키는 것이기도 하였다. 그것은 전체적으로 보아 육중한 콘크리트 건물이 비행기와도 같은 날렵하고도 투명한 형상을 구축하고 있기 때문이다. 이렇게 기능성과 심미성의 일치는 르코르뷔지에의 건축적 이상이라고도 할 수 있을 것이며 〈사보아 주택〉은 그의 건축적 이상을 상당히 많은 부분 구현한 것으로 평가된다.

그런데 현실적으로 보면 기능적 차원과 심미적인 차원의 일치는 하나의 이상으로서 디자인의 규제적 요소는 될 수 있지만 현실적으로 완전히 실현되는 것은 거의 불가능한 일이다. 왜냐하면 기능적인 요소는 구조적 차원, 혹은 공학적 차원에서 설명될 수 있지만, 심미적인 요소는 전적으로 감성적인 차원에 바탕을 둔 것이기 때문이다. 감성적인 측면은 때로는 합리적인 차원이나 공학적인 차원과 일치할 수도 있지만, 근본적으로는 합리적으로 설명할 수 없는 주관적인 차원에 속하는 것이다. 또한 기능적 차원 역시 미리 결정되는 것이 아닌 사용자라는 용도에 따라 충분히 가변적인 성격을 지니며, 어느 측면에서는 기능적이기도 하지만 어느 측면에서는 기능적이지 않을 수 있다는 점에서도 객관화되기 어렵다.

이러한 특성은 〈사보아 주택〉의 경우에도 나타난다. 이미 언급했듯이 〈사보아 주택〉에서 사람들이 한 눈에 알아볼 수 있는 르코르뷔지에의 특징은 바로 '지주'(필로티)다. 필로티는 르코르뷔지에의 서명이라고 할 수 있을 만큼 그의 디자인을 대표하는 요소이자 형태이다. 앞서 언급한 필로티의 많은 장점에도 불구하고 관점을 달리 할 경우 치명적이라고 할 수 있을 만큼 기능상의 문제점이 드러나기도 한다. 필로티가 내력벽을 없애고 넓은 개방 공간을 가능하게 하였지만 한편으로는 지진에 의한 진동을 견디는 내진성의 측면에서는 치명적인 결함을 지니고 있기도 하다. 넓은 가로 유리창은 채광 및 난방에는 효율적 기능을 하지만 냉방의 경우에는 치명적이기도 하다. 말하자면 기능이란 어느 하나의 관점을 전제할 경우에 성립하는 것이지 절대적이지는 않다는 것이다.

또한 그의 디자인은 간혹 이미 기능적인 것이 심미적인 것이라는 일치를 전제하고 비행기와 같은 심미적인 디자인을 기능적인 것으로 정당화하는 듯한 인상을 주기도 한다. 예컨대 필로티는 무거운 콘크리트 건물이 마치 비행기처럼 하중의 저항을 벗어나 대기로 상승하는 듯한 느낌을 주기 위한 시각적 장치처럼 보인다. 그것은 물론 어떤 측면에서 보면 확실히 기능적인 우월성을 보인다. 그러나 다른 한편으로 반드시 그러한 것은 아니다. 말하자면 〈사보아 주택〉은 기능과 미의 일치라는 비행기의 이상을 실현하기보다는 비행기의 미적 차원을 실현하고자 하는 듯하다. 이는 건물의 외벽을 최소화하고 유리창을 사용하여 내부가 드러나도록 투명하게 디자인한 데서도 분명하게 드러난다.[27]

물론 르코르뷔지에가 추구한 투명성은 문자 그대로의 '투명성'을 뜻하지는 않는다. 투명성을 '유리 건물'로 표상되는 문자 그대로의 시각적 투명성으로 이해하는 기디온의 해석은 너무나 단순하다고 할 수 있을 것이다. 르코르뷔지에는 건축의 내부적 요소들이 명증적으로 드러나야 한다는 측면에서 러스킨과 같은 투명성을 주장하고 있는 것이라고 할 수 있다.[28] 그럼에도 불구하고 르코르뷔지에의 디자인은 결과적으로 시각적인 투명성으로 나타나고 있으며 심미적인 차원이 기능적인 차원을 정당화시키고 있는 듯한 인상을 제거할 수 없다. 우리는 건축의 본질적 목적인 '거주함'이라는 인간적 가치를 최우선시하면서 그것을 심미적인 차원과 단절시켜 사고하지 않으려는 르코르뷔지에의 이상을 결코 과소평가할 수 없을 것이다. 그러나 우리는 르코르뷔지에를 통해서 모더니즘 건축이 한편으로는 기능적인 것과 심미적인 것의 일치를 전제함으로써 기능적인 것을 절대시하면서 동시에 그것을 미학적 차원에서 정당화하는 이중적인 특성을 드러내고 있음을 발견한다.

현실적으로도 기능적인 것과 심미적인 것은 예외적인 경우를 제외하고는 서로 대립적인 경향을 지닌다. 특히 모더니즘 예술의 경우에는 더욱이 그러하다. 주지하다시피 모더니즘 예술을 관통하는 기본적인 생각은 미 자체를 위한 미, 즉 미적 형식 외에 목적, 기능, 사회적 발언 등의 외부적 기준을 거부하는 것이다. 기능주의와 모더니즘의 형식주의는 애초에 통합할 수 없는 물과 기름과 같은 것이다. 앞서 언급한 비들러의 주장처럼 근대 사회는 사회 구성원의 통합이라는 기능주의적 이데올로기와 전통적인 미적 기준과 단절하기 위해서 미 자체를 위한 형식주의 미학이 모순적으로 존재하는 것이다. 이러한 모순적 공존은 모더니즘 건축에서 집약적으로 드러나는 특성이자 동시에 앞서 언급한 모더니즘 공간 일반의 특징을 어느 정도 나타낸다고 할 수 있을 것이다.

3. 포스트모더니즘 공간: 언캐니한 공간

비들러에 따르면 근대 건축은 '투명성'에 집착하였다. 그러나 그 결과는 아이러니하게도 그러한 투명성이 현실적으로 실현될 수 없는 하나의 신화에 불과함을 보여주게 되었다. 대도시 공간은 결코 완전히 투명할 수 없다. 근대의 계몽주의가 이성의 빛을 강조하면 할수록 그 속에는 광기의 어둠을 감추어야 한다. 푸코가 이질적인 공간인 헤테로토피아를 어느 사회에나 존재할 수밖에 없는 '상수'로 간주하였듯이, 이질적인 공간은 언제나 존재한다. 그런데 그것을 광기와 비위생의 공간으로 몰아내고 투명한 공간으로 대체하고자 하는 근대적인 기획은 제거 불가능한 상수인 광기의 공간을 은밀한 곳으로 내몰아 넣는다. 매음굴, 빈민촌, 음산한 뒷골목, 폐허 등은 사라지는 것이 아니라 단지 더욱 은밀한 곳에 자리 잡을 뿐이다. 가령 푸코는 20세기 중반부터 유럽에서 매음굴을 없애려는 노력에 주목하였다. 최근 우리나라의 경우도 마찬가지지만 이러한 매음굴은 도시에서 사라진 듯 보인다. 그러나 푸코에 따르면 그것은 사라진 것이 아니라 전화와 같은 더 교묘한 거미줄과 같은 네트워크로 대체된 것에 불과하다.[29] 푸코가 경험하지 못했던 오늘날 21세기의 대도시에서 매음굴은 이제 인터넷이나 스마트폰의 사이버 공간으로 대체되거나 근대적 투명성의 상징적인 장소인 빌딩의 한 장소, 즉 오피스텔의 한구석이나 개인 집무실, 심지어 일반 가정의 한 공간으로 대체될 뿐이다. 불투명한 공간이 사라지기는커녕 투명한 것처럼 보이는 공간 내부에서 더 은밀하고 비밀스럽게 불투명한 모습을 띠고 숨어 있을 따름이다.

비들러에 따르면 투명하게 보이려 하지만 사실상 그 속에 음습함을 숨기고 있는 이런 역설적인 상황은 프로이트가 말하는 '언캐니 the uncanny'한 상황에 상응한다.[30] '언캐니'는 독일어의 'das Unheimliche'에 대한 영어 표현으로서, 'das Unheimliche'는 '섬뜩한', '낯선' 등의 사전적 의미를 지닌다. 그런데 프로이트는 'das Unheimliche' 혹은 영어의 'the uncanny'가 단순히 섬뜩하거나 낯선 상황을 의미하는 것이 아닌 매우 역설적인 상황을 나타내기 위해서 사용한다. 그는 독일어의 'unheimlich'가 'heimlich'(사적인, 은밀한, 친밀한)라는 형용사에 반대 접두사 'un'이 붙은 반대어임에 주목하고, 두 단어가 서로 대립하는 것처럼 보이지만 'unheimlich' 속에는 'heimlich'의 계기가 은밀하게 숨어 있음을 언급한다.[31]

왜 이러한 역설이 발생할까? 그것은 여기서 프로이트가 말하는 '언캐니', 즉 낯설고 섬뜩한 것의 실체는 우리에게 진짜로 낯선 것이 아니라 실제로는 우리에게 가장 익숙한 바로 나 자신의 또 다른 모습이기 때문이다. 이는 프로이트가 실제로 겪은 한 일화를 떠올리면 쉽게 이해할 수 있다. 노년의 어느 날 프로이트는 정류장을 떠나고자 하는 버스를 간신히 붙잡아 버스에 올랐다. 버스가 출발하면서 덜컹거렸는데 그 순간 프로이트는 버스 앞면 상단에 있는 거울을 보았다. 어딘가 매우 익숙해 보이면서도 한편으로는 낯선 한 늙은이의 모습이 보였다. 그 순간 섬뜩한 기분이 들어 자세히 보니 그 늙은이는 다름 아닌 프로이트 자신이었던 것이다. 이러한 섬뜩함, 즉 익숙하지만 낯설게 느껴지는 감정이 바로 '언캐니'한 감정이다. 이러한 역설적인 감정은 프로이트가 가장 친밀하고도 익숙한 자신의 실체, 즉 보잘것없는 한 늙은이를 부정하고자 하는 데서 발생한다. 그는 자신의 이 실체를 외면하고 싶은 것이다. 그가 다른 사람에게 보이고 싶은 모습은 이런 모습이 아닌 세련되고 멋있는 중년의 프로이트일 것이다. 그러기 위해서는 보잘것없는 자신의 실체를 깊숙한 곳에 묻어 두어야 한다. 그러나 그러한 모습은 결코 사라지지 않으며 어느 순간 섬뜩한 모습으로 그에게 나타난다. 바로 이렇게 감추고자 한 자신의 실체를 마주하는 섬뜩한 순간이 '언캐니'한 순간인 것이다.

여기서 투명성에 집착하는 근대적 공간이 언캐니한 것에 도달하게 되는 역설을 충분히 이해할 수 있다. 그것은 의식과 무의식, 혹은 자아와 이드와의 관계와도 같다. 자아가 이드의 욕망을 통제하지만 그것은 무의식의 불투명한 공간으로 숨어 있을 뿐 사라질 수 없다. 만약 이러한 무의식의 불투명한 공간까지 투명하게 비추고자 한다면 자아가 승리하기는커녕 그 존립 자체가 위협받게 될 것이다. 비들러에 따르면 제러미 벤담Jeremy Bentham의 파놉티콘Panopticon으로부터 르코르뷔지에의 모던한 건물에 이르기까지 이들을 관통하는 것은 투명성에 대한 집착이 근대 공간의 언캐니한 모습을 만들어낸 것이다.[32]

그런데 근대 이후의 이른바 포스트모더니즘 공간에서 공간의 '언캐니'한 모습이 더욱 도드라지게 나타난다. 포스트모더니즘 건축의 선구자라고 할 수 있는 로버트 벤투리Robert Venturi가 주목했던 라스베이거스나 오늘날 두바이, 상하이의 특구, 인천 송도 등 우리에게 잘 알려진 대표적인 포스트모던 도시 공간은 마치 영화 〈배트맨〉의 고담시를 연상시키는 '익숙하면서도 낯선' 공간처럼 보인다. 그것은 우리에게 익숙한 인간의 모습을 닮으면 닮을수록 낯설고 섬뜩하게 느껴지는 '언캐니'한 로봇 인형과도 같은 모습으로 나타난다.[33] 이들 도시는 마치 살아 있는 인간이 밀랍 인형의 모습을 띠는 듯 현실의 공간과 닮았지만 낯선 공상 과학 영화나 애니메이션의 미장센과 같은 모습으로 우리에게 비춰진다.

흥미롭게도 비들러는 포스트모더니즘 건축의 '언캐니'한 특성을 신디 셔먼Cindy Sherman의 작업과 관련짓는다. 셔먼은 독일의 사진 작가 한스 벨머Hans Bellmer처럼 구체관절인형을 만들어 사진으로 기록한 여성 작가이다. 벨머나 셔먼이 만든 구체관절인형은 인간처럼 목, 팔, 다리 등 관절 부위를 움직일 수 있다는 특징 외에도 인간과 매우 닮았지만 기괴한 모습을 띠고 있다. 말 그대로 '언캐니'한 모습을 띠고 있는 것이다. 비들러가 주목한 작품은 구체관절인형이 아닌 쓰레기 더미에 누운 자신의 모습을 촬영한 신디 셔먼의 작품이다. 그는 이 작품이 근대의 나르시시즘이 지닌 역설을 보여 준다고 본다.

주지하다시피 셔먼은 의도적으로 자신이 모델이 된 일련의 사진 작품들을 발표하였다. 그런데 사진에 찍힌 대부분의 모습은 일상 현실처럼 익숙하면서도 마치 할리우드 영화의 한 장면처럼 인위적인 느낌을 준다. 이런 점에서 셔먼의 사진은 현실 세계를 재현한 것이라기보다는 현실을 미화한 영화의 세계를 재현하고 있는 듯하다. 물론 셔먼의 작품은 그러한 영화의 세계를 재현하는데 목적이 있는 것이 아니다. 사진 속의 현실이 지니고 있는 나르시시즘의 기제, 즉 현실 같은 비현실을 지향하는 근대인의 나르시시즘을 드러내는 것이다. 셔먼의 작품은 근대인들의 자의식이 지닌 아이러니를 풍자하는데, 이러한 요소야말로 "그녀의 작업을 포스트모더니스트 논평으로 구분 짓는 이유 중 하나"[34]라고 할 수 있다.

셔먼은 보다 직접적으로 언캐니한 모습을 표현하기도 한다. 가령 비들러가 주목한 쓰레기와 함께 길바닥에 누운 자신의 모습을 찍은 셔먼의 작품은 자신을 할리우드 영화의 주인공 모습과 달리 마치 길바닥에 내팽개쳐진 인형의 모습처럼 보이게 한다.[35] 이는 보는 사람으로 하여금 익숙하지만 낯선 섬뜩함을 느끼게 만든다. 그녀는 '언캐니'함을 작품에서 의도적으로 드러내고 있는 것이다. 비들러는 포스트모더니즘 건축에 나타난 현란한 장식 혹은 기능과는 무관한, 아니 오히려 기능을 의도적으로 무시한 이질적인 형상들을 이러한 '언캐니'의 맥락에서 바라본다. 가령 1980년대 이후 포스트모더니즘 건축의 대표자 중 한 사람인 쿱 힘멜블라우Coop Himmelblau의 건축은 매우 기하학적이면서도 기형적이다. 여기서 기하학적인 형태는 투명성을 지향하는 근대적 형상을 상징하는데, 힘멜블라우는 이러한 형태들을 의도적으로 기능에 반하게 디자인함으로써 유기적인 통일성보다는 분절적이고 해체적인 건축물을 만들어냈다. 비들러는 힘멜브라우의 이러한 비기능적이고 분절적이며 해체적인 모습을 포스트모더니즘 건축이 지닌 '언캐니'한 특성으로 파악하였다.[36]

포스트모더니즘 건축 혹은 포스트모더니즘 공간 전반에 걸쳐 나타난 언캐니한 모습은 모더니즘에 대한 반성과 풍자의 측면을 지니고 있는 것은 부정할 수 없는 사실이다. 그러나 모더니즘에 대한 반성과 비판을 넘어 그러한 뒤틀기와 풍자, 혹은 디지털 기술과 맞물린 '비정형성formlessness' 등의 양상 그 자체가 하나의 양식이 되어 버렸다. 포스트모더니즘 건축에 대해서 매우 비판적인 입장을 취하는 해리어즈Karsten Harries는 포스트모더니즘 건축이 모더니즘 건축에 대한 단지 미학적인 반감의 표출에 지나지 않는 것으로 평가한다. 그는 미스 반 데어 로에Ludwig Mies van der Rohe가 외친 모더니즘 건축의 격률 "적은 것이 많은 것Less is more"을 포스트모더니즘 건축의 선구자인 벤투리가 "적은 것이 지루한 것Less is bore"으로 바꾸어 놓은 것에 지나지 않는다고 비판한다.[37] 이는 결국 포스트모더니즘 건축이 모더니즘의 지루함을 피하기 위해서 기능과 상관없는 많은 치장에만 신경을 쓰게 되었다는 비판을 함축하는 것이다.

사실 벤투리에 대한 이러한 평가는 과도한 면이 없지 않다. 그는 자신의 주저 『건축의 복합성과 대립성*Complexity and Contradiction in Architecture*』에서 모더니즘 건축과는 확연히 대립되는 기준들을 제시한다. 모더니즘 건축이 투명성과 명료성, 간결성 등을 내세웠다면 그는 복합성과 대립성 혹은 모호성을 새로운 기준으로 제시한다. 그는 건축물의 모든 부분이 단일한 기능으로 명료하게 설명될 수 있지 않으며 매우 모호할 뿐더러 다양한 측면에서 모순된 방식으로 설명될 수 있다고 본다. 가령 마니에리스모 양식과 바로크 건물에서 "드립 몰딩이 창대가 되기도 하고 창이 벽감이 되는 경우도 있다. 코니스의 장식이 창까지 연결되기도 하고, 귓돌이 벽기둥이 되기도 하고, 아키트레이브가 아치가 되기도 한다."[38] 라는 언급에서도 알 수 있듯이, 그는 건축물의 한 요소가 반드시 하나의 명료한 기능을 지니는 것이 아니라 복합적이면서도 심지어 대립적이기도 한 기능을 가진다고 본다. 그는 건축을 포함한 모든 예술 작품에서 물리적 사실과 심리적 반응 사이에는 반드시 대립성이 생기기 마련이며,[39] 따라서 모더니즘 건축가들과 달리 기능적 차원과 심미적 차원이 일치하지 않고 대립함으로써 긴장감을 준다고 믿었다. 이러한 긴장감은 건축의 어떤 요소가 기능적인 측면과 심미적인 측면이 일치하지 않고 충돌할 때 발생하는 것으로서 둘 간의 일치를 전제한 르코르뷔지에의 태도와는 완전히 다르다.

심지어 벤투리는 루이스 칸Louis Kahn의 공간 구분, 즉 '주공간served space'과 '종속공간servant space'의 명료한 구분까지도 모호하게 만든다.[40] 칸이 구분한 '주공간'은 말 그대로 침실, 거실, 부엌과 같은 기능적으로 주요한 공간을 말하며, '종속공간'은 배관, 화장실, 복도 등과 같이 주요한 공간의 기능을 보조하는 기능을 갖는 공간을 뜻한다. 그러나 이러한 구분은 모호한 것일 수 있다. 렘 콜하스Rem Koolhaas의 〈시애틀 공공 도서관Seattle Central Library〉 디자인은 이러한 구분을 모호하게 만드는 하나의 사례로 볼 수 있다. 그는 '종속공간'에 속하는 계단을 완만한 경사가 있는 편편한 바닥으로 만들었다. 그 결과 '종속공간'인 계단에 경우에 따라서는 서재가 놓일 수도 있으며 책상이 놓일 수도 있게 되었다. 이렇게 하여 결과적으로 더 이상 '주공간'과 '종속공간'의 명확한 구분이 명확하지 않고 모호해진 것이다. 이는 벤투리가 주장하는 건축에서의 '모호함'을 디자인으로 구현한 포스트모더니즘 건축의 한 사례라고 할 수 있을 것이다.

그럼에도 불구하고 포스트모더니즘 건축의 근본적 특징을 모더니즘의 단순성과 지루함을 피하기 위한 장식적 치장에서 발견한 해리스의 문제의식이 틀린 것은 아니다. 1980년대 포스트모더니즘 건축의 대표자들이 모더니즘에 대해서 반발한 것은 모더니즘 건축이 기능적인 것과 심미적인 것을 동일시함으로써 사실상 심미적인 측면을 무시했다는 점에 있다. 가령 추미Bernard Tschumi는 모더니즘 건축을 도그마와 청교도적인 금욕적 태도를 지닌 것으로 규정하고,[41] 지금까지 무시해 온 심미적 쾌락을 복권하는 것을 자신의 건축적 사명으로 여겼다. 그는 모더니즘 건축의 금욕주의를 비판하기 위해 바타유Georges Bataille의 '에로티시즘'과 '낭비'의 개념을 내세워 맹목적인 장식이나 무의미한 부분 등을 포스트모더니즘 건축의 주요한 요소로 내세운다. 그럼으로써 추미의 의도와 달리 그의 포스트모더니즘 건축은 시각적 쾌락을 위한 건축이 되고 만다.

앞서 이 글의 초반에 언급하였듯이 누벨의 경우에도 진정한 건축 디자인의 요소를 경제적 이해관계나 기능적 제약을 벗어난 잉여 부분, 즉 심미적인 것에서 찾았다. 누벨은 모더니즘 건축이 지닌 획일성을 벗어나 건축물 혹은 건축가마다의 '특이성'을 지닐 때 비로소 진정한 건축이 된다고 생각한 것이다. 그러나 결과적으로 이는 곧 추미에게 나타나는 시각적 쾌락을 위한 건축과 다를 바 없다. 그런데 이렇게 시각적 쾌락이나 기능과 무관한 장식, 혹은 시각적 특이성을 강조하는 포스트모더니즘 건축물로 가득 찬 대도시의 공간이 정작 획일적인 양상으로 나타난다는 것은 매우 아이러니한 사실이다. 실제로 시각적 특이성을 강조한 비정형적 건축물들이 가득 찬 두바이나 상하이 혹은 송도의 모습은 건축물 하나하나를 보면 특이성을 지닐지 모르지만 전체적으로 보아 가족적인 유사성, 혹은 다소 획일화된 느낌마저도 든다.

이는 포스트모더니즘 건축이 지향하는 공간이 모더니즘 공간만큼이나 인간의 실질적 삶과 토대와 무관하게 그것을 추방한 채 만들어졌다는 사실과 무관하지 않을 것이다. 건축 혹은 공간이란 추상적인 공간이 아닌 삶의 지속과 문화적 토양에 의해서 만들어진다. 서양의 건축과 동아시아의 건축이 다른 것은 단지 시각적 안목의 차이가 아니라 삶의 터전과 문화적 습성, 오랜 시간 동안 축적된 생활 양식의 차이에서 비롯된다. 한국의 건축과 일본의 건축이 다른 것도 시각적 특이성에서 설명될 수 있는 것이 아니라 그 문화적 차이 때문이다. 예컨대 전통적인 한국의 음악과 일본의 음악이 서양인들의 귀에는 비슷하게 들릴지 몰라도 분명한 차이가 존재한다. 이들 음악에는 서로 침범할 수 없는 구조적인 특이성이 존재하기 때문이다. 그런데 이들 각각의 특이한 구조는 음악가들에 의해 설계된 것이 아니라 오랜 문화적 토양에 의해서 형성된 것이다. 한국과 일본 건축의 특이성 또한 이러한 문화적 토양에 의해서 형성된 것이지 건축가들이나 도시 공학자들에게 의해서 설계된 것이 아니다.

모더니즘 건축이든 포스트모더니즘 건축이든 이들의 공간 속에는 모두 현실의 삶은 무시되거나 추상화되는 경향이 있다. 포스트모더니즘 건축가들이 시각적 특이성을 추구함에도 그들에 의해서 설계된 건축물들이 들어선 대도시 공간이 특이성을 지니지 못하는 것에도 이러한 이유가 한몫을 한다. 우리는 렘 콜하스의 시각적 서명이 들어간 그의 특이성을 대변하는 건물을 시애틀의 도서관이나 서울대 미술관에서 볼 수 있으며, 리베스킨트Daniel Libeskind의 건물을 유럽이나 미국이 아닌 삼성동에서, 그리고 누벨의 특이성을 파리가 아닌 한남동에서 목격할 수 있다. 이들 건축가들의 건축은 시각적으로 고유한 특이성을 가지고 있을지 몰라도 이들이 한데 섞여 있는 대도시 공간은 마치 유사한 모자이크와도 같은 획일화된 공간처럼 보인다.

물론 시각적 쾌락이나 특이성이 그 지역적 특성과 무관하지 않게 만들어지는 경우도 있다. 그러나 그것이 실질적인 문화적 토양의 축적에서 자연스럽게 만들어진 것이 아닌 특이성 자체를 위해서 만들어질 경우 상황은 달라질 수도 있다. 이는 최근 우리나라에서 문화 콘텐츠 열풍과 함께 우후죽순 생겨난 테마파크의 경우에서도 찾아볼 수 있다. 지방의 테마파크들은 고유한 향토성과 지역적 특이성을 강조하고 이를 공간적으로 디자인하였지만 정작 우리가 경험하는 것은 몇몇 구조물과 캐릭터가 다른 유사한 테마파크 공간일 뿐이다. 가령 그 지방의 유명한 호랑이 전설을 나타내기 위해서 호랑이의 모습을 상징화하여 시각화한다면 그것이 지역적 특성을 지닌 시각적 특이성을 지녔다고 할 수 있을까? 이는 벤투리가 언급한 대로 오리 장난감 가게가 자신을 나타내기 위해서 오리 모양의 건물로 시각화하는 것과 다르지 않을 것이다. 포스트모더니즘 이후의 건축이 뒤틀고, 해체하고, 비정형성을 강조하지만 마치 비슷한 모자이크처럼 유사한 대도시의 풍경을 만들어내는 것도 이와 다르지 않을 것이다.

아마도 이는 모더니즘 공간이나 포스트모더니즘 공간은 모두 인류학적 기반을 상실한 추상적인 공간이라는 점에서 한 원인을 찾을 수 있을 것이다. 말하자면 이들 공간은 오제가 말한 인류학적 기반이 제거된 '비-장소'인 것이다. 해리스가 말하고자 하는 포스트모더니즘 공간의 한계 또한 바로 이것이다. 공간이란 추상적인 것이 아닌 구체적인 '장소'이다.[42] 이때 장소란 인간이 거주하는 터를 말하는데, 여기서 거주란 르코르뷔지에의 '거주를 위한 기계'의 정의에 나타난 기능적인 거주와는 차원이 다르다. 가령 고대 그리스의 신전은 단지 하나의 조형물이나 추상적인 공간이 아닌 그리스인들의 신화적 세계관을 반영하고 그러한 신화와 어우러져 영위되는 그리스인들의 삶의 방식이 구현된 터이다. 그리스 건축의 특이성은 시각적 차별성에서 나오는 것이 아니라 삶의 양식이 지닌 그들만의 특이성에서 나오는 것이다.

포스트모더니즘 건축은 이를 무시하고 단지 추상적인 공간의 특이성만을 추구함으로써 역설적이게도 문화와 국적 혹은 지리적 토양과 상관없이 획일화된 양상을 띠게 되는 것이다.[43] 모더니즘 공간과 마찬가지로 인류학적 토대를 상실하고 추상적인 공간에만 집착한 포스트모더니즘 공간은 모더니즘을 극복한 공간이기는커녕 모더니즘의 모순이 극대화된 슈퍼 모더니즘 공간일 따름이다. 게다가 인류학적 토대가 결여되었기 때문에 모더니즘의 인위성을 극복하려는 포스트모더니즘의 공간은 현실의 다양성을 재현하려 할 경우에도 현실과는 다른 인위적인 모습, 즉 익숙하지만 낯선 '언캐니'한 모습으로 드러날 수밖에 없는 것이다.

포스트모더니즘 공간은 모더니즘 공간의 획일성으로부터 벗어나 다양성과 이질성을 추구한다. 모더니즘 공간은 근대의 도시 혹은 모더니즘 건축에서 드러나듯이, 투명성을 지향하는 공간이다. 이때 투명성은 러스킨이나 르코르뷔지에가 생각하는 구조적, 기능적 투명성을 의미하기도 하지만, 치안과 위생 등 계몽주의적 이상을 미학적 차원에서 구현하려 하는 시각적 차원의 투명성이기도 하다. 이는 기능적인 것이 심미적인 것과 일치한다는 르코르뷔지에의 믿음에서도 확인된다. 그러나 포스트모더니즘 건축가들에게 이러한 모더니즘 건축의 신념은 하나의 허상으로서 심미적인 것을 기능적인 것으로 제약하는 것에 불과하다. 그 결과 공간의 미학적 차원은 소멸되며 모더니즘의 공간에서는 획일적이고 추상적인 공간만이 발견될 뿐이다.

포스트모더니즘 건축은 모더니즘 건축의 이러한 모순 자체를 비판적으로 대상화한다. 모더니즘 건축이 추구하는 안정성과 비례를 해체하거나 기능과 무관한 낭비적인 장식으로 치장하는 포스트모더니즘 건축의 특색은 바로 모더니즘 건축의 자기모순성을 드러내는 비평적 차원을 갖는 것이다. 그러나 이러한 전략을 통해서 모더니즘 건축의 획일성을 탈피하려는 포스트모더니즘 건축의 시도는 그들이 추구하는 다양성과 특이성을 성취하기는커녕 도시 공간의 획일화라는 또 다른 모순된 결과를 초래했을 뿐이다. 마르크 오제가 포스트모더니즘 공간을 '포스트'(탈) 모더니즘 공간이 아닌 '슈퍼'(초) 모더니즘으로 명명한 것도 그러한 이유에서 비롯된다. 포스트모더니즘 공간이 이러한 모순에 빠지게 되는 것은 모더니즘 공간과 마찬가지로 공간 자체를 애초에 하나의 공허한 공간, 즉 인류학적인 차원이 배제된 공간으로 이해하였기 때문이다. 애초에 이러한 인류학적인 차원이 배제된 상태에서 현실의 비합리적이고 이질적인 모습을 재현하고자 한 포스트모더니즘 공간은 현실과는 낯선 방식으로 현실을 재현하는, 즉 익숙하지만 낯선 '언캐니'한 모습으로 우리에게 드러날 수밖에 없는 것이다.

2. 삶의 형식과 쉘터의 의미

비트겐슈타인 하우스에 담긴 철학적 성찰

정은영

"철학에서의 작업은, 여러 면에서 건축에서의 작업에서처럼, 실제로는 오히려 자기 자신에 대한 작업이다."

- 루트비히 비트겐슈타인[1]

1. 철학과 건축: 세계에 거주하는 방식

철학과 건축은 인간이 세계에 거주하는 방식을 탐구하고 실현하는 인간 활동의 핵심이다. 존재와 세계의 근본 원리를 탐구하는 철학이 삶의 의미와 방식을 사유하는 정신적인 활동의 정수라면, 존재와 세계의 근본 원리를 구현하는 건축은 삶의 의미와 방식을 실현하는 물리적인 활동의 종합일 것이다. '이 세계에 어떻게 거주할 것인가'라는 삶의 형식에 대한 근본적인 물음을 다루는 철학과 건축은 끊임없이 교차하며 얽혀 왔고 계속해서 조응하며 공명한다.

오스트리아 비엔나에 소재한 〈비트겐슈타인 하우스Haus Wittgenstein〉는 삶의 형식에 대한 철학의 물음과 건축의 실천이 교차하는 생생한 작업이다. 철학자 루트비히 비트겐슈타인Ludwig Wittgenstein이 누이인 마르가레테 슈톤보로우크흐-비트겐슈타인Margarethe Stonborough-Wittgenstein을 위해 1926년 여름부터 1928년 가을까지 약 2년에 걸쳐 지은 개인 저택이다. 건축가 아돌프 로스Adolf Loos의 제자이자 비트겐슈타인의 친구였던 파울 엥겔만Paul Engelmann이 마르가레테로부터 의뢰받아 1926년 5월 기초 설계를 시작한 이 저택은 곧 이어 합류한 비트겐슈타인이 설계 일부를 변경하고 내부 설비의 디자인과 건물의 완공에 이르는 전 과정을 전담하면서 비트겐슈타인의 건축으로 알려지게 되었다.[2]

이 저택은 집 주인의 이름을 따서 '팔레 슈톤보로우Palais Stonborough'라 불리기도 하고, 건축물이 위치한 거리의 명칭에 따라 '쿤트망가세Kundmanngasse'라 칭해지기도 하며, 저택을 설계하고 건축한 철학자의 이름을 기려 '비트겐슈타인 하우스'라 일컬어지기도 하는데, '비트겐슈타인 하우스'가 가장 대중적으로 알려진 명칭이다. 1971년 한 부동산 개발업자에게 팔려 철거될 위기에 놓였던 이 건물은 역사학자, 건축가, 철학자들의 국제적인 구원 노력으로 비엔나의 역사적 랜드마크로 지정됨으로써 재개발과 함께 흔적도 없이 사라질 운명에서 벗어날 수 있었다.[3] 현재는 1975년 저택을 구입한 불가리아 대사관이 문화원과 갤러리로 사용하고 있으며, 매주 지정된 시간에 일반인들이 방문할 수 있도록 공개하고 있다(도판 2-1, 2-2).

철거 반대 운동과 함께 국제적으로 알려지기 시작한 〈비트겐슈

도판 2-1. 〈비트겐슈타인 하우스〉, 1926-1928. 1971년 사진
도판 2-2. 〈비트겐슈타인 하우스〉, 2016년 사진

타인 하우스〉는 20세기 분석철학의 선구자인 비트겐슈타인에 대한 철학 분과 내의 고찰을 넘어 문화 전반을 아우르는 그의 폭넓은 사유에 대한 학제적인 관심을 촉발하였고, 철학과 건축, 언어 분석과 공간 예술의 연계를 시도하는 다양한 융복합 연구들을 탄생시켰다.[4] 일찍이 영국의 앨런 재닉Allan Janik과 스티븐 툴민Stephen Toulmin은, 비록 〈비트겐슈타인 하우스〉에 대한 논의는 개진하지 않았으나, 비트겐슈타인의 철학적 문제와 탐구 방법이 세기말 비엔나의 독특한 문화적 환경 속에서 형성된 것이었음을 밝힘으로써 학제적 연구의 물꼬를 텄고, 영국의 철학자 레이 몽크Ray Monk는 비트겐슈타인의 개인적인 삶의 여정과 그의 사상적 행로를 연결하여 인간 비트겐슈타인의 면모를 밝힌 전기적 철학서를 선보였다.[5] 또한 이들의 학제적 연구를 바탕으로 미국의 철학자 로저 페이든Roger Paden은 카를 만하임Karl Mannheim의 지식 사회학적 접근을 적용하여 〈비트겐슈타인 하우스〉의 '객관적 · 구조적 의미, 주관적 · 표현적 의미, 기록적 · 문화적 의미'의 층위에 대한 융합적 고찰을 시도했고, 건축이론가 나나 라스트Nana Last는 비트겐슈타인의 철학 텍스트를 공간 구성의 차원에서 접근하여 언어 행위와 건축 작업의 상응 관계를 밝히고자 하였다.[6] 그러나 이들의 야심찬 통섭적 연구에도 불구하고, 혹은 오히려 그들의 융합적인 고찰로 말미암아, 건축과 철학이 교차하는 〈비트겐슈타인 하우스〉는 더욱 풍부하고 복잡한 의미의 층위들을 드러내며 결코 단 하나의 의미 해석으로 환원될 수 없음이 확인되었다. 무릇 어떤 예술작품도 추상적인 이론을 기계적으로 도해하지 않으며, 공간의 설계와 공학적 축조에 기반을 둔 건축물 역시 언어와 개념을 매개로 하는 철학적 사유에 결코 일대일로 대응하지는 않기 때문이다.

이 글은 기존의 연구들이 시도한 학제적인 접근을 참고하되, 〈비트겐슈타인 하우스〉에 대한 국내 연구가 많지 않은 상황을 고려하여, 건축과 철학이라는 맥락 속에 중첩되어 있는 〈비트겐슈타인 하우스〉의 복합적인 위상을 최대한 명료하게 기술하는 것을 일차적인 목적으로 한다. 이를 위해 우리는 세기말 비엔나의 문화사적 맥락 속에서 모더니즘 건축으로서의 〈비트겐슈타인 하우스〉를 살펴본 후, 철학자 비트겐슈타인의 사상사적 맥락 속에서 전기와 후기 철학의 중요한 접점으로서의 〈비트겐슈타인 하우스〉를 고찰할 것이다. 이러한 맥락적 고찰을 바탕으로 우리가 궁극적으로 시도하는 바는 〈비트겐슈타인 하우스〉가 그의 개인적인 삶에서 어떤 의미를 지니고 있었는지를 살펴보는 데에 있다. 특히 우리는 윤리적 삶의 문제를 가장 중요한 탐구 과제로 삼았던 비트슈타인에게 건축은 '인간이 세계에 거주하는 방식'을 의미하는 '에토스ethos', 즉 윤리적인 '삶의 형식'의 문제와 뗄 수 없는 관계에 있었음을 확인하고자 한다. 레이 몽크가 지적한 것처럼, 20세기의 사상사에 일대 전환을 가져온 비트겐슈타인의 경우, 그의 드라마틱한 삶은 관심을 가지면서도 그의 난해한 철학은 이해하지 못하는 사람들과 그의 논리적인 분석철학은 이해하면서도 그의 윤리적, 예술적 삶에 대해서는 무관심한 사람들로 크게 양극화되어 있는 듯하다.[7] 이 글이 〈비트겐슈타인 하우스〉에 대한 고찰을 통해 그 간극을 조금이나마 메울 수 있기를 희망한다.

2. 〈비트겐슈타인 하우스〉와 세기말 비엔나

1) 〈비트겐슈타인 하우스〉의 탄생

〈비트겐슈타인 하우스〉가 위치한 비엔나 3구역의 쿤트망가세 19번지는 세기말 비엔나의 심각한 주택난을 해결하기 위해 시 정부가 주택지로 허가한 원예 묘목장 지역으로 1920년대 말 당시 비엔나에서 가장 번화하지 않은 지역 중 하나였다(도판 2-3).[8] 현재 이곳은 푸른 녹지가 사라지고 전통과 현대가 뒤섞인 대형 건물들이 들어서 있어

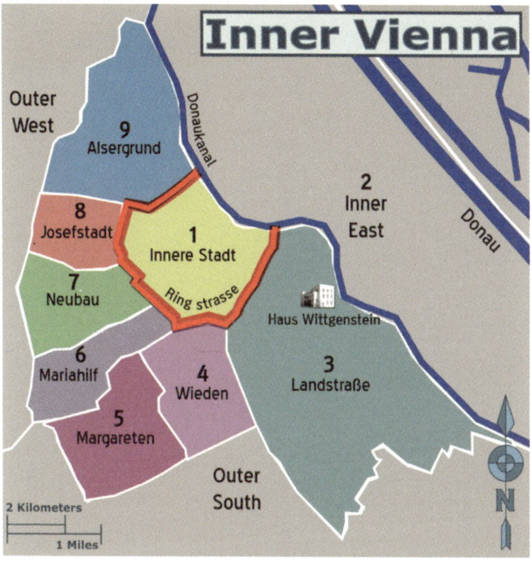

도판 2-3. 비엔나 도심 지역의 구역과 〈비트겐슈타인 하우스〉의 위치

당대의 모습을 상상하기 어렵지만, 1929년 당시 묘목장 지역에 들어선 기하학적인 백색의 저택은 푸른 수목이 우거진 주변 환경과 생생한 대조를 이루었을 것이다. 새 저택을 짓기 위해 3만 3천 평방피트(약 928평) 규모의 토지를 구입한 마르가레테는 1925년 말 엥겔만에게 건축을 의뢰하여 1926년 봄에 초안을 마련했고 그해 여름에 합류한 비트겐슈타인이 건물 내부의 일부 구조와 비례 및 세부를 변경하여 저택을 완성하게 하였지만, 각 층의 주요 기능과 역할에 있어 비엔나의 전통적인 팔레palais 건축을 따르는 기본 구조는 전적으로 의뢰인인 자신이 결정하였다.[9]

지하 1층과 지상 3층으로 이루어진 저택에서 마르가레테가 관심을 집중했던 영역은 남서쪽의 현관에서 짧은 계단을 올라가면 펼쳐지는 지상 1층의 메인 플로어였다. 19세기 후반에 지어진 비엔나의 저택들이 메인 플로어에 연회를 위한 살롱이나 접대 공간을 마련하고, 메인 플로어의 위층들을 주인 가족의 거주 공간으로, 그 아래

의 지하층을 고용인들의 주거나 작업 공간으로 사용하던 기본 형식을 따른 것이었다. 그러나 마르가레테는 이 메인 플로어의 중요성을 한층 더 강화하여 살롱과 서재, 식당과 대기실 및 테라스 외에 (전통 저택과는 다르게) 자신의 침실 공간까지 함께 둠으로써 공적인 문화적 활동과 사적인 거주가 동일한 층에서 이루어지도록 설계를 요청했다.[10]

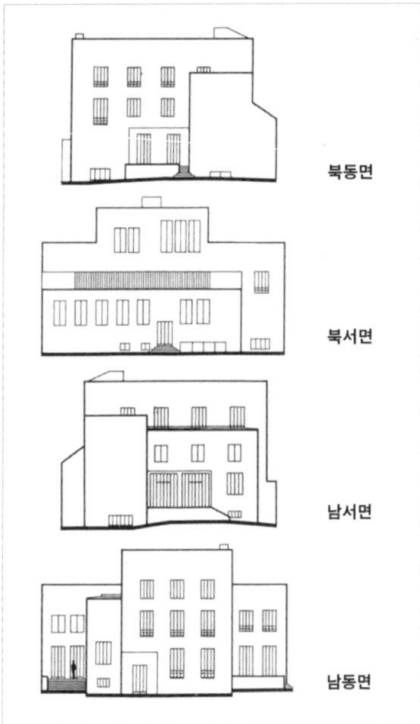

도판 2-4. 〈비트겐슈타인 하우스〉 입면도

일체의 장식을 찾아볼 수 없는 〈비트겐슈타인 하우스〉는 "선, 면, 볼륨의 간결한 구성"이 강조된 입방체들이 비대칭적으로 결합된 기하학적인 외형을 지니고 있다(도판 2-4).[11] 평평한 지붕, 장식을 배제한 단순한 외벽, 볼륨이 강조된 입방체로 이루어진 건물의 형식과 콘크리트, 유리, 철근이 주를 이루는 건축 재료는 20세기 초의 전형적인 모더니즘 건물을 연상시킨다.[12] 특히 서로 다른 크기의 입방체들을 조합해 놓은 건물의 외형은 비트겐슈타인 자신이 존경하고 후원했던 아돌프 로스의 모더니즘 건축에 영향을 받은 것으로 여겨진다.[13] 건물의 내부 역시 외부와 동일한 절제된 형식을 취하고 있는데, 특히 몰딩을 찾아볼 수 없는 평평하고 단순한 천장, 유리와 철재 프레임 및 철판으로 이루어진 출입문과 창문, 천장에 그대로 노출된 전구나 단순한 디자인의 문손잡이와 같은 내부 설비에는 기계 공학적인 효율성과 논리철학적인 합리성이 배어 있다.[14] 그런 면에서 〈비트겐슈타인 하우스〉는 "아돌프 로스가 당대에 지은 그 어느 건물보다 훨씬 더 단호하게 모던한 설계"로 평가되기도 하는데, 이후에도 언급하겠지만 건축의 외부와 내부 모두를 철저하게 간소화했다는 측면에서 로스 자신보다 오히려 더 철저하게 로스의 원칙을 적용했다고 할 수 있겠다.[15]

이처럼 비트겐슈타인 하우스는 양식 면에서는 매우 현대적이지만 각 층의 기능과 역할에 있어서는 다소 전통적이며, 특히 메인 플로어를 예술과 문화의 중요 공간으로 설계했다는 점은 비엔나의 전통 저택을 그대로 계승하였다. 이러한 설계는 예술의 향유와 후원이 생활의 중요한 부분을 차지했던 비트겐슈타인 가문의 생활 양식과 밀접하게 연관되어 있다. 합스부르크 제국이 사라진 지 이미 10여년이 지난 1920년대 말에 금욕적으로 느껴질 만큼 절제된 모더니즘 형식의 저택에서 세기말 비엔나 방식의 귀족적인 삶을 이어 나간다는 것은 상당한 아이러니가 아닐 수 없는데, 이후에 논의하듯이, 어쩌면 오히려 그런 모순과 역설을 담은 저택이었기에 비트겐슈타인 자신의 삶과 철학에서 더욱 중요한 분기점으로 작용할 수 있었을 것이다.

루트비히 비트겐슈타인이 8남매의 막내아들로 태어난 비트겐슈타인가家는 널리 알려진 것처럼 19세기 후반 합스부르크 제국에서 가장 부유한 가문 중 하나였다. 철강 산업으로 막강한 부를 쌓은 유대계 신흥 부르주아였던 그들은 비엔나 11구역에 위치한 바로크 양식의 〈알레가세Alleegasse 저택〉 외에 비엔나 교외의 〈노이발데게르가세Neuwaldeggergasse 저택〉과 여름에 지낼 〈호흐라이트Hochreit 저택〉 등을 소유한 거대 부호였다.[16] 1850년대 양모 교역으로 이미 비엔나의 부유한 상류층이 된 비트겐슈타인 가문은 이후 고급문화와 예술의 막강한 후원자가 되었다. 일찍이 요하네스 브람스Johannes Brahms가 그의 대표작 중 하나인 〈클라리넷 5중주〉를 비트겐슈타인가의 저택에서 초연했고 브람스 외에 구스타프 말러Gustav Mahler나 브루노 발터Bruno Walter 등의 음악가들이 저택에서 열리는 저녁 음악회에 정기적으로 참석했으며, 요제프 올브리히Joseph M. Olbrich의 〈비엔나 분리파 건물〉이 루트비히의 아버지인 카를 비트겐슈타인Karl Wittgenstein의 재정적인 후원으로 지어졌을 뿐 아니라 구스타프 클림트Gustav Klimt가 마르가레테의 결혼 기념으로 그 유명한 초상화(도판 2-5)를 그렸을 정도로 비트겐슈타인 가문은 비엔나의 경제와 문화에서 최고의 위치를 향유하고 있었다.[17] 특히 루트비히와 마르가레테가 어린 시절을 보낸 〈알레가세 저택〉(현재 아르헨티나슈트라세 16번지)은 1873년 프리드리히 샤흐너Friedrich Schachner가 건축한 팔레 저택을 카를 비트겐슈타인이 구입한 것으로, 가히 세기말 비엔나의 예술의 중심지라 할 수 있었다. 마르가레테는 자신의 새 저택이 예술의 요람이었던 알레가세의 전통을 잇되 화려한 바로크식 건축이 아닌 현대적인 양식의 저택이 되기를 희망했다.[18]

도판 2-5. 구스타프 클림트, 〈마르가레테 스톤보로-비트겐슈타인의 초상〉, 캔버스에 유채, 180×90cm, 1905, 뮌헨 노이에 피나코테크 소장

화려하고 장식적인 〈알레가세 저택〉(도판 2-6, 2-7)과 상대적으로 단순하고 소박한 〈비트겐슈타인 하우스〉(도판 2-8, 2-9)의 차이는 단순히 카를과 루트비히로 대변되는 세대적인 차이나 전통과 현대 양식이라는 조형적인 차이를 넘어서는 근본적인 비판과 급격한 단절을 담고 있다. 〈알레가세 저택〉이 자유주의 사상과 귀족 문화에 이중적으로 걸쳐 있는 비엔나 신흥 부르주아의 절충주의적인 건축 문화를 대변한다면, 〈비트겐슈타인 하우스〉는 20세기 초 과학적인 논리와 기술 공학에 기반을 둔 모더니즘 건축 양식과 연결되면서 동

도판 2-6. 〈알레가세 저택〉, 현관에서 중앙 홀로 올라가는 계단, 1910년경 사진
도판 2-7. 〈알레가세 저택〉의 음악 살롱, 촬영 연대 미상

도판 2-8. 〈비트겐슈타인 하우스〉의 현관에서 중앙 홀로 올라가는 계단,
1928-1929년경 비트겐슈타인이 촬영한 사진
도판 2-9. 〈비트겐슈타인 하우스〉의 살롱, 2016년 사진

시에 전全세대의 삶의 방식에 근본적인 질문을 제기한 '철학자의 건축'이라는 독특한 위상을 지닌다.

〈비트겐슈타인 하우스〉가 위치한 이러한 복합적인 맥락을 이해하기 위해서는 19세기 후반에서 20세기 초에 이르는 비엔나의 역사와 문화를 좀 더 상세히 살펴볼 필요가 있다. 일찍이 재닉과 툴민은 역설과 모순으로 가득 찬 합스부르크 왕조의 마지막 나날과 세기말 비엔나의 모더니즘 문화를 고려하지 않고서는 비트겐슈타인의 사상을 이해할 수 없다고 강조한 바 있는데, 우리의 관심 대상인 비트겐슈타인 하우스 또한 합스부르크 제국의 정치 체제와 제국의 수도 비엔나의 문화를 고려하지 않은 채 그 위상과 의미를 파악하기 힘들기 때문이다.[19]

2) 세기말 비엔나와 링슈트라세 건축

카를 비트겐슈타인이 속하는 비엔나의 신흥 부유 계층은 기본적으로 과학적 진리, 도덕적 절제, 심미적 도야를 추구하는 근대적 자유주의 사상에 기반을 두고 등장한 부르주아 시민 계층이었다.[20] 그러나 19세기 후반 비엔나 부르주아의 자유주의는 합스부르크 군국주의 체제 속에서 일종의 '사산아'로 태어날 수밖에 없었던 독특한 역사를 지니고 있다.[21] 일찍이 '메테르니히 체제'를 전복하려는 1848년 시민혁명이 실패한 후 1860년대에 재결집한 오스트리아의 자유주의자들은 프란츠 요제프Franz Josef 황제를 입헌 군주로 하는 오스트리아-헝가리 제국1867-1918을 탄생시켰다. 하지만 절대 왕정의 구질서를 상징하는 합스부르크 왕조와 입헌 체제를 성립시킨 자유주의자들의 의회가 공존하는 오스트리아-헝가리 제국은 법적으로는 의회 민주주의 체제였지만 사실상 실질적인 군 통수권을 황제가 지니고 있던 '합스부르크 제국'이었다. 황제와 귀족, 신흥 부르주아와 노동자가 공존하는 모순적인 근대국가이자 열한 개의 민족으로 구성된 다민족 국가였던 합스부르크 제국은, 로베르트 무질Robert Musil이 묘사하듯이, '국가 제도상으로는 자유주의 국가였지만, 그 통치 체계는 관료적이었고, 통치 체계는 관료적이었지만 삶에 대한 일반 대중의 태도는 자유주의적이었으며, 법 앞에 모든 시민이 평등했으나 결코 모든 사람이 시민은 아닌' 그야말로 모순적이고 이중적인 사회였다.[22]

지금도 많은 이들에게 황실의 궁전이나 매혹적인 카페, 우아한 왈츠나 고전 음악을 연상시키는 비엔나는 여전히 화려하고 귀족적인 이미지의 도시로 각인되어 있어, 세기말 비엔나의 사회적 모순과 문화적 혼돈이 얼마나 극심했는지를 상상하기는 그리 쉽지 않다. 그러나 '흥겨운 비엔나'의 기쁨과 열정을 상징하는 왈츠가 동시에 이중적인 근대 도시의 가혹한 현실로부터 도피하려는 일종의 병리적 현상일 수도 있었다는 점, 화려한 '꿈의 도시'라 불리던 비엔나가 동시에 '세계 종말의 실험장'이라 칭해지기도 했다는 점을 상기한다면, 세기말 비엔나에 집약된 모순을 어느 정도 짐작할 수 있을 것이다.[23]

비엔나 도심의 링슈트라세Ringstrasse는 이러한 군주국의 부르주아 계층의 사회적, 문화적 모순을 그대로 담고 있다. 1860년대에 시작되어 세기말까지 계속된 대대적인 도시 재정비 프로젝트였던 링슈트라세는 호프부르크 황궁과 성 슈테판 성당이 있는 비엔나의 1구역을 문자 그대로 원형으로 둘러싸고 있는 '순환 도로' 혹은 '환상 대로'이다. 비엔나의 옛 성곽을 해체하고 그 자리에 4킬로미터에 달하는 폭 18미터의 장대한 환상 대로를 건설하고 그 주위에 근대 도시의 주요 기관과 기념비적인 건축물을 건립한 링슈트라세 개발 계획은 황제의 칙령 하에 비엔나의 신흥 부르주아가 추진한 일종의 도시 근대화 프로젝트였다.

개발 계획을 알리는 전단지(도판 2-10)에서 드러나듯이 알레고리적 도상 아래 적혀 있는 '예술을 통한 치장Geschmückt durch Kunst'과 '법률과 평화에 의한 힘Stark durch Gesetz und Frieden'은 이후 건설될 링슈트라

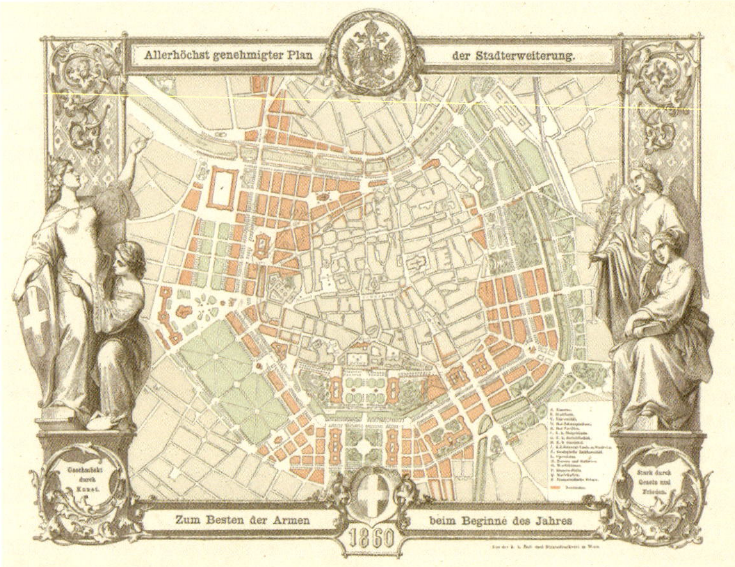

도판 2-10. 링슈트라세 개발 계획 전단지, 1860

세 건축물의 형식과 내용을 집약적으로 보여준다. 입법주의와 평화라는 자유주의적 가치를 기존 예술의 역사적인 양식으로 담아낸다는 취지에 맞게, 광대하게 순환하는 링슈트라세를 따라 국회 의사당과 비엔나 시청사, 자연사 박물관과 예술사 박물관, 대학과 부르크 극장 등 시민사회의 상징적인 건축물들이 과거의 장엄한 건축 양식으로 건립되었다. 예컨대 국회 의사당은 정치적 이상을 상징하는 고대의 고전 양식에 따라, 비엔나 시청사는 중세의 자유 공동체의 가치를 상징하는 고딕 양식에 따라, 부르크 극장은 절대 왕정의 화려하고 연극적인 바

도판 2-11. 링슈트라세 거리의 비엔나 시청사, 1872-1883

로크 양식에 따라, 과거의 전통적인 양식을 차용하여 세워졌다(도판 2-11).[24] 카를 비트겐슈타인의 〈알레가세 저택〉 또한 이러한 링슈트라세 프로젝트를 따른 전형적인 건축에 속하는 것이었다.

과거의 위대한 양식들이 난립하는 가운데 정작 시민사회 자체의 근대성이라고는 찾아볼 수 없는 링슈트라세의 역사주의적인 건축은 자신의 고유한 양식이 없어 과거를 흉내 낼 수밖에 없었던 19세기 후반 비엔나 부르주아의 문화적 상황을 적나라하게 반영한다.[25] 모더니티라는 새로운 국면 속에서 사회 전체의 새로운 신념 체계를 정립하려는 진지한 모색과 치열한 투쟁 대신 과거의 양식을 손쉽게 차용한 그들의 절충주의적 역사주의는 역사에 대한 자각이 아니라 오히려 역사에 대한 무관심에서 생겨난 것이라고 볼 수 있다. 그러나 링슈트라세의 역사적인 절충주의는 단지 과거와 현재가 모순적으로 공존하는 도시 계획과 건축 양식에 한정된 문제가 아니라, 비엔나 부르주아의 '자유주의의 몰락'과 관련된 좀 더 근본적인 차원에 맞닿아 있다. 칼 쇼스크Carl Emil Schorske가 지적하듯이, 자유주의가 기반을 두고 있는 합리적 인간, 즉 자연에 대한 과학적 지배, 자신에 대한 도덕적 통제, 그리고 예술에 대한 심미적 향유가 통합된 합리적인 인간의 사회적 실현은 절대 왕정이 연장된 입헌 군주 체제 속에서 정치적으로 좌절되었고, 이어 1900년을 전후로 심화된 선동적인 반유대주의와 대중 정당들의 난립 속에서 하나의 무기력한 이상이 돼 버렸던 것이다.[26]

이러한 정치, 사회적 환경 속에서 19세기 말부터 20세기 초에 걸쳐 비엔나의 부유한 부르주아 계층은 정치적인 영역에서 물러나 예술적인 영역에 칩거하는 경향이 두드러지게 강해졌다. 정치적인 단절과 사회적인 고립을 예술과 문화를 통해 보상하려는 비엔나 부르주아의 삶은 특히 세기를 전후로 귀족적이면서도 도피적인 탐미주의의 색채를 띠었다. 1889년 자신이 소유한 모든 철강 회사들의 이사회에서 사임하며 돌연 재계에서 은퇴한 카를 비트겐슈타인이 이후 비엔나 분리파 회화와 건축 및 당대의 음악을 후원하며 예술을 향유하는 생활에 몰두한 것도 이러한 시대적 상황에서 이루어졌다.[27]

비엔나 부르주아의 예술에 대한 탐미주의는 한편으로 도덕적인 죄의식과 내적인 모순 의식을 깊이 배태하고 있었다.[28] 우리의 관심 대상인 비트겐슈타인의 건축을 비롯하여 20세기 초 비엔나에서 탄생한 혁신적인 예술과 사상은 시대착오적인 근대 도시에서 심화되어가던 이러한 부르주아 정체성의 위기로부터 출현했다고 해도 무방할 것이다. 구스타프 말러Gustav Mahler의 교향곡과 아르놀트 쇤베르크Arnold Schönberg의 12음계 음악, 로베르트 무질의 문학과 카를 크라우스Karl Kraus의 비판적 저널리즘, 아돌프 로스의 모더니즘 건축과 지크문트 프로이트Sigmund Freud의 정신분석학에 이르기까지 전례 없이 새로운 발견과 혁신적인 실험이 비엔나라는 한 도시에서 동시에 분출한 것은 바로 19세기 합스부르크 비엔나가 지닌 근대성의 모순이 그 어느 곳보다 극심했기 때문이었을 것이다. 비트겐슈타인의 사상적 토양 또한 모순적인 비엔나 부르주아의 삶이었으며, 그 모순적인 삶의 토양으로부터 진리에 대한 논리실증주의적 분석과 윤리적인 삶에 대한 철학적 탐구가 배양되었다고 할 수 있다.

3. 〈비트겐슈타인 하우스〉와 모더니즘 건축

1) 로스의 장식 비판과 모더니즘 건축

세기말 비엔나의 신흥 부르주아들이 시민사회의 공공건물을 위해 채택한 용이한 역사주의는 도시의 주택 건축에서도 예외 없이 적용되었는데, 비트겐슈타인 가문의 알레가세 저택과 같은 귀족적인 팔레 건축뿐 아니라 링슈트라세 구역에 새로 들어선 대규모 아파트들

또한 과거의 화려한 양식들을 절충하여 지어졌다. 귀족적 갈망을 담은 부르주아의 화려한 저택이나 그들이 소유한 세입자 아파트가 지니고 있던 양식과 기능 사이의 균열은 공공건축물 못지않게 클 수밖에 없었다. 특히 대부분 다가구 임대 아파트였던 링슈트라세 구역의 주거 건물은, 외형상으로는 4층에서 6층 정도의 웅대한 바로크식 건물이었지만 실제로는 최대 16가구가 거주하는 다가구 아파트들이었다. 화려한 건물로 임대료를 높이려는 경제적인 이윤 추구와 귀족적인 전통 저택에 대한 문화적인 열망이 합쳐져 아파트 건물의 파사드는 더없이 화려하게 장식되었고 아파트의 현관과 계단은 공간 낭비라 생각될 정도로 크고 장엄하게 만들어졌다. 쇼스크가 지적하듯이 세기말 비엔나의 이러한 주거 건축은 비엔나의 심각한 주택난과 계급 갈등을 전통적인 양식과 화려한 장식으로 은폐하고 있었다.[29]

비트겐슈타인의 건축뿐 아니라 그의 철학적 사상에도 상당한 영향을 미친 아돌프 로스의 장식에 대한 투쟁은 비엔나 부르주아의 가식적인 역사주의, 특히 쇼스크가 파사드의 '귀족화Nobilierung'라 칭한 비엔나 건축의 화려한 장식을 공격 대상으로 한 것이었다.[30] 주목할 것은, 건축뿐 아니라 공예품, 실내 장식, 신사복, 헤어스타일에 이르는 문화 전반을 대상으로 한 로스의 문화 비평의 기저에 당대의 비판적인 지식인들이 공유하고 있던 윤리적 삶에 대한 강조가 깔려 있다는 점이다. 영미英美의 실용적인 디자인과 효율적인 건축에 호감을 지니고 있었던 로스에게 링슈트라세 공공건축의 비맥락적인 절충주의는 근대적인 도시 건축뿐 아니라 역사적인 건축 전통마저 말살하는 것이었고, 링슈트라세 주거 건축의 가식적인 귀족화와 파사드의 화려한 치장은 거주자로 하여금 피상적인 가치를 내적 가치보다 중요시하는 삶을 조장하는 것이어서 공공건축 못지않게 심각한 것이었다.[31] 그가 3년 동안의 미국 체류에서 돌아와 쓴 「도시 포템킨Potemkin City」(1898)은 내적인 빈곤을 화려한 외관으로 치장하는 역사주의적 양식에 대한 도덕적인 비판을 담고 있다. 현실과 동떨어진 화려한 파사드를 지닌 링슈트라세의 건축을 러시아의 총사령관 포템킨이 우크라이나의 한 마을에 세운 눈속임 건물들에 비교하며 로스는 가짜 도시 포템킨과 다를 바 없는 세기말 비엔나에 대해 다음과 같이 쓰고 있다.[32]

> 가난은 치욕적인 것이 아니다. 모두가 봉토를 소유한 영주로 태어날 수는 없다. 그러나 그런 영지를 소유한 것처럼 다른 이들에게 가장하는 것은 어리석고 부도덕하다. 사회적으로 평등한 다른 많은 사람들과 임대 아파트에서 한 건물에 산다는 것을 부끄러워해야 하는가? 우리들의 집을 짓는데 쓰기에는 너무 값비싼 재료들이 있다는 사실을 우리가 부끄러워해야 하는가? (…) 우리가 그것을 부끄러워하지 않는다면 얼마나 빨리 우리 자신의 시대에 적합한 건축을 성취할 것인지 알게 될 것이다. (…) 선한 양심으로 후대에 물려줄 수 있는 건축 양식, 먼 미래에도 자부심을 가지고 보여줄 수 있는 건축 양식 말이다. 그러나 우리가 사는 이 시대의 비엔나에는 그런 건축 양식이 없다.[33]

로스의 저술을 대표하는 「장식과 범죄Ornament and Crime」(1908) 또한 허위적인 속임수로서의 장식을 비판 대상으로 삼았다. 시대정신을 담은 양식을 창조하는 대신 양식을 장식으로 착각하고 덧없는 치장을 만들어내는 당대의 아르누보 건축과, 그런 장식으로 건물, 가구, 의복 등을 치장하는 비엔나인들은, 결국 그들 자신의 문화적 빈곤을 그럴듯한 외관으로 감추며 속이고 있다는 것이다.[34] 장식에 대한 로스의 공격은 모더니티의 역사적 상황에 부합하는 "진정성 있는 문화의 부재"를 질타한 것이었다.[35] 로스에게 문화란 "합리적인 사고와 행동을 가능케 하는 인간의 내면과 외면의 균형"을 의미하는 것이었고, 진정한 근대의 문화인은 연극적인 위선을 버리고 가식 없는 진정성을 회복하여 내면과 외관이 일관성 있는 모습이어야 했던 것이다.[36] 금단추나 프릴을 떼어 버린 평범한 옷차림이 가장 모던한 옷차림인 것처럼, 가시적인 장식이나 쓸데없는 치장을 하지 않아 "전혀 눈에 띄지 않는" 건물이야말로 가장 모던한 건물이라고 강조했던 것도 바로 그런 맥락에서 나온 것이었다.[37]

그러나 로스에게 있어서 주택의 기능은 무엇보다도 거주자를 '편안'하고 '안락'하게 만드는 데 있었다.[38] 저택의 내부는 거주자가 친밀한 가족 생활과 세련된 문화 활동을 통해 심신을 계발하고 재충전할 수 있도록 최대한 안락하고 편리하게 지어져야 한다는 믿음에 근거하여, 저택 내부는 각각의 공간이 지닌 기능에 따라 훌륭한 목재와 대리석, 고급 양탄자와 커튼, 다채로운 가죽이나 거울 등으로 풍요롭게 꾸며졌다.[39] 흥미롭게도 로스는 이와 같은 실내 디자인은 가식적인 '장식'이라 여기지 않았고, 거주자의 안락한 생활이라는 '기능'을 실현하는 것이라고 보았다.[40] 따라서 로스의 주택은 외부와 내부가 서로 상이한 기능과 형식을 취하고 있었다. 건축의 기능과 형식을 피복被服의 기원과 원리에서 찾았던 로스에게, 주거 건축의 외부가 수행하는 기능은 거주자의 생활이 이루어지는 내부를 보호하고, 사적 공간을 공적 영역으로부터 구분하며, 거주자를 외부 시선으로부터 차단하는 데에 있었고, 따뜻한 정서적 교감과 정신적 계발 및 진정성 있는 문화적 활동은 그것이 싸고 있는 그 내부에서 이루어져야 하는 것이었다.[41]

군더더기 없는 단순한 외관과 풍요롭게 꾸며진 내부를 지닌 로스의 건축에는 분명 "내부와 외부 사이의 모순"이 존재하는데 이러한 불일치는 1920-30년대 그의 후기 건축에서 더욱 두드러진다.[42] 그런 면에서 〈비트겐슈타인 하우스〉는 로스보다 더 로스적인 건축, 즉 외부와 내부 모두에서 일체의 치장과 허식을 제거한 "가장 전형적으로 로스적인 건축"이라 평가되기도 한다.[43] 안과 밖이 일치하는 않는 로스의 건축이 여전히 내면을 감추는 '가면'으로서의 외관을 하고 있다면, 〈비트겐슈타인 하우스〉의 안과 밖은 단순성과 엄격성이라는 측면에서 동일하며 특히 내부 설비들의 구조가 전적으로 그 기능에 의해 결정된 논리적 구조라는 측면에서 기능적, 구조적으로 투명하다. 나아가 비트겐슈타인은 저택의 내부에 커튼이나 카펫을 사용하지 않도록 함으로써 건축의 구조를 감추는 피복을 전면 금지했을 뿐 아니라, 대리석이나 고급 목재를 전혀 찾아볼 수 없는 오프 화이트의 콘크리트 벽에 기성품인 13센티미터의 조립식 석재 바닥 재료를 사용함으로써 건축 재료에 있어서도 단순성과 기능성을 강조하였다.[44]

파울 엥겔만이 회상하듯이, 실제로 로스가 비트겐슈타인에게 "당신은 바로 나군요!"라고 언급했을 정도로 로스의 건축 이론과 비트겐슈타인의 철학 사상은 서로 상호 친화성을 지니고 있었지만, 로스의 건축론을 더 철저하게 실현한 사람은 로스 자신이 아니라 오히려 아마추어 건축가였던 비트겐슈타인이었던 것이다.[45] 평생을 언어 탐구에 전념했던 비트겐슈타인에게 논리적인 정합성은 이론적 개념이나 선택적 가설이 아니라 세계의 진리를 판단할 수 있는 근본 원리이자 삶 속에서 실현되어야 할 윤리적 삶의 형식이었기 때문이다.

2) 〈비트겐슈타인 하우스〉와 그의 철학

비트겐슈타인의 또 다른 누이인 헤르미네Hermine Wittgenstein는 수학적인 정확성과 기념비적인 단순성을 지닌 〈비트겐슈타인 하우스〉를 "집이 된 논리house-turned logic"라 칭한 바 있다.[46] 그녀는 완성된 저택이 마치 인간이 아니라 신神들이 거주하는 곳으로 보였다고 회상하며 치밀한 완벽성과 불멸의 기념비성에 희미한 반감까지 느꼈다고 적고 있다. 앞서 살펴보았듯이, 〈비트겐슈타인 하우스〉의 기본적인 구조는 비엔나의 전통적인 팔레 구조를 따르고 있었지만, 각 요소의 배치와 설계 등 전체적인 구성에서부터 창문의 빗장이나 손잡이 등 아주 작은 부분에 이르기까지 비트겐슈타인 특유의 논리적 엄격성과 강박

적일 정도의 정확성이 배어 있었던 것이다.

메인 플로어의 평면도는 비트겐슈타인이 팔레 건축의 기본 구조를 어떠한 방식으로 수용하고 또 변형하였는지를 잘 보여 준다. 중앙 홀로 올라가는 계단은, 앞서 언급한 바와 같이, 전통 저택에 비해 훨씬 작고 소박한 규모(알레가세의 장엄한 한 층 높이의 계단에 비해 지극히 소박하고 단순한 반 층 높이의 계단)이지만, 외부의 공적·정치적 영역에서 내부의 사적·문화적 영역으로 진입하는 이행移行의 통로로서 여전히 중요한 부분을 차지하고 있다. 건물 입구에서 현관vestibule, 중앙 계단에서 중앙 홀로 이어지는 경로는 외부에서 내부로 진입하는 간결한 일직선으로 설계하되 일체의 장식이 없는 절제된 양식으로 건축하여, 전체적인 평면 설계에서 중심축의 역할을 하고 있다(도판 2-12). 이 중심축을 따라 아담한 규모의 홀에 들어서면 그 중앙 지점으로부터 오른쪽으로는 살롱, 왼쪽으로는 야외 테라스, 정면으로는 다이닝 룸과 계단·엘리베이터로 진입할 수 있는 구조여서,

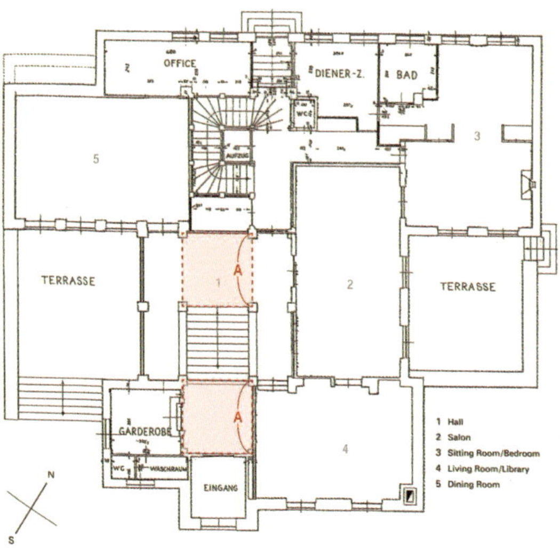

도판 2-12. 〈비트겐슈타인 하우스〉 평면도

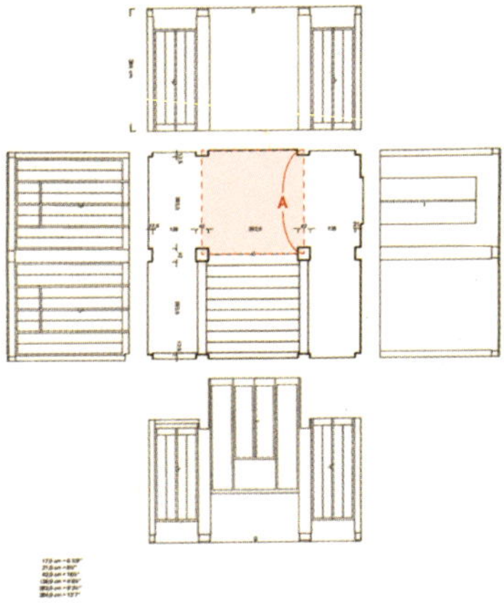

도판 2-13. 중앙 홀의 단면도와 사방의 입면도

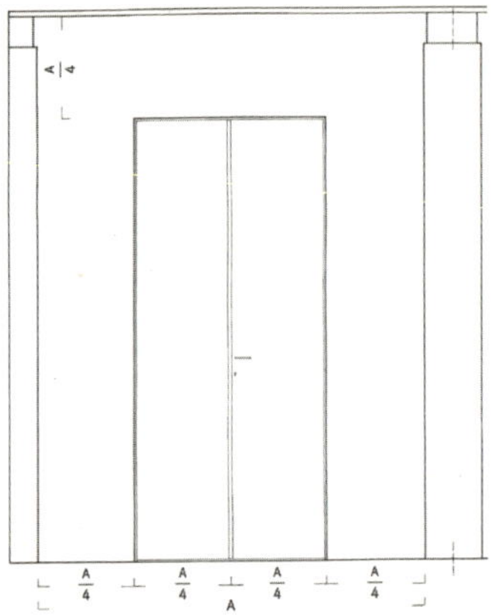

도판 2-14. 중앙 홀에서 오른쪽 살롱으로 연결되는 벽과 출입구의 입면도

중심축을 따로 올라온 중앙 홀에는 다양한 기능을 지닌 각 실로 이동하는 동선과 시선이 내포되어 있다.

전체적으로 각 실의 가로/세로 비율은 1:1, 1:2, 2:3, 5:6 등으로 정수 배율을 지키며 수학적인 체계를 유지하고 있는데, 부분과 전체의 수학적인 비례 및 부분들 사이의 기하학적인 관계는 외부와 내부를 연결하는 지점인 출입문과 창문의 배치에서 특히 두드러진다.[47] 예컨대, 정사각형인 현관의 한 면을 A로 정하고 쌍여닫이 문 중 한쪽 문의 폭을 A의 ¼로 설정하여 하나의 단위 요소로 모든 창과 문에 적용하였다(도판 2-13, 2-14). 따라서 쌍으로 구성된 모든 문과 창의 폭은 A의 ½로 통일되어 있고 그 요소들이 유리, 철골, 철판 등의 기능적인 재료와 일정하게 조합되어 있어, 요소들의 수학적인 배열과 재료들의 일정한 조합이 밋밋한 공간에 변화와 리듬을 부여한다.

수학적인 비례에 내포된 논리적 성격은 효율적인 기능성을 강조하는 설계 전반에서도 잘 드러나는데, 여기에서는 당시의 팔레 건축에서는 상상하기 힘든 계단 · 엘리베이터와 메탈 커튼만을 언급하기로 한다. 4층 건물을 관통하는 계단과 엘리베이터는 전통적인 팔레 형식을 따른 엥겔만의 설계에서 변경된 사항 중 가장 두드러지는 부분이다.[48] 비트겐슈타인은 서로 다른 위치에 분리되어 있던 계단과 엘리베이터를 건물 중앙의 한 영역에 통합하였다. 즉, 엘리베이터 샤프트shaft(수직 통로) 전체를 투명한 유리로 만들어 기계의 구조와 작동이 그대로 노출되도록 하는 한편, 엘리베이터 샤프트를 감싸는 형식으로 계단 층계를 설치함으로써, 자연적인 도보 이동과 인공적인 기계 이동이 한 영역에서 명료하게 드러나도록 하였다(도판 2-15).

도판 2-15. 계단과 엘리베이터, 1928년 사진

세로로 긴 창에 장식적인 커튼을 사용하지 않도록 철재 스크린으로 된 메탈 커튼을 설치한 것 역시 〈비트겐슈타인 하우스〉만의 독특한 요소이다.[49] 외부와 내부의 차단을 강조하는 철재 스크린은 비밀 기관이나 군사 시설 같은 느낌마저 주어 사뭇 낯설지만, 비트겐슈타인이 의도했던 절제된 간결성과 공학적인 기능성을 확실하게 보여주는 설비 요소이다. 테라스와 내부를 연결하는 유리창들은 동시에 출입문의 역할을 하기 때문에, 낮에는 메탈 커튼을 걷어 채광 유리창으로 기능하게 하고, 밤에는 메탈 커튼을 드리워 출입문을 차단하도록 한 것이다(도판 2-16). 여기에서 눈길을 끄는 것은 철재 스크린을 메인 플로어의 바닥 밑 지하로 내려가게 하여 완전히 건물 구조의 일

도판 2-16. 테라스로 연결된 살롱의 창문, 메탈 커튼을 다양한 높이로 올린 모습

부가 되도록 설계했다는 점이다. 비트겐슈타인은 간단한 도르래 장치를 사용하여 100킬로그램에 달하는 무거운 철재 스크린을 손쉽게 올리거나 내릴 수 있게 하는 한편, 메탈 커튼이 창-문window-doors의 일부가 되게 하여 수적인 비례와 엄밀성을 지닌 구조가 더욱 명료하게 드러나도록 하였다.

논리성과 기능성에 기반을 둔 〈비트겐슈타인 하우스〉의 '건축적 문법'은 논리실증주의적인 그의 전기 언어 철학을 반영하는 것으로 이해되곤 한다. 비트겐슈타인 하우스를 '건축이 된 논리'라 칭했던 헤르미네의 언급을 비롯하여, 건물의 단순성과 정확성을 그의 『논리-철학 논고*Tractatus Logico-Philosophicus*』의 문장들이 지닌 '단순하고 정적인 아름다움'에 비교했던 철학자 폰 브리크흐트G. H. von Wright의 해석, 그 밖에 논리실증주의와 모더니즘 건축을 논리적, 구조적 투명성의 차원에서 상통하는 것으로 이해하는 여러 접근들이 그러하다.[50]

주지하듯이, 비트겐슈타인의 분석철학은 흔히 『논리-철학 논고』(1918년 완성/1922년 출판, 이후 『논고』로 칭함)로 대표되는 전기 철학과 『철학적 탐구*Philosophical Investigations*』(1949년 완성/1953년 출판, 이후 『탐구』로 칭함)로 대표되는 후기 철학으로 구분된다. 논리실증주의적인 기반 위에 '언어그림이론picture theory of language'을 개진한 전기의 비트겐슈타인이 사실의 그림이라 할 수 있는 논리적 명제를 명료화하고자 했다면, 언어의 사용과 쓰임에 주목한 '용도 의미론use theory of meaning'을 제시한 후기의 그는 언어가 논리적인 기술 이외의 다른 많은 목적을 위해 사용되며 사용 그 자체가 의미와 다름없다는 입장을 펼쳤다.[51] 이를 염두에 두고 비트겐슈타인 하우스가 『논고』 완성 후 그가 철학계를 떠났던 시기(1918-1928)에 지어졌다는 사실에 주목한다면 그의 건축은 사실상 시기적으로나 형식적으로 전기 사상을 반영하고 있다고 보는 것이 타당할 것이다.[52] 특히 저택 전체를 관통하는 수학적인 규칙과 엄밀한 정확성은 "철학의 목적이 사고의 명료화", 나아가 사고를 표현하는 "언어의 명료화"에 있음을 강조했던 『논고』의 비트겐슈타인을 직접적으로 떠올리기 때문이다.[53] 건물의 명료한 구조를 확실하게 드러내기 위해 건물의 외부와 내부로부터 일체의 치장이나 장식을 배제한 것 역시 논리적 명제를 명료화하기 위해 철학적 기술로부터 일체의 형이상학적인 언술을 제거하고자 한 『논고』의 비트겐슈타인을 상기시킨다.[54]

하지만 비트겐슈타인은 논리 자체를 위한 논리성을 제안하지 않았으며, 자신의 『논고』의 가치는 "(논리적) 문제들이 해결됨으로써 성취된 것이 얼마나 적은지를 보여주는 데 있다"고 스스로 밝힌 바 있다.[55] 그는 "말할 수 있는 것을 명료하게 제시함으로써 말해질 수 없는 것을 의미하는" 것이야말로 철학의 본령이며, 이 말해질 수 없는 영역에 속하는 것이 바로 삶의 의미와 관련되는 '윤리학과 미학', 즉 논리적 명제 형식으로 규명할 수 없는 '윤리적인 삶과 아름다운 예술'이라고 지적한 바 있다.[56] 비트겐슈타인은 진정으로 그의 철학을 이해한다면 "논리적 명제들을 초월해야" 하고 오직 그랬을 때 "세계를 올바로 보게 될 것"이라며 『논고』를 마무리하고 있다.[57] 비트겐슈타인 하우스에 대한 해석을 전적으로 논리적 명료성의 구현에 한정할 수 없는 이유다. 저택을 완성한 직후인 1929년 1월 비트겐슈타인은 10여 년의 공백기에 종지부를 찍고 케임브리지 대학으로 돌아가 다시 한 번 철학적 탐구에 몰두했다. 아마추어 건축가였던 그에게 2년 동안의 작업은 논리적 명료성을 넘어서는 삶의 의미를 재차 깨닫고 철학자로서의 임무를 다시금 확인하는 중요한 계기가 되었던 것이다.

4. 에토스와 삶의 형식

1913년 부친의 사망으로 막대한 유산을 물려받은 비트겐슈타인은 이듬해인 1914년 7월 당시로서는 상당한 거액인 10만 크라운을 릴케, 코코슈카, 로스 등의 예술가들에게 기부했고, 이어 1919년 9월에는 누이들과 막내 형 파울Paul Wittgenstein에게 모든 유산을 양도함으로써 상속받은 재산 전부를 포기했다.[58] 세기말 비엔나에서 가장 부유한 가문의 막내아들이었던 그는 유산 상속을 거부한 채 제1차 세계대전에 포병으로 자원 입대한 후 전장에서 『논고』를 완성했다. 상속을 포기한 후 비트겐슈타인의 삶은 한층 더 예상을 빗나갔다. 철학 연구를 하던 케임브리지로 돌아가지 않고 대신 1920년부터 장장 6년 동안 오스트리아 동북부의 산골 마을에서 초등학교 교사로 복무했으며 학생 체벌 사건으로 인해 스스로 교사직을 그만둔 후에는 잠시 수도원의 정원사로 일하기도 했다. 1926년 가을 서른일곱의 비트겐슈타인이 마르가레테의 저택을 짓기 위해 비엔나로 돌아왔을 때 그는 이미 부유한 부르주아의 삶과는 거리가 먼 방황의 길을 오랫동안 걸어 온 상태였다.

그의 생애가 보여주듯이 비트겐슈타인의 철학적 사유의 핵심에는 언제나 올바른 '삶의 형식'에 대한 고민이 놓여 있었다. 비트겐슈타인 평전을 쓴 레이 몽크가 언급하듯이, 일찍이 유년시절부터 그는 어떤 불이익을 감내하고라도 '진실을 말하는 것이 도덕적인 의무'라 믿으며 자랐고 윤리적인 삶에 대한 탐구를 철학의 궁극적인 과제로 삼았다.[59] 마르가레테를 위한 저택을 완성하고 케임브리지로 돌아와 연 강연에서 그는 다음과 같이 말하고 있다.

> '윤리학은 선이란 무엇인가에 대한 탐구'라고 말하는 대신에, 저는 윤리학이란 (삶에서) 가치 있는 것은 무엇인가, 진실로 중요한 것은 무엇인가에 대한 탐구라고 말할 수 있을 것이라 생각합니다. 혹은 윤리학이란 삶의 의미에 대한 탐구, 무엇이 삶을 살만한 가치가 있게 만드는가에 대한 탐구, 삶의 올바른 방식에 대한 탐구라 할 수 있겠습니다.[60]

이에 덧붙여 그는 자신이 말하는 가치 있는 것, 중요한 것, 올바른 것은 이미 정해진 기준이나 목적에 근거하여 판단되는 상대적 가치나 중요성 혹은 올바름이 아니라, "삶의 궁극적인 의미"와 같이 어떤 논리적 명제로도 해명할 수 없는 것이라 설명한다.[61]

'윤리적인 삶'은 윤리학의 교설에 근거하여 언표되는 것이 아니라 오직 실천적인 삶을 통해 스스로 드러나는 것이라고 보았던 비트겐슈타인에게 하나의 삶의 형식이 집약된 '집을 짓는다'는 것은 매우 특별한 의미를 지니고 있었을 것이다. 거주자가 추구하는 삶의 형식을 반영하는 동시에 거주자의 실질적인 생활 방식을 형성하는 건축은 깊은 의미에서 윤리ethics와 밀접하게 연결되어 있기 때문이다. 철학자이자 건축 이론가인 카르스텐 해리스Karsten Harries가 설명하듯이, '윤리적ethical'이라는 말은 "인간이 세계에 존재하는 방식, 즉 인간의 거주 방식"을 뜻하는 '에토스ethos'에서 유래한 것으로, '거주 형식을 짓다aedes: 'dwelling' + ficare: 'to make''라는 철학적 교화의 뜻을 내포한 'edify(교화하다, 계도하다)'가 오늘날 '에토스'의 의미를 이어받고 있다.[62] 이처럼 건축과 철학은 근본적으로 존재의 거주 형식을 짓고 계발한다는 공통점을 지니고 있다. 따라서 '존재의 거주 방식이 집약된 건물edifice을 짓는 작업'은 비트겐슈타인에게 자신과 마르가레테를 포함한 비트겐슈타인 가문 전체의 삶의 형식을 윤리적 삶의 차원에서 다시금 깊게 숙고하도록 만들었을 것이다.[63]

『탐구』에서 비트겐슈타인은 그의 후기 철학을 특징짓는 '언어 게임Languespiel: language game'과 관련하여 '삶의 형식Lebensform: a form of life'이라는 개념을 중요하게 다루고 있다. '언어 게임'은 단어들의 의미가 그 단어들의 실제적인 기능과 사용에 있음을 강조하는 '용도 의미론'의 핵심 개념으로, 어떤 단어의 의미를 안다는 것은 그것이 의사소통의 과정에서 어떻게 사용되는지를 알고 있다는 것, 즉 단어의 사용과 기능을 규정하는 '언어 게임'의 규칙을 알고 있음을 뜻한다는 견해이다.[64] 그런데 다양한 언어 규칙들이 있는 만큼 다양한 '언어 게임'들이 있으며, 다양한 '언어 게임'들이 존재하는 만큼 다양한 세계들, 즉 다양한 '삶의 형식'들이 존재한다. 비트겐슈타인이 "하나의 언어를 상상한다는 것은 하나의 삶의 형식을 상상하는 것"과 같다고 말하는 이유다.[65] 하지만 어떤 '언어 게임'을 이해한다는 것과 그것이 작동하는 '삶의 형식'을 실제로 산다는 것은 별개의 문제이며, 근본적으로 삶의 과제는 그 삶이 속한 '언어 게임'을 아는 것을 넘어 그것을 진정한 '삶의 형식' 속에 실현하는 것에 있다. 예컨대, '다 같이 기도합시다'라는 언술 다음에는 무릎을 꿇고 두 손을 모으는 행위가 따라온다는 일정한 규칙을 아는 것과 실제로 '기도'라는 행위가 경배하는 삶 속에서 어떤 의미를 지니고 그 삶을 어떻게 형성하는지를 이해하며 실천하는 것은 결코 서로 같지 않다. 그런 측면에서 어떤 발화의 진정한 의미는 그것이 진정성 있는 실천을 통해 '삶의 형식'에 깊이 배어 있을 때 비로소 이해되었다고 할 수 있을 것이다.[66] 이와 유사한 맥락에서 비트겐슈타인은 자신이 사용하는 '언어 게임'이라는 용어는 그것이 "삶의 형식의 일부라는 사실을 부각시키기 위한 것"이라고 밝히면서 '삶의 형식'의 궁극적인 중요성을 강조한다.[67]

비트겐슈타인은 마르가레테를 위한 저택을 지으며 '언어 게임'과 '삶의 형식' 사이의 뗄 수 없는 관계와 부정할 수 없는 차이를 간파

했던 것으로 보인다. 『탐구』를 집필 중이던 1940년 비트겐슈타인은 자신의 건축에 대해 이런 메모를 남겼다. 그가 누이를 위해 지은 저택은 "결정적으로 예민한 귀와 좋은 양식의 소산이며 (어떤 문화 등에 대한) 훌륭한 이해의 표현"이지만 "원초적인 생명을 결여"한 "건강하지 않은 (…) 온실 식물"이라고.[68] 마르가레테의 저택이 구현하고 있는 '삶의 형식'은 문화와 예술이 개인의 사적인 삶과 아름답게 조화를 이루는 삶이었고, 비트겐슈타인은 그러한 비엔나 부르주아의 삶이 근거한 '언어 게임'을 충분히 인지하고 있었지만, 하나의 '삶의 형식'으로서 그것은 고통과 혼란으로 가득 찬 현실로부터 분리된 인공적인 온실이었고, 그 자신의 '삶의 형식'으로는 결코 받아들일 수 없는 에토스였던 것이다. 그에게 건축은, 철학에서와 마찬가지로, 무엇보다도 '자신의 삶에 대한 성찰'이었던 것이다.

5. 세계에 거주하기

논리학의 명제처럼 순수하고 투명한 마르가레테의 저택은 비트겐슈타인에게는 오히려 원초적인 생명력이 결여된 이상적인 언어 세계의 허구성과 '온실의 식물'처럼 이상 세계에 머물러 있던 비엔나 부르주아의 정체성의 위기를 다시금 확인하는 계기가 되었던 것으로 보인다. 그는 『탐구』에서 이렇게 쓰고 있다. 마찰이 없는 순수한 빙판은 아무런 마찰이 없다는 점에서 이상적인 조건일 테지만 동시에 어떤 마찰도 없기 때문에 계속해서 미끄러질 뿐 제대로 걸을 수 없는 땅이다. "우리에게는 마찰이 필요하다. 거친 대지로 돌아가자!"[69] 비트겐슈타인 하우스는 이렇게 그가 다시 철학의 길에 서서 일상 언어의 세계, 거친 대지의 세계로 향하는 중요한 계기가 되었을 것이다.

비트겐슈타인은 그런 거친 대지의 세계를 잘 알고 있었다. 그는 주요 저작들의 상당 부분을 노르웨이의 작은 마을인 스키욜덴Skjolden

의 오두막에서 썼다. 1913년 10월 처음 오두막 생활을 시작한 이후 2차 세계대전이 일어나기 전까지 이곳저곳을 떠도는 생활을 하다가도, 철학에 몰두하기 위해 그는 케임브리지도 비엔나도 아닌 스키올덴의 작은 오두막으로 돌아갔다. 1939년 케임브리지 대학의 교수로 부임했다가 결국 1947년 교수직을 그만둔 후에도 그는 아일랜드의 작은 항구 마을에 있는 로즈로Rosro 오두막에서 원고를 집필했다.[70] 비엔나 부르주아의 삶의 형식을 결코 자신의 에토스로 받아들일 수 없었던 비트겐슈타인에게는 외딴 마을의 오두막이 삶과 철학의 거처였던 것이다.

건축과 철학이 교차하는 비트겐슈타인 하우스는 인간이 거주하는 방식을 집약적으로 담고 있는 쉘터란 무엇이며 오늘날 그 기능과 의미는 무엇인가에 대해 다시금 숙고하게 한다. 특히 가상의 사이버 세계와 현실의 물리적 세계가 연결되는 이른바 '4차 산업혁명'에 즈음하여, 인간이 세계에 거주하는 방식이 어떤 방향으로 나아갈 것인지는 희망과 함께 두려움을 자아내고 있다. 사회생활 전반에 걸쳐 사이버 세계와 물리적 세계가 네트워크로 연결된 지능형 가상-물리 시스템Cyber-Physical System이 구축되면서, 사물과 기계, 주택과 환경 등 인간을 제외한 거의 모든 것이 점점 더 스마트해지고 있기 때문이다. 첨단 과학기술의 영향 아래 삶의 모든 영역이 변화하고 있는 이 시대에 우리는 어떤 방식으로 세계에 거주하기를 원하는가. 집을 짓는 경험을 계기로, 순수하지만 텅 빈 과학적 논리의 세계로부터 대지의 마찰과 생명력이 넘치는 일상 언어의 세계로 돌아올 수 있었던 비트겐슈타인에게서 그 해답을 찾아본다. 우리가 기획하는 스마트 쉘터는 결코 무중력 상태의 기능적 공간이 아니라 대지와의 마찰력을 잃지 않은 삶의 거처가 되어야 하기에.

3. 현대 미술에서의 쉘터 공간

안드레아 지텔의 작품을 중심으로

고경호·김정은

1. 스마트 쉘터와 안드레아 지텔의 예술

1) 현대 미술과 쉘터

의·식·주는 인간이 존엄성을 유지하며 생존하기 위한 기본 전제 조건이다. 그중에서도 주住, 즉 사람이 자신과 가족을 보호하며 살아가는 공간에 대한 이슈는 인류 역사 속에서 개인적으로 뿐만 아니라 사회적인 차원에서도 항상 지대한 관심사 중에 하나로 존재감을 과시해왔다. 이러한 '주'의 영역에는 건축, 공학, 철학, 예술 등 여러 가지 관점에서의 다양한 개념적 스펙트럼이 존재하는데, 그 중 '쉘터Shelter'는 우리의 일상에서 보편적으로 많이 통용되는 용어로서 '보호', '대피', '임시', '이동' 등의 뉘앙스를 함유하고 있다. 이 글에서는 이 '쉘터'라는 말을 키워드 삼아 현대 미술에 나타난 쉘터 공간에 대해 살펴보고 이를 바탕으로 보호와 거주의 개념으로서의 '쉘터'가 예술 영역에서 가질 수 있는 비평적 가치에 대해 고찰하고자 한다.

현대 영어에서 명사 '쉘터shelter'의 사전적 의미는 대략 네 가지이며 그것은 다음과 같다. 첫째, 일반적인 의미의 주거 공간, 즉 집house을 의미한다. 둘째, 날씨나 재해, 위험으로부터 사람이나 동물, 사물을 보호하기 위해 이용하는 공간을 의미한다. 셋째, 재난으로부터 사람이나 동물, 사물을 보호하기 위해 행하는 구호 행위를 의미한다. 넷째, 살 곳이 없거나 위험에 처한 사람 혹은 동물에게 물질적·사회적 도움을 제공하는 기관을 의미한다.[1] 이 글에서는 이와 같은 쉘터의 정의 중 첫 번째와 두 번째 의미, 즉 거주 공간과 물리적 보호 공간으로서의 쉘터 개념을 중심으로 논의를 전개하고자 한다.

쉘터의 사전적 의미를 봤을 때, 쉘터라는 개념과 가장 직접적으로 관련을 맺고 있는 분야는 건축임을 쉽게 알 수 있다. 쉘터가 수행적 혹은 제도적 의미의 단어로 사용되는 경우에도 관련 분야인 사회제도, 행정, 복지, 공공정책 등은 이미 건축과 밀접하게 연관된 분야이다. 일반적으로 '쉘터'라는 용어가 '집house'이나 '주택dwelling', '빌딩building' 등의 유의어와 차별적으로 쓰이는 경우는 건축물의 이동성 또는 일시성이 부각되는 경우이다. 예를 들면 군부대 막사, 난민 임시 주택, 유목민 텐트, 대형 박람회 행사에 설치된 파빌리온pavilion 등이 있다. 그런데 쉘터가 건축과 인접 분야인 현대 미술 영역에서 등장하는 경우가 종종 있다.[2] 외견상 건축물처럼 보이는 구조물이 현대 미술의 장에서 조각의 지위를 가지고 등장하게 된 것은 1960년대 미니멀리즘의 대두 이후 좌대가 사라지고 장소 특정적 설치 미술이 본격화되면서부터이다. 게다가 포스트모던 시대에 접어들면서 학제, 분야, 매체 간의 경계 구분이 더 이상 유효하지 않은 것처럼 여겨지기도 했다. 그러나 그럼에도 불구하고 현대 미술의 장에서 제시되는 쉘터가 건축의 영역에서 구현되는 쉘터와 비교했을 때 가지는 근본적인 차이점이 있다면 그것은 쉘터로서의 보편적 실용성이 가장 우선적으로 여겨지느냐 혹은 아니냐 일 것이다. 물론 전자는 건축적 관점이다. 그렇다면 보편적 실용성에 대한 최우선적 고려가 면제되는 현대 미술의 영역에서 만들어지는 쉘터는 어떤 의미를 갖는 것일까? 이 글에서는 이러한 물음을 가지고 현대 미술에 나타난 쉘터 공간에 대해 고찰하고자 한다. 그리고 이를 위해 안드레아 지텔Andrea Zittel의

작업을 주요한 분석 대상으로 삼고자 한다.[3]

2) 안드레아 지텔과 관계 미학

안드레아 지텔은 인간의 삶을 탐구하는 작가이다. 자기 자신을 포함한 동시대 사람들의 삶과 라이프 스타일을 고찰하고, 이를 바탕으로 이상적이고 최적화된 생활 방식을 제안한다. 이러한 작업은 생활에 필요한 사물의 유형prototype을 디자인하고 제작하는 방식으로 이루어진다. 그리고 이렇게 제작된 사물을 생활 속에서 직접 사용함으로써 자기 자신의 삶을 하나의 실험적인 표본으로 제시한다. 지텔의 작업은 인간 생활의 전반적인 모든 것을 대상으로 하기 때문에 작품의 매체와 형식이 매우 다양하며 회화, 조각, 디자인, 패션, 건축, 퍼포먼스, 공공 미술, 영양학, 생물학, 부동산, 사회 제도 등 많은 분야를 아우르고 있다. 현재 미국 캘리포니아 주 조슈아 트리Joshua Tree 지역에 거주하면서 〈A-Z웨스트A-Z West〉, 〈A-Z이스트A-Z East〉, 〈HDTSHigh Desert Test Sites〉 등의 프로젝트를 수행하며 작품 활동을 하고 있다.[4]

1991년에 작품 활동을 시작한 지텔은 1990년대 전반全般에 걸쳐 활발히 활동하며 작품 세계의 핵심 방법론을 확립했다. 1990년대는 포스트모더니즘 담론이 그 유효성을 점점 상실해 가던 시기였는데, 이때 프랑스의 미술 평론가 니꼴라 부리요Nicolas Bourriaud는 1998년 저서 『관계의 미학*Esthétique relationnelle*』을 출간하며 1990년대의 동시대 미술을 "자율적이고 배타적인 공간이기보다는, 인간의 관계 전체와 사회적 맥락을 이론적이고 실천적인 출발점으로 삼는 예술적 실천"[5]으로 해석했다. 안드레아 지텔은 니꼴라 부리요가 『관계의 미학』에서 주요하게 언급하는 작가는 아니지만, 지텔의 작품 세계를 살펴보면 관계 미학적 특성을 어렵지 않게 찾아볼 수 있다. 또한 지텔은 리르크리트 티라바니자Rirkrit Tiravanija, 가브리엘 오로즈코Gabriel Orozco 등의 관계 미술 대표 작가들의 초창기 전시를 많이 개최했던 303 갤러리303 gallary와 협업하는 등 이른바 관계 미술이 펼쳐지던 무대에서 동시대에 같이 활동했는데, 이러한 경력에서 지텔의 작품 세계와 관계 미학과의 자연스러운 인접성을 유추해 볼 수 있다. 부리요는 지텔을 "작업의 과정 안에 그것을 수용할 마이크로-커뮤니티micro-communauté의 현존을 고려"[6]하는 작가로 분류했다. 부리요에 따르면 지텔의 작품은 "자신의 생산 방식 내부에서, 그리고 그것이 전시되는 순간에 응시자 -참여자들의 순간적인 공동체를 창조한다."[7]

니꼴라 부리요의 관계 미학은 예술 작품이 세계와 관계를 맺는 접점에 특정성을 부여하는 미술 담론이다. 그는 마르크스Karl Marx, 가타리Félix Gattari, 알튀세르Louis Althusser 등의 철학적 사유를 바탕으로 1990년대 동시대 미술 현장을 '관계'와 '공동체'의 측면에서 해석했다. 부리요는 포스트모더니즘 이후에도 모더니티가 여전히 유효한 가치라고 보았다. 계몽주의 시대의 초창기 모더니티가 이상주의적 유토피아를 목표로 내세웠으나 이는 결국 불가능한 진술이었음이 포스트모더니즘 시대에 밝혀졌다. 그러나 부리요는 개인의 해방과 자율성 획득을 향한 모더니즘 기획은 여전히 필요하며 또한 실행되고 있다고 보았다. 1990년대의 동시대 미술 경향이 바로 그 예인데, 이때의 모더니즘 기획은 "미리 고안된 개념에 따라 세계를 새롭게 건설하려는 노력이 아니라, 대신에 이미 존재하는 세상에 더욱 잘 거주하는 것을 배우는"[8] 것이다. 다시 말해, 부리요가 주목한 1990년대 동시대 미술은 "더 이상 유토피아적이거나 상상적인 현실을 만드는 것을 목적으로 하지 않고 예술가가 선택한 층위가 어떠하든 실존적 현실 안에서 존재 방식 혹은 행동의 모델들을 구성하는 것을 목적으로"[9] 하며, "상징적이고 자율적이며 사적인 공간을 긍정하는 것 이상으로 그 이론적 지평을 인간 상호 작용의 영역과 사회적인 맥락으로 삼는 예술"[10]이다. 이와 같이 부리요가 규정한 1990년대의 관계 미술 경향은 거대한 재현 체계와 상업 시스템으로 빈틈없이 구성된 현대 도시 문화에 대항하여 직접적인 인간관계가 맺어지는 시공간을 창출하려고 하는 일종의 사회적 틈interstice으로 나타났는데, 이 글에서는 이러한 관계 미술의 특성이 지텔의 작품 세계와 개념적 핵심을 공유한다고 본다. 특히 의식주에 대한 관심과 맞물려 항상 사회적, 경제적으로 이슈의 대상이 되는 '쉘터'라는 사물을 모티프로 삼는 지텔의 작업에 있어서 더더욱 작품과 세계가 관계를 맺는 접점의 의미가 부각된다고 보고 지텔의 쉘터 작품을 고찰하려 한다.

2. 안드레아 지텔의 쉘터 작품

1) 삶의 형식과 연동되는 유형으로서의 공간

1990년 조각 전공으로 대학원을 졸업한 지텔이 1991년에 미술가로서 작품 활동을 시작하며 내놓은 첫 작품은 살아있는 닭과 메추라기였다. 요제프 보이스Joseph Beuys가 '나무 심기'를 조각 작품으로 제시한 것처럼 조각의 확장 개념을 따르는 시도였다. 본래 작가의 의도는 닭과 메추라기를 교배하여 새로운 종을 창조하는 것이었다고 하는데, 이를 시도하는 과정에서 교배가 인간의 취향과 의도가 개입된 인위적인 디자인 행위임을 깨닫게 되면서 디자인 프로세스에 관심을 갖게 된다. 당시 작가는 뉴욕 브루클린 지역에서 대략 2백 평방피트(약 5.5평) 정도 되는 좁은 공간에서 거주하고 있었고, 자신의 생활 방식을 고려하여 이 좁은 공간을 최대한 효율적으로 사용할 수 있는 시스템을 디자인하고 만들기 시작했다. 이로부터 〈A-Z 리빙 유닛A-Z Living Unit〉 시리즈가 시작되었으며, 1992년 안드레아 로젠 갤러리andrea rosen gallery에서 개최된 2인 전에서 전시하게 된 것을 계기로 프로젝트 연작으로 발전시켜 나가게 된다.

일견 모더니즘 스타일의 시스템 가구처럼 보이는 〈A-Z 리빙 유닛A-Z Living Unit〉 시리즈는 유사 작업인 〈A-Z 매니지먼트 매인터넌스A-Z Management Maintenance〉, 〈A-Z 클렌징 챔버A-Z Cleansing Chamber〉, 〈A-Z 웜 앤 콜드 챔버A-Z Warm and Cool Chambers〉, 〈A-Z 컴포트 유닛A-Z Comfort Units〉, 〈A-Z 오토만 퍼니처A-Z Ottoman Furniture〉, 〈A-Z 플랫폼 베드A-Z Platform Bed〉, 〈A-Z 피트 베드A-Z Pit Bed〉 등과 함께 〈A-Z 이스트〉 프로젝트를 구성하게 된다.[11] 〈A-Z 이스트〉는 작가가 1994년 뉴욕 브루클린 와이드Wythe 애비뉴에 위치한 3층짜리 건물로 작업장을 옮기면서 형성된 프로젝트이다.[12] 작가는 이 건물의 일정 공간을 자신의 신작을 보여주는 쇼룸으로 꾸며 〈A-Z 리빙 유닛〉 시리즈를 비롯한 여러 연계 작품들을 관람객으로 하여금 직접 테스트 해보게 하는 실험장으로 활용했다. 또한 1996-1997년에는 일주일에 한 번씩 작업장을 개방하고 브루클린의 동료 예술가들과 이웃 주민들을 초대해 칵테일파티를 열어 교류의 장을 마련함으로써 일찍이 앨런 캐프로Allan Kaprow가 주창한 '해프닝Happening' 개념에 부합하는 행위적 공공미술 작업에까지 나아가게 되었다.

그런데 이와 같이 〈A-Z 이스트〉 프로젝트의 핵심을 이루는 〈A-Z 리빙 유닛〉 시리즈(도판 3-1)는 일종의 쉘터라고 할 수 있다. 이 작품이 단순히 가구의 기능만을 충족하는 것이 아니라 마치 하나의 섬처럼 독립된 공간을 형성하면서 건축적 특징을 보여주고 있기 때문이다. 이 작품은 기본적으로 바퀴 달린 육면체 함 구조로 되어 있는데 펼치면 침대, 옷장, 수납장, 테이블, 조리대 등의 설비가 복합적으로 구성된 공간이 만들어진다. 이렇게 구성된 공간은 좁은 거주 공간을 효율적으로 사용할 수 있게 해 줄 뿐만 아니라 접으면 이동이 가능하기 때문에 이사를 가더라도 기존의 개인 공간을 유지할 수 있게 해 준다. 즉 경제 사정상 좁은 곳에 살 수밖에 없고 또 주거 환경이 안정되지 않아 여러 장소를 떠밀리다시피 전전해야 하는 사람들을 위한 작품인 것이다. 1991년에 제작된 첫 〈A-Z 리빙 유닛〉

은 바로 작가 자신의 필요에 따라 제작된 것이었다. 작가는 자신이 실제로 처했던 좁고 불편한 주거 환경 속에서 느꼈던 불안감과 불편함에서 벗어나 편안함과 안정감, 영속성을 느끼고자 자신의 생활 방식을 분석한 후 이 작품을 만들었다. 본래 작가는 단 하나의 완벽한 리빙 유닛Living Unit 유형을 만들고 작업을 종료하려 했으나 기능적인 완벽함보다는 다양성이 더 중요하다고 판단하여 매 해마다 새로운 모델을 제작하는 지속적인 프로젝트로 전환시키게 된다.

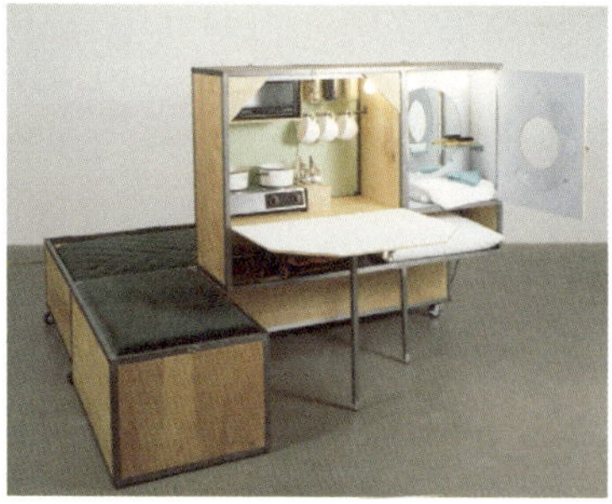

완전히 펼친 모습

반 펼친 모습

완전히 닫은 모습

도판 3-1. 안드레아 지텔, 〈A-Z 리빙 유닛(A-Z Living Unit)〉, 목재, 금속 프레임 등, 1994

〈A-Z 리빙 유닛〉 시리즈의 쉘터적 속성은 바로 작가의 작품 제작 의도에서 찾을 수 있다. 작가가 이 작품을 통해 근본적으로 추구한 것은 편안함과 안정감, 영속성을 통해 얻는 자유의 감각이다. 즉 불안한 주거 환경으로부터의 도피 공간을 마련함으로써 그 안에서 안정감을 얻고 더 나아가 진정한 자유의 감각을 얻고자 함이었다. 〈A-Z 리빙 유닛〉 시리즈는 형태적으로도 쉘터 공간을 구성하고 있지만 물리적인 면에서보다는 심리적인 측면에서 더욱 쉘터의 기능을 충족하는 작품이라고 할 수 있다. 곤궁한 경제 사정, 열악한 주거 환경이라는 대도시의 재해로부터 도피와 보호가 필요한 동시대인들의 내적 욕구와 삶의 형식이 반영된 하나의 쉘터 유형을 제시하는 것이다.

그런데 작가가 제안하는 유형으로서의 공간 구조가 모든 사람에게 보편적으로 유용한 것은 아니다. 전혀 사용해보고 싶지 않을 뿐만 아니라 외려 거부감을 주는 작품도 있다. 예를 들면 〈A-Z 바디 프로세싱 유닛A-Z Body Processing Unit〉(1993)을 들 수 있는데, 〈A-Z 리빙 유닛〉 시리즈처럼 이동 가능한 함 형태로 되어 있고 펼치면 조리대, 개수대, 변기가 한 공간에서 유기적으로 연결된 작품이다. 이 작품은 인간이 자신의 몸을 유지하기 위해 하는 모든 행위, 즉 먹기, 씻기, 배설하기를 모두 한 자리에서 할 수 있도록 최적화시킨 디자인 유형이다. 이 작품에 대해 미술가이자 평론가인 앨런 맥컬럼Allan McCollum은 "과연 어떤 사람이 먹는 행위와 배설하는 행위를 한 공간에서 하길 원하겠느냐, 이것은 디스토피아를 추구하는 작품인가"라고 의문을 제기했다. 이에 대해 작가는 이 작품이 실제 사용하기 위해 제작한 것이 아니라 하나의 최적화된 생활 방식을 실험적인 유형으로 제시한 작품이라고 답했다. 그리고 자신은 디스토피아를 추구한 것이 아니며 다만 이 작품이 특수한 상황에서는 오히려 유용할 수도 있을 것이라고 말했다.[13]

이와 같은 논의에서 우리는 현대 미술에서 쉘터가 갖는 비평적 가치에 대한 힌트를 얻을 수 있다. 쉘터는 피할 수 없는 디스토피아의 상황에서 자신만의 작은 유토피아 공간을 가지고 싶어 하는 인간의 근본적인 욕구가 반영된 공간이다. 유토피아는 사실상 도달 불가능한 시공간으로 판명난지 오래지만 그럼에도 불구하고 유토피아를 추구하고 싶은 인간의 본능이 쉘터 형태를 통해 다시금 드러나는 것이다. 또한 유토피아는 하나의 모습이 아니라 유토피아의 전제 조건이 되는 디스토피아의 모습과 연동하여 달라진다. 지텔의 쉘터 작업은 디스토피아에서의 삶의 형식과 연동되는 유토피아의 한 유형으로 볼 수 있다. 〈A-Z 리빙 유닛〉에서 유토피아는 모듈로 구성된 모더니즘 양식의 디자인으로 드러났다. 이 부분에서 일찍이 산업화된 유토피아를 추구했던 모더니스트 건축가 르코르뷔지에Le Corbusier와 발터 그로피우스Walter Gropius 등을 떠올릴 수 있다. 지텔은 자신만의 유토피아를 추구하는 과정에서 모더니즘 디자인과 조우하게 된 것이다.[14]

20세기 후반을 살아가는 작가가 디스토피아 안에서의 작은 유토피아라는 개념을 실현시키려 했을 때 그것이 20세기 초반의 바우하우스를 연상시키는 모더니즘 디자인 양식으로 드러났다는 사실은 어떤 유의미한 지점을 가리킨다. 낡은 것으로 치부되었던 과거 양식의 필연성을 다시 증명해 주는 것이다. 모더니즘 디자인의 기본 전제인 모듈과 그리드 시스템은 일종의 규약이자 규제이다. 지텔의 〈A-Z 이스트〉 프로젝트를 이루는 〈A-Z 리빙 유닛〉 시리즈 등의 작업들도 최적화된 배열 시스템을 제공하는 대신 사용자를 좁은 공간 안에 가두고 행위를 규제한다. 이러한 자발적인 자기 규제가 곧 지텔이 제안하는 유토피아이다. 사회적 억압으로부터의 해방을 위해 자신이 만든 작은 규제에 스스로 갇히는 것이다. 이 유토피아는 작가 자신뿐만 아니라 이 시대를 살아가는 동시대인들의 삶의 방식과 그들이 가지고 있는 판타지가 반영된 것으로 볼 수 있다.

2) 도피와 해방의 감각을 위해 설정된 가상 공간

1997년 《카셀 도큐멘타 10 Documenta X》에서 전시된 〈A-Z 이스케이프 비히클A-Z Escape Vehicles〉(도판 3-2)은 인간의 도피 욕구를 노골적으로 드러내는 쉘터 작품이다. 총 열 점으로 제작된 이 작품은 욕조처럼 생긴 두 개의 스테인리스 통이 맞붙어진 형태로 되어 있고 윗부분에 승강구가 있어 마치 마차와 같은 모양을 하고 있다. 작품 밑에 바퀴를 탈·부착할 수 있어서 옮길 수는 있으나 자동차처럼 실제 탈것의 역할을 하진 못한다. 작품의 내부는 사용자의 취향에 맞게 꾸미고 변경할 수 있다. 사용자는 이 안에 들어가 바깥 세계와의 모든 연결을 끊고 내면의 세계로 도피할 수 있다.

이 작품은 사회적인 스트레스와 구속, 모든 인간관계에서 벗어나 한동안 혼자만의 시간을 갖고 싶어 하는 동시대인들의 판타지를 충족시키기 위한 쉘터이다. 사람이 고독하기 위해서 굳이 물리적인 쉘터가 필요한 것은 아니다. 그러나 어떤 판타지를 상징하는 사물이 물리적인 형태로 눈앞에 현전한다는 것은 굳이 그것을 실제로 이용하지 않는다 하더라도 마음의 위안으로 삼기에 충분할 수 있다. 즉 이 작품은 앞에서 다룬 〈A-Z 리빙 유닛〉 시리즈가 가진 심리적 쉘터의 속성을 극대화한 것으로 볼 수 있다. 작품 제목의 "Vehicles"는 물리적인 이동이 아니라 내면으로의 이동을 뜻한다. 이 작품은 물리적으로 현전하지만 실재적으로는 일종의 가상 공간이라고 할 수 있다.

바퀴를 부착한 모습

바퀴를 탈착한 모습

커스터마이징된 내부 모습

도판 3-2. 안드레아 지텔, 〈A-Z 이스케이프 비히클(A-Z Escape Vehicles)〉, 스테인리스, 바퀴 등, 1996

한편 작가는 〈A-Z 이스케이프 비히클〉의 도피 감각을 더욱 극대화하는 작업을 하게 된다. 1999년 10월 베를린에서 〈A-Z 타임 트레

전시 장면

생활 패턴 그래픽

도판 3-3. 안드레아 지텔, 〈A-Z 타임 트레일: 프리 러닝 리듬 앤 패턴(A-Z Time Trials: Free Running and Patterns)〉, 목재와 철제로 제작된 구조물, 퍼포먼스 등, 1999

일: 프리 러닝 리듬 앤 패턴A-Z Time Trials: Free Running Rhythms and Patterns〉(도판 3-3)라는 작업을 선보인 것이다. 이 작업에서 작가는 〈A-Z 이스케이프 비히클〉 보다 확장된 형태의 팔각형 모양 쉘터를 만들고, 그 안에 들어가 바깥세상과의 연결 고리를 모두 끊고 쉘터 바깥의 조수가 문을 열어 줄 때까지 일주일 동안 혼자 머물렀다. 이 퍼포먼스의 목적은 바로 시간으로부터의 도피였다. 작가는 일주일 동안 외부와 차단된 공간에서 시계 없이 살아 봄으로써 시간으로부터의 도피라는 판타지를 실현시켰다. 그리고 이때 자신의 몸과 정신에 어떠한 변화가 생기는지 알아보려 했다. 즉 표준화된 시간 규약에 길들여진 우리의 몸과 정신이 시계로부터 도피하여 오로지 신체의 생체 리듬에 의존한다면 어떤 일이 벌어질까를 확인하고자 한 실험이었다. 이를 위해 쉘터 안에 CCTV를 설치하여 쉘터 안에서의 작가의 생활 패턴이 일정 시간 간격으로 기록되게 했다. 이 퍼포먼스의 결과는 곧 작가의 경험과 느낌 그 자체로 결론지어진다. 작가의 고백에 의하면 그는 쉘터 안에 들어가기 전에 시간으로부터의 도피라는 행위를 매우 고대했었지만, 한편으로는 폐쇄된 상황에서 혹시 정신적인 문제가 발생하지나 않을까 염려했었다고 한다. 그러나 막상 쉘터 안에서 생활해

전체 모습

출입구 모습

도판 3-4. 안드레아 지텔, 〈A-Z 포켓 프로퍼티(A-Z Pocket Property)〉, 콘크리트와 목재, 퍼포먼스 등, 2000

보니 폐쇄된 공간에서 시계를 보지 않고 살아가는 행위도 인간의 일상적 삶의 영역에 포함되는 보편적인 생활임을 깨닫게 되었고, 시계는 그저 시간 규약을 상기시키는 도구일 뿐 부재한다고 해서 인간의 몸과 정신에 어떤 커다란 영향을 끼치지 않는다는 것을 깨달았다고 한다.[15] 판타지를 실현시킴으로써 역으로 판타지의 허상을 걷어내게 된 경우이다.

이후 작가의 도피 판타지는 2000년에 덴마크에서 수행한 작업 〈A-Z 포켓 프로퍼티A-Z Pocket Property〉(도판 3-4)에서 정점을 이루게 된다. 이 작업은 기존의 도피 판타지에 사유 재산에 대한 욕구를 덧붙인 것이다. 집과 자동차 등의 쉘터 공간이 곧 주요 재산 목록의 제1순위가 되는 동시대인들의 재산 감각을 반영했다. 지텔은 1년여에 걸쳐 덴마크의 한 해변 가에 콘크리트로 자그마한 인공 섬을 만들었다. 이 인공 섬은 내부가 좁은 쉘터로 되어 있어 그 안에 거주 가능하고 배처럼 바다 위를 떠다닐 수 있도록 되어 있었다. 작가는 이를 통해 땅, 쉘터, 이동 수단, 즉 동산과 부동산이 하나로 합쳐진 새로운 혼종적 재산 형태의 유형을 제시하려 했다. 그리고 2000년 여름에 이 인공 섬에서 약 한 달 가량 실제로 거주하는 퍼포먼스를 진행했다. 당시 각종 전시 일정으로 매우 바빴던 작가는 내심 이 퍼포먼스를 통해 바쁜 일상에서 벗어나 혼자만의 시간을 가지려는 의도가 있었다고 한다. 그러나 이러한 기대는 빗나갔다. 바닷가 주변에 이 작품을 구경하려는 사람이 끊이지 않으면서 작가는 혼자만의 시간은커녕 오히려 하루 24시간 내내 낯선 사람들에게 둘러싸여 자신의 사생활을 공공에 노출시키는 상황을 맞닥뜨리게 되었다.[16] 결국 이 프로젝트는 도피 판타지의 실현이라는 측면에서는 결과적으로 실패했다. 그러나 작가가 이 프로젝트를 통해 실현시키고자 했던 개념, 즉 안전security, 자율성autonomy, 독립성independence은[17] 곧 우리 동시대인들이 거액의 돈을 지불하고 쉘터를 소유함으로써 얻으려고 하는 가치를 대변하고 있다.

3) 제도의 틈으로서 기능하는 공간

〈A-Z 포켓 프로퍼티〉 작업에서 고대하던 고독의 시간을 갖지 못한 작가는 스스로를 고립시키기 위한 더 강력한 형식을 고민하게 된다. 그래서 내린 결정이 사막에서의 거주였다. 작가는 곧바로 2000년 가을에 미국 캘리포니아 주 모하비 사막 인근 조슈아 트리 지역에 땅을 구입했다. 그리고 2001년부터 이곳에서 거주하며 여러 가지 프로젝트를 진행시키게 된다. 작가가 이렇게 자신의 작업장을 이동하는 중요한 결정을 신속하게 내리게 된 것은 이 지역이 작가의 고향이었을 뿐만 아니라 조부모가 이 지역에서 농장을 운영하는 모습을 보며 자라온 성장 배경이 있어서 친숙했기 때문이었다.[18] 이때부터 작가의 작업에서 미국 서부 문화의 지역성이 자연스레 드러나게 된다.

새롭게 자리 잡은 사막 지역에서 작가의 눈에 가장 먼저 띈 것은 자신의 땅 주변 곳곳에 버려져 있는 집들이었다. 이 버려진 집들은 미국의 서부 개척 시기에 제정된 '공유지 불하법Homestead Act'의 산물이었다. 19세기 말엽 미국 정부는 서부 지역을 개발하기 위해 땅을 점유하는 사람들에게 무상으로 땅을 불하拂下했는데, 사람들은 자신이 땅을 점유하고 있다는 것을 증명하기 위해 법에서 규정한 최소한의 조건에 맞춰서 집을 지어 땅을 불하받은 다음 떠나버렸다. 이후 이 빈집들은 죄를 짓고 도망친 사람들이나 마약 제조업자들에 의해 점유되어 불법의 온상이 되었고 마치 미국 법질서의 틈을 상징하는 듯한 공간이 되었다. 지텔은 바로 이렇게 쉘터 공간이 법과 사회 질서의 틈으로서 존재하는 상황에 흥미를 느끼고 'A-Z 웨스트'에서의 첫 작업으로 〈A-Z 홈스테드 유닛A-Z Homestead Unit〉 시리즈(도판 3-5)를 만들기 시작한다. 이 연작은 2001년부터 2005년까지 제작되었다.

전시장 설치 모습

야외 설치 모습

도판 3-5. 안드레아 지텔, 〈A-Z 홈스테드 유닛(A-Z Homestead Unit)〉, 목재, 금속 프레임 등, 2001

〈A-Z 리빙 유닛〉 시리즈와 유사한 동종의 미니멀 스타일로 제작된 〈A-Z 홈스테드 유닛〉 시리즈는 평범한 입방체 형태의 쉘터 구조물이다. 면적이 120평방피트 미만이기 때문에 건축법의 적용을 받지 않는다. 그래서 언제든 빈 땅이 있으면 원하는 곳에 설치와 해체가 가능하다. 그리고 조립식이어서 설치, 해체, 이동을 몇 시간 안에 간단하게 할 수 있다. 즉 간편함compactness, 적응성adaptability, 이동성transportability을 추구한 쉘터 구조물이라고 할 수 있다.[19] 입방체 모양의 이 평범한 구조물이 미술 작품으로서의 비평적 의미를 가지고 있는 이유는 이것이 사회 제도와 법질서의 틈으로서 만들어진 쉘터 공간이기 때문이다. 지텔은 이 '틈crack'의 공간을 동시대인들이 사회적 억압에서 벗어나 개인의 해방을 성취할 수 있게끔 하는 수단으로 여긴다.[20] 19세기 후반의 미국인들이 개인의 해방을 위해 자율성과 자립을 획득하려고 하였고 이를 위해 불모지를 개척하는 개척 정신을 발휘했다면, 현대 사회를 살아가는 동시대인들은 사회적 억압으로부터의 개인의 해방을 위해 제도의 틈을 발견해 그것을 발굴하고 활용하는 방식을 취한다는 것이다. 이제까지 지텔의 쉘터 작업이 개인의 해방 감각을 창출하기 위해 자기 규제와 도피 판타지를 충족하는 방식을 썼다면, 〈A-Z 홈스테드 유닛〉 시리즈부터는 제도의 틈을 발견하고 이를 확대하는 것에 더 초점을 두게 된다.

출입구를 열어 고정시킨 모습

출입구를 닫은 모습

커스터마이징된 내부 모습

도판 3-6. 안드레아 지텔, 〈A-Z 웨건 스테이션(A-Z Wagon Station)〉, 금속 판재와 프레임 등, 2004

〈A-Z 웨건 스테이션A-Z Wagon Station〉 시리즈(도판 3-6)는 〈A-Z 홈스테드 유닛〉 시리즈의 후속 작업으로 2003년경부터 제작되었다. 구조적인 측면에서 〈A-Z 홈스테드 유닛〉 시리즈의 단점을 보완한 작업이다. 입방체 모양의 조립식 쉘터 구조물인 〈A-Z 홈스테드 유닛〉이 사막의 모래 바람에 종종 무너지곤 했기 때문에 〈A-Z 웨건 스테이션〉은 공기 저항을 덜 받도록 좀 더 작은 크기의 부채꼴 모양으로 디자인 되었다. 작품 개념은 〈A-Z 홈스테드 유닛〉 시리즈와 같으며 역시 건축법의 규제를 받지 않고 자유롭게 설치와 해체가 가능한, 제도의 틈으로서 만들어진 쉘터 공간이다. 내부 공간의 면적은 성인 두 명이 취침할 수 있을 정도의 규모인 100평방피트(약 3평) 정도이고, 부채꼴 모양으로 된 쉘터 앞부분이 위로 열고 닫을 수 있는 출입구로 되어 있다. 이 부분을 열면 자동차 보닛처럼 고정이 가능하며, 쉘터 입구에 그림자를 만들어준다. 닫아서 잠글 수도 있다. 이 작품도 역시 지텔의 다른 쉘터 작품과 마찬가지로 사용자의 취향에 따라 시스템으로 변형 제작이 가능하다. 그러나 지텔의 다른 작품과 구별되는 점은 개인에게 판매를 하지 않고 관람자 혹은 참여자들이 〈A-Z 웨스트〉에 직접 찾아와 사용하게끔만 한다는 것이다. 이 과정에서 사용자들에 의해 자연스럽게 쉘터의 변형 제작이 발생했는데, 작가는 이러한 상황을 작품이 역동적으로 존재하는 방식으로 여겼다.[21]

〈A-Z 웨건 스테이션〉 시리즈는 〈HDTS High Desert Test Sites〉 프로젝트와 긴밀하게 연관된다. 〈HDTS 프로젝트〉는 2002년부터 지텔과 동료 예술가들이 〈A-Z 웨스트〉의 일부 구역에서 벌이는 이벤트 프로젝트이다. 〈A-Z 웨스트〉의 영역 중 도로와 가장 가까워 접근성이 좋은 이 구역에서 그들은 주기적으로 예술가들을 초대해 퍼포먼스 행사를 개최하기도 하고, 신진 예술가들에게 거주 공간을 제공하기도 하며, 작품을 판매하기도 한다. 레지던시 혹은 갤러리와 유사한 역할을 하는 일종의 야외 대안 공간이라고 할 수 있다. 또한 예술가들과 지역 커뮤니티의 교류를 위한 공공적인 작업을 벌이기도 하는데, 이러한 활동은 지텔과 동료 예술가들 사이에 형성된 '일상의 삶을 통해 존재하는 예술 art that lives in the world at large'에 대한 공감대에 의해 이루어졌다.[22] 〈A-Z 웨건 스테이션〉 시리즈는 바로 이 프로젝트에서 초대 예술가들이나 동료들의 임시 거주 공간으로 사용할 목적으로 구상된 작업이다. 실제 사용 목적을 가지고 제작된 쉘터 작품이라고 할 수 있다.

4) 관계 미학적 특성

지금까지 안드레아 지텔의 쉘터 작업을 그 작품 세계의 전개 과정에 따라 순서대로 살펴보았다. 1990년대 초·중반의 〈A-Z 리빙 유닛〉 시리즈와 그 유사 파생 작업들은 모더니즘 디자인의 모듈과 그리드 시스템으로 사용자를 에워싸고 사용자의 생활 양식을 규제하는 울타리처럼 작동하는 작품이다. 이러한 쉘터 작품은 자발적인 자기 규제를 통해 열악한 도시 환경이라는 현실 세계로부터 자신을 보호하려 하는 동시대인들의 욕구를 반영한 공간으로 해석할 수 있다. 1990년대 중·후반의 〈A-Z 이스케이프 비히클〉 시리즈와 〈A-Z 타임 트레일〉, 〈A-Z 포켓 프로퍼티〉는 인간관계로부터의 도피, 시간으로부터의 도피, 고독과 사유재산의 결합이라는 도피 판타지를 실현시키려 한 일종의 가상 공간으로서의 쉘터 작품이다. 그리고 2000년대 초·중반의 〈A-Z 홈스테드 유닛〉, 〈A-Z 웨건 스테이션〉 연작은 사회 제도의 틈을 발굴하여 그 틈을 개인 해방의 공간으로 활용하는 쉘터 작품이라고 할 수 있다. 이러한 쉘터 작품들은 결국 하나의 공통된 지향점을 향하고 있는데, 그것은 바로 '유토피아의 구현'이다. 그런데 이때의 유토피아는 20세기 초반 초창기 모더니즘에서 추구한 절대적이고 이상주의적인 유토피아가 아니다. 현실의 한계를 인정하고 그것을 인식한 상태에서, 개개인의 차원에서 즉시 만들어낼 수 있는 실현 가능한 소규모의 유토피아라고 할 수 있다. 이러한 소규모 유토피아 개념은 니꼴라 부리요가 『관계의 미학』에서 언급한 '근거리 유토피아proximité-utopies', '마이크로 유토피아micro-utopies'의 개념과 같다. 이 지점에서 안드레아 지텔의 쉘터 작업이 관계 미학적 특성을 가지고 있다고 본다.

한편 안드레아 지텔과 니꼴라 부리요가 공통적으로 가지고 있는 또 하나의 개념이 있다. 그것은 바로 '틈'이다. 부리요는 원어로 "interstice", 지텔은 "crack" 이라는 단어를 사용하였지만 둘의 포괄적인 의미는 같다. 부리요가 사용한 '틈interstice' 개념은 본래 마르크스가 정의한 것으로, 자본주의의 이윤 법칙에서 벗어나는 교환이나 자급자족 등의 교환 공동체를 가리키기 위해 사용한 용어이다. 부리요는 이 '틈'의 개념을 가져와 예술 작품을 사회적 틈의 한 전형으로 규정했다. 왜냐하면 "틈은 전체 체계에 그런대로 개방적이고 조화롭게 편입되면서, 이 체계 안에서 현재 시행 중인 교환의 가능성과는 다른 가능성을 암시하는 인간관계의 공간이며, 이것이 바로 재현의 교류의 장 안에서 현대 미술 전시회가 갖는 성격"[23]이라고 보았기 때문이다. 지텔은 2000년대 초·중반 제작한 〈A-Z 홈스테드 유닛〉 연작에 대해 설명하면서, 미국 법체계의 제도적 허점이 낳은 무법의 공간에서 영감을 받은 자신의 작품이 사회 제도의 '틈crack'으로서 존재하면서 개인에게 자율과 해방의 공간을 제공한다고 주장했다.[24] 부리요는 자본주의의 틈, 지텔은 법제도의 틈을 이야기했지만 결국 둘이 주장하는 틈의 개념은 포괄적인 시각에서 같다고 볼 수 있다. 그리고 그러한 틈을 통해 유의미한 어떤 것을 창출할 수 있다고 믿는 긍정적인 관점도 유사하다.

보통 관계 미술로 일컬어지는 작품은 관람객, 미술관, 상업 화랑, 큐레이터, 코디네이터 등 예술을 기동시키는 제도 자체를 작품의 재료로 삼아 화이트 큐브 공간을 예술적 사건의 현장으로 만들면서 미술의 새로운 전위성을 실험하는 방식으로 실행된다. 이러한 과정에서 작품을 매개로 즉흥적인 공동체가 생성되는데 부리요는 이러한 공동체가 빈틈없이 구축된 자본주의 사회제도에 일시적이나마 하나의 틈으로 작용하면서 미술 전체를 긍정적인 방향으로 이끈다고 보았다. 그런데 형태적인 측면에서 지텔의 작품은 이와 같은 관계 미술의 보편적인 전형에 해당하지 않는다. 지텔의 작품은 이미 물질적으로 완성된 작품이 전시 공간에서 관람객에 의해 사후적으로 관조되는 형식으로, 전통적인 조각 방식에 더 가깝다. 그럼에도 불구하고 지텔의 작품에서 우리가 어떤 공동체를 인식할 수 있는 이유는 부리요가 말했듯이 지텔이 잠재적인 사용자 공동체를 염두에 두고 작품을 제작했기 때문이다.[25] 그렇기 때문에 작품이 전시되는 순간에는 어떤 가시적인 사건이 드러나지 않는다. 지텔의 작품은 오히려 전시되기 전이나 후, 즉 화이트 큐브에서 벗어난 상황에서 더욱 관계적인 특성을 드러낸다. 그래서 안드레아 지텔의 쉘터 작업의 관계 미학적 특성을 구체화할 수 있다. 그리고 쉘터라는 사물이 현대 미술에서 등장했을 때 어떻게 공동체와 개개인에 대한 고찰이 이루어지는지 알 수 있다.

3. 마이크로 유토피아의 구현

근대 건축의 역사에서 혁신적인 건축가들은 마치 효율적인 생산 설비가 갖춰진 공장에서 물건을 대량으로 찍어 내는 것처럼 건축물의 대량 생산 시스템을 구축하기 위해 여러 가지 시도를 해왔다. 즉, 공장에서 미리 제작된 건축물을 나중에 정해진 부지에 옮겨놓는 건축 방식을 구축하려 한 것인데, 이는 현재 우리가 '조립식 건축prefabricated building'이라고 일컫는 방식에 해당된다. 이러한 조립식 건축 기술은 계속 진보하는 중이며 가까운 미래에는 보편적인 건축 방식으로 자리 잡을 것으로 예상된다. 그런데 이러한 방식에 가장 적합한 건축물 개념이 바로 '쉘터'라고 할 수 있다. 왜냐하면 앞서 기술했듯이 쉘터라는 용어는 '보호', '대피', '임시'뿐만 아니라 '이동'의 뉘앙스를 강하게 가지고 있는 주거 개념이기 때문이다. 그리고 사물인터넷 기술이 보편화되고 있는 현재의 상황을 고려해 본다면, 조립식 건축 방식과 사물인터넷 기술이 결합한 스마트 쉘터의 등장은 필연적인 것으로 보인다. 이러한 흐름에 맞춰 현대 미술에서의 '쉘터' 개념을 고찰하는 것은 예술 부문에서의 기저 연구 차원에서 필요하다고 생각된다.

이와 같은 전제하에 이 글은 미국의 미술가 안드레아 지텔의 주요 쉘터 작품을 고찰하였다. 지텔은 인간의 삶의 방식에 관심을 두고 이를 비평적으로 고찰하는 작가이므로, 이러한 주제 의식이 자연스럽게 쉘터 작업을 낳게 했다고 보았기 때문이다. 또한 그러한 작업 발상에서 비롯된 쉘터 형태의 결과물은 쉘터가 인간의 삶에서 매우 중요한 위치를 차지하고 있는 사물이자 개념임을 방증하는 것이기도 하다.

다시 살펴보자면, 지텔의 쉘터 작업은 한 마디로 마이크로 유토피아의 구현이라고 할 수 있다. 유토피아의 구현은 크게 세 가지 방식으로 이루어지는데, 첫째, 디자인 유형을 제시하는 유물론적 방식을 통한 자기 규제, 둘째, 가상 공간을 설정하여 스스로를 고립시키기, 셋째, 제도의 틈을 발굴하여 임시 공간을 창출하기이다. 지텔의 전 작업을 살펴보면 그의 작업이 확장된 조각, 장소 특정성, 노마디즘, 관계 미학 등 현대 미술의 주요 담론을 통과하여 왔음을 알 수 있지만, 이 글에서는 그중에서 관계 미학과의 관련성에 주목하였다. 왜냐하면 마이크로 유토피아의 구현은 관계 미학 담론의 핵심 주제와 같기 때문이다. 또한 디자인 유형을 통해 삶을 변화시킬 수 있다고 믿는 유물론적 믿음이나, 제도의 틈을 발굴하여 유토피아의 공간을 창출할 수 있다고 보는 시각이 니꼴라 부리요의 주장과 유사하다. 이러한 관점에서 지텔의 쉘터 작업을 미국의 사회적 현실이 반영된, 미국화된Americanized 관계 미학적 작업으로 규정할 수 있다.

4. 어반토피아의 꿈과 이동성

현대 미술에서의 쉘터 스페이스

정연심

이 글은 2015년 '학제간융합연구지원사업'인 '스마트 쉘터Smart Shelter·공간 구축을 위한 철학·건축·예술·문화·공학에 대한 융합 연구'의 1년차 연구의 리서치 연구로 출발하였다. 각 분야를 담당하는 연구자들은 2012년 처음으로 건축, 디자인, 미술 이론에 대한 심화된 융합연구의 필요성에 의해 '유시티U-City' 연구에 대한 기초 조사를 출발하였다. 총 3년차 연구 중 1년차 연구에 해당하는 이 글은, 스마트 시티Smart City나 유비쿼터스 시티Ubiquitous City(약칭 유시티U-City)를 지배했던 테크놀로지 우위의 구조나 기능 중심의 탑다운 방식에 저항했던 사례들을 중심으로 건축, 디자인, 그리고 삶에 비전을 제기했던 모델들과 역사적 레퍼런스를 주로 다룬다.

1980년대 후반, 신자본주의의 등장과 에콜로지의 붕괴에 대해 펠릭스 가타리Félix Guattari는 『세 가지 생태학*The Three Ecologies*』에서 모든 생명 시스템을 다시 조명하며[1] "생태철학écosophie이라고 말하는 것의 세 가지 생태학적 작용 영역—즉 환경, 사회관계, 인간 주체성이라는 세 가지 작용 영역—의 윤리-정치적 접합을 통해서" 생태학적 위기에 대한 진정한 답을 찾을 수 있다고 공언했다. 가타리는 "그 어느 때보다도 자연은 문화와 구분될 수 없으며, 우리는 생태 체계, 기계권 méchanosphère, 사회적이고 개인적인 준거 세계 간의 상호 작용을 '횡단적으로' 사고하는 것을 배울 필요"[2]가 있다고 논했다. 자연환경, 문화, 인간, 기계권의 유기적인 관점을 강조하는 펠릭스 가타리의 시각은 인간과 건축, 삶의 통합적 요소를 강조한 벅민스터 풀러Buckminster Fuller의 비전적인 건축론과 맞닿아 있다. 비록 구사하는 언어는 다르지만, 풀러는 인간의 주체성을 강조하거나 '특이성'을 강조하면서 포괄적 디자인론을 내세웠다.

전체적으로 이 글은 20세기 어반토피아의 꿈과 이동성을 주제로 한다. 이 주제를 바탕으로 테크놀로지를 기술 중심적 기능으로 치부했던 논의를 벗어나 삶의 문제를 본질적으로 해결하려고 했던 논의를 벅민스터 풀러를 중심으로 살펴볼 것이다. 또한, 1960년대 후반과 1970년대에 문화·정치적 선언을 내세우며 '히피 건축'을 주장한 앤트 팜의 실천적 행위도 살펴볼 것이다. 마지막으로, 현대 미술가들의 프로젝트를 살펴보면서 스마트 도시[3]와 스마트 쉘터 공간 구축을 위해 필요한 문화·예술적 지점들을 논하고자 한다. 본 연구는 2년차에 진행될 '스마트 쉘터smart shelter'의 바탕이 되는 '쉘터 스페이스shelter space'의 역사적 논거를 살펴보고 선행 연구를 짚어 볼 것이다.

1. 벅민스터 풀러의 쉘터 스페이스

벅민스터 풀러는 미술, 건축, 디자인, 대중문화, 문학 등을 아우르는 주요 인물로 1950년대와 1960년대 미국 문화 예술계에서 큰 영향을 미치다가 포스트모더니즘이 본격화된 1970년 후반부터 1990년대 초반 서서히 잊혀져 갔다. 그러나 현대 미술에서 '지속가능성sustainability'이 중요해지고, 수학적 알고리즘을 이용한 '파라메트릭 디자인parametric design'과 같이 변화하는 상황에 대응하는 디자인이 대두되면서 풀러의 '쉘터' 건축론은 다시금 중요하게 논의되기 시작했다.[4]

2008년에 휘트니 미술관Whitney Museum of American Art과 시카고 현대 미술관Chicago's Museum of Contemporary Art이 공동 기획한 《벅민스터 풀러:

우주와 함께 시작하기Buckminster Fuller: Starting with the Universe》는 쉘터의 철학자philosopher of shelter로 불렸던 그의 공간 이론을 새롭게 조명한 전시였다.

풀러가 주장한 공간 이론들은 실제의 건물로 현실화되지 못한 점 때문에, 국내 학계에서는 많이 조명되지 않았다. 비전적이고 유토피아적인 맥락은 오히려 휘트니 미술관의 전시 등을 통해 미술계에 새롭게 수용되는 분위기를 반영한다. 이는 건축과 디자인, 순수 미술의 맥락이 과거에 비해 자유롭게 논의되는 최근의 융합적 태도와도 연관되어 있다. 예를 들면, 공공미술을 제작하는 이들 가운데 순수 조각을 공부한 미술가도 있지만, 프랭크 게리Frank Owen Gehry와 같은 건축가들은 시카고 밀레니엄 파크Millennium Park에 조형물을 설치하기도 한다. 건축적인 조각architectural sculpture, 건축조각Archisculpture, 건축적 스케일의 조각 등은 1960년대 이후의 미술에서 번번이 볼 수 있는 경향이기도 했던 점을 고려하면, 풀러가 미술계에 미친 영향은 최근에 많은 관심을 받고 있다.

풀러가 주장한 다이맥시언Dymaxion 디자인은 'Dynamic', 'Maximum', 'Tension'의 합성어로 손쉽게 조립할 수 있는 구조물을 만들어 주는 개념에서 출발하였다. 이것은 표준화된 디자인으로 사람들에게 쉽게 배포할 수 있으며, 빠른 시간 내에 배달이 가능한 '이동식' 디자인 세트였다. 이러한 집은 그 자체로 '지속가능성'을 가지고 있었다. 풀러에게 다이맥시언은 "투입 에너지당 최대 퍼포먼스maximum net performance output per gross energy input"를 구현하는 것으로, 에너지 효율을 중요한 요소로 여겼다. 다이맥시언 차와 하우스는 모두 다이맥시언 디자인의 일환으로 제작되었으며, 그 외에도 다이맥시언 거주 기계, 화장실, 다이맥시언 지도 등으로 구성되었다.[5] 풀러는 본래 '차'를 디자인하려고 한 것이 아니라 차를 대체할 작은 '제트기'를 디자인하려고 했다. 그러나 1933년에 처음으로 다이맥시언의 세 가지 원형을 디자인하던 도중 사고가 발생하였고, 이에 더 이상 펀딩을 제공받을 수 없어 실패하고 말았다.

인간의 경험은 테크놀로지와 뗄 수 없는 경험을 동반한 것으로, 풀러에 따르면 인간이라는 유기체는 가장 정교한 로컬 테크놀로지다. 이것은 그의 개인적 경험과 연관되어 있다. 그는 하버드 대학교 2학년을 다니면서 시험을 포기하고 뉴욕으로 뮤지컬을 보러 간 벌로 캐나다의 방직 공장에서 일하게 되었는데 그때 기계를 처음 접했다. 이는 사실상 그가 기계에 눈을 뜬 계기가 되었다. 그는 하버드에서 두 번 퇴학을 당했던 이력을 가지고 있으며, 이러한 계기를 통해 공학, 기술 등을 경험했다. 풀러는 이후 해군으로 일했고, 항공 등의 분야에도 종사하면서 테크놀로지와 이동성에 대해 지식을 더욱 심화시켰으며 직접 공학을 공부하기도 했다. 1922년 딸을 잃은 후 그는 공학과 건축, 지리 등 다양한 영역을 포괄하면서 직접 저술 활동을 하였고, 1927년에는 다이맥시언 모델인 〈4D 라이트풀 타워4D Lightful Tower Mobile Housing〉(이후 4D 타워)(도판 4-1, 4-2)를 제시했다. 〈4D 타워〉는 플라스틱과 알루미늄으로 지어질 수 있는 건물로 비록 실제로 구현되지는 못했지만, 1인 주거용 모바일(이동식) 쉘터로 제작되었다.

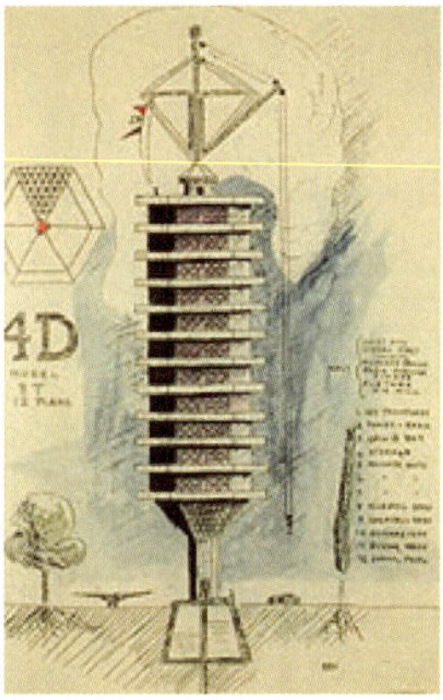

도판 4-1. 벅민스터 풀러, 4D Lightful Tower Mobile Housing, 1928

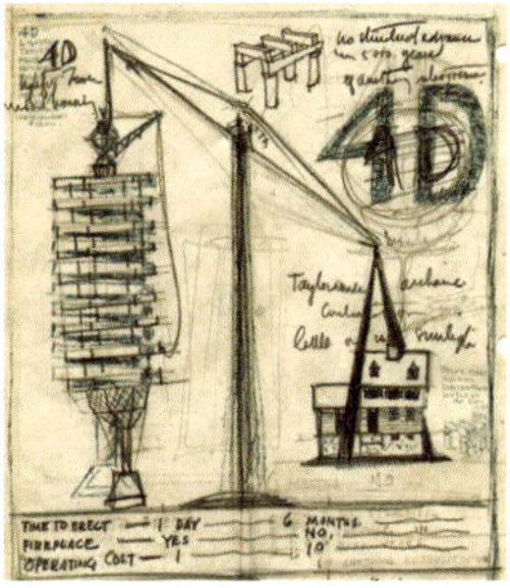

도판 4-2. 벅민스터 풀러, 4D Lightful Tower Mobile Housing, 1928

1920년대는 러시아 구축주의와 표현주의 건축을 통해 새로운 비전적 건축 디자인이 드로잉으로 다수 제작되었다. 풀러 또한 1920년대에 장인과 함께 스톡케이드 빌딩 시스템Stockade Building System을 개발했는데 이는 기후적 변화와 화재 등에도 잘 견딜 수 있는, 플라스틱 소재의 견고한 집을 구현하는 것이었다. 특히 딸이 척수성 소아마비에 걸려 죽게 되면서 그는 삶의 '질'을 보장할 수 있는 보편적 거주지에 관심을 가지게 되었고 이는 이후 〈4D〉와 〈4D 타임록4D Timelock〉이라는 드로잉으로 구체화되었다.[6] 이러한 '4D 하우스'는 변화하는 환경으로부터 인간을 보호하고 기본적인 사생활 보호와 위생 개념을 도입한 풀러 식의 "살기 위한 기계machine to live in"라는 뜻을 내포하고 있었다. '테크노크라시Technocracy'를 주장한 풀러의 이러한 주택은 대다수의 사람들에게 접근과 이용이 가능하며 경제성을 띠는 것이었다. 12층의 육각형 구조인 〈4D 타워〉는 플라스틱(벽, 천장, 창문)으로 만들어지며 항공으로 운송되는데, 상부에는 전기 설비를 위한 풍차를 가진 구조로 타워 내에 전기, 하수구, 상수도 시스템을 모두 갖추고 있는 모델이었다. 1920년대에도 플라스틱은 이미 상용화되었지만 건축적 재료로 사용하는 예는 드물었기 때문에 당시에는 이러한 모델을 직접 실현할 수 있는 투자자를 발견하기란 쉽지 않았다. 밤에 강렬한 빛이 안테나를 통해 투사되면 아파트의 거주자들은 그들의 필요에 따라 불을 사용하거나 끌 수 있는 시스템을 갖추고 있었다. 그리고 각 층의 아파트는 먼지 등 공기를 완전히 밀폐한 부유하는 유닛으로 구성되는데, 중앙식 냉난방과 환풍기 등을 활용한 위생 관념은 풀러의 초기 드로잉에 중요하게 작용했다.

육방체 4D 주거지는 일종의 자율autonomous 거주지로 최소의 자원에 의존하되 공장에서 만든 키트로 대량 생산된 조립식 거주지이다. 이것은 어디서든 쉽게 운송 가능하면서도 현장에서 빠르게 조립이 가능해 편이성, 경제성을 확보한다. 풀러의 '다이맥시언 차'(1933년)는 친구였던 이사무 노구치勇野口와 협업하여 만들어졌고, 연료 효율성 면에서 유용했지만, 기계적 난점을 해결하지 못해서 일회적 디자인으로 남고 말았다. 결국 다이맥시언 하우스는 자금 부족으로 지속되지 못했으나, 풀러는 당시 예일대, 하버드대, 블랙마운틴칼리지Black Mountain College에서 가르치면서 상상력으로 가득 찬 비전적인 청사진을 그렸고, 이는 미국의 아방가르드 미술가들에게 많은 영향을 미쳤다.[7] 특히 게슈탈트적인 형태는 미국의 미니멀리즘, 포스트미니멀리스트들이 구현했던 형식과 질서를 연상시키는데, 최근 휘트니 미술관 도록에 수록된 다나 밀러Dana Miller의 에세이 「생각의 패턴: 과학자-예술가 벅민스터 풀러ThoughtPatterns: Bukminster Fuller the Scientist-Artist」는 1966년, 뉴욕 유태인 미술관에서 열렸던 《기본 구조들: 미국과 영국의 젊은 조각가들Primary Structures: Younger American and British Sculptors》 전시와 풀러의 관계를 직접 조명하고 있다.

풀러가 주장한 최소의 유닛, 즉 "최소로 더 많은 것을more with less" 표방하는 개념은 자율적이고 자존적 구축체를 옹호함과 동시에 지속가능성과 저비용을 높게 평가하며 생태학적 자원을 적극적으로 사용하고자 했다. 풀러는 최소한의 투입(노력, 시간, 자원 등을 의미)으로 훨씬 더 많은 결과물(제품, 서비스, 정보 등)을 성취하고자 "단명화Ephemeralization"라는 신조어를 사용하였다.[8] 그러나 모듈 패턴을 사용한 대량 생산을 통해 사회를 발전시키려 했던 포디스트적인Fordist 꿈은 이러한 대안적인 삶에 대한 태도와 충돌하면서 경제적인 이윤도 남기지 못했을 뿐 아니라 디자인에 대한 혁신적 평가 또한 높게 받지했다.

1932년 풀러는 직접 『쉘터*Shelter*』(도판 4-3, 4-4)라는 잡지를 에디팅하면서 '다이맥시언' 디자인을 정립하고자 했다. 제2차 세계대전 이전 건축 디자인 분야에서 미국 유일의 아방가르드 잡지였던 『쉘터』를 구조 연구 협회Structural Study Association와 함께 출판했다. 1930년대 풀러의 '쉘터' 논의는 1929년 미국을 휩쓸었던 '대공황'과 연관되어 있다고 볼 수 있다. 이사무 노구치와 친했던 풀러는 당시를 기억하며 "이틀에 한번은 커피와 도넛으로 먹고 살았다"고 했을 정도로 경제적 궁핍을 경험했다.[9] 『쉘터』 잡지는 이러한 경제 상황을 반영하듯, 건축의 '무질서dis-orders'(1932년 5월), '다이맥시언 하우스Dymaxion house', '다각형의 모델'형 쉘터 등의 드로잉을 수록했다. '최소의 것으

도판 4-3. 〈쉘터 표지 디자인〉, 『쉘터』4, 1932년 5월호, inaugural use of the designation "Structural Study Associates"
도판 4-4. 크누드 론버그-홈(Knud Lonberg-Holm), 〈쉘터 표지 디자인〉, 『쉘터』, 1938년 4월호, The Knud Lonberg-Holm Archive from the Marc Dessauce Collection Courtesy Ubu Gallery, New York

로 최대를 추구하는' 목표 아래 『쉘터』 잡지는 상업 광고를 게재하지 않았으며, '다각형의 다이맥시언 하우스'(도판 4-5, 4-6)는 다각형의 건축 모형이나 '버틀러 그레인-빈Butler grain-bins'에 비유될 수 있는 드로잉을 게재하기도 했다. 이러한 〈다이맥시언 배치 유닛Dymaxion deployment unit〉은 하나의 모듈로 여러 개를 퍼즐처럼 조립할 수 있는 형식을 갖추었다. 이러한 유닛의 광고 사진을 보면, 실내는 화장실, 부엌, 침실로 구성되어 있으며, 공간의 구성 또한 사용자의 필요에 따라 새롭게 배치될 수 있는 모듈형 이동식 유닛이다. 이후, 이러한 다이맥시언 거주 유닛의 본격적인 실험은 곧 〈위치타 하우스Wichita House〉로 진행되었으며, 지오데식 돔geodesic domes 구조물에서 볼 수 있듯이 열려있는 개방적 공간이자 유동적fluid 공간을 만들기 위해 플라스틱, 알루미늄 등과 같은 가벼운 재료로 만든 탈물질적이고 네트워크적 요소를 강조하였다.[10] 마크 위글리Mark Wigley가 설명했듯이 1950년대

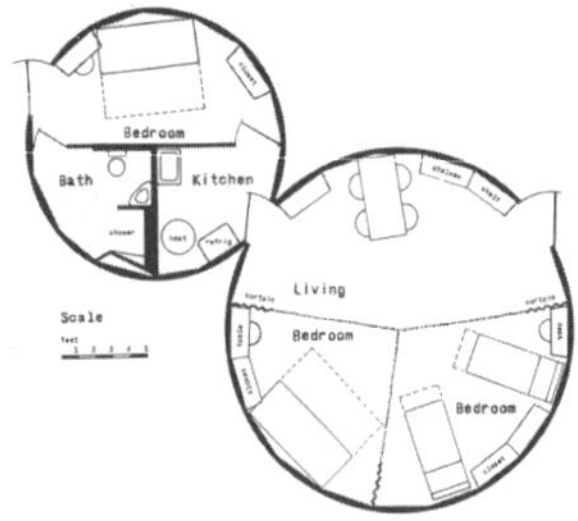

도판 4-5. 벅민스터 풀러, 〈다이맥시언 배치 유닛〉, 1940
도판 4-6. 벅민스터 풀러, 〈설계도가 있는 다이맥시언 배치 유닛의 모듈식 조합〉, 1940

와 1960년대 풀러와 같은 건축가들은 점차 활발하게 보급되었던 네트워크에 상당한 기대감과 열정을 갖고 있었다.[11] 풀러는 특히 생활 시스템을 개선하기 위한 사회적 책임하에서 테크놀로지와 생태학을 통합한 접근법을 강조함으로써, 에너지와 시너지 기하학energetic and synergetic geometry에 의존하였다. 예를 들면 풀러와 일본인 쇼지 사다오Shoji Sadao가 함께 디자인한 〈돔 오버 미드타운 맨해튼Dome over Midtown Manhattan〉(1962)은 변화하는 기후에 대응하는 돔이었으며, 만약의 경우 핵 투하 등 재난 시에도 이용될 수 있도록 제안되었다. 제2차 세계대전 이후 미국의 가장 큰 두려움은 소련이 핵을 보유해 미국에 투하할지도 모른다는 것으로 이는 풀러의 글에도 기술되어 있다.[12] 풀러가 생태학적 논의와 테크놀로지의 관계를 중요하게 생각한 점은, 미디어 이론가인 베르나르 스티글러Bernard stiegler가 설명하는 "테크놀로지와 인간의 공생설", 혹은 인간의 삶에 있어서 "인공적·보철적 대리보충prosthetic supplementaion"으로서의 테크놀로지를 바라본 점을 연상시킨다. 즉, 인간의 삶과 테크놀로지는 서로 불가분의 관계를 맺고 있다는 뜻이다.[13]

벅민스터 풀러의 비전적 사상은 그의 사후에 더욱 많은 영감과 다양한 해석과 연결되기도 한다. 국내 연구 가운데 유두현은 「현대 미술에서의 플라잉 시티 연구」에서 현대 미술가 토마스 사라세노

Tomás Saraceno의 〈클라우드 시티Cloud City〉를 고찰하는데, 그 제작에 있어 자연, 환경, 인간의 유기적 관계를 강조한 점은 풀러의 '지오데식 돔'에서 영향을 받았다고 설명한다.[14] 또한 마크 위글리는 가상 현실이 풀러에게 미친 영향을 일찍이 인식했으며,[15] 미국의 실험 영화 제작자였던 스탠 밴더비크Stan VanDerBeek은 쿠퍼유니언대학Cooper Union에서 미술과 건축을 공부한 이후, 블랙 마운틴 칼리지에서 벅민스터 풀러, 존 케이지John Milton Cage Jr., 머스 커닝햄Merce Cunningham 등을 만났는데 이러한 만남은 곧 〈무비-드롬Movie-Drome〉을 제작하는 데 결정적인 영향을 미친다. 풀러가 디자인한 돔 형식의 구조를 연상시키는 공간에서 관람자들은 누워서 멀티 이미지를 관람할 수 있게 되었다.[16]

지금까지 살펴본 풀러의 '다이맥시언' 디자인과 『쉘터』 잡지는 주로 미국의 대공황부터 1940년대 냉전 동안 집중적으로 등장하였으며, 풀러의 '쉘터 스페이스'가 동시대 사회 분위기와 긴밀하게 연관되어 있음을 입증해 준다. 풀러가 주창한 '쉘터' 건축 공간은 투명하고도 유동적인 공간이자, 주변 환경과 조우하는 공간, 변화하는 공간, 이동성을 강조하는 공간, 사회적 계급, 부와 상관없이 동등하게 공유하는 공간이었다. 풀러가 디자인한 〈위치타 하우스〉는 이후 '위치타 거주 기계'와 함께 디자인 되었는데 이러한 거주 공간은 모두 '쉘터'로 손쉽게 지어질 수 있고 보급될 수 있는 가족형 공간이기도 했다.

2. 앤트 팜의 반문화적 실험들

풀러가 개념화한 모바일 주거지 모형은 건축 디자인 컬렉티브 그룹인 '앤트 팜Ant Farm'이 디자인한 공기 중에 떠 있는 일시적 구축물에 의해 더욱 발전되며, 이것은 이후 '노스페이스The North Face'를 위해 밥 질리스Bob Gillis가 디자인한 텐트와 질리스의 회사이기도 한 쉘터 시스템Shelter Systems으로 지속적인 실험이 이어졌다. 풀러가 'tension'과

'integrity'를 합성해서 만든 신조어인 'Tensegrity'는 이들 젊은 혁신가들에게 영감과 많은 가능성을 제기했는데, 질리스 스스로 20년 동안 텐트에 거주하면서 동시대 텐트 디자인의 변화를 이끌어내기도 하였다.

앤트 팜 그룹에서 풀러는 상징적 존재였다.[17] 1960년대를 유토피아 세대라 본다면, 실제로 동시대에 등장했던 영국의 '아키그램Archigram'이나 일본의 '메타볼리즘Metabolism' 등의 세대는 풀러의 정신을 이어받았다고 해도 과언이 아닐 것이다. 이 중에서, 앤트 팜은 건축, 디자인에만 한정되었던 그룹은 아니었고 오히려 건축, 디자인을 이용해 미국의 대중문화와 매체에 대한 직접적인 비평을 시도한 그룹이었다. 1968년에 샌프란시스코에 설립된 앤트 팜은 건축가였던 칩 로드Chip Lord와 2013년 시드니에서 추락사로 갑작스럽게 작고한 더그 미셸스Doug Michels에 의해 시작되었으며, 1969년에는 커티스 슈라이어Curtis Schreier도 합류했다. 로드와 미셸스는 건축을 공부했을 뿐만 아니라 벅민스터 풀러처럼 이상주의적 유토피아 세대의 인물들로, 샌프란시스코와 휴스턴을 중심으로 문화적 언더그라운드를 자처하며 산발적인 프로젝트를 진행하였다. 그들은 자유로운 정치적 발언과 공동체적 삶을 지향하였고, "환경 속에서의 실험들Experiments in Environments"을 통해 협업과 시스템 내부가 아닌 외부에서 반제도적인 활동을 모색하도록 권장하였다. 이후, 철학자, 영화 제작자, 정치인, 건축가 등이 참여하는 가운데 건축과 디자인, 미디어 아트 등을 오가면서 북미의 대중문화와 소비주의에 대한 저항과 같은 반문화적 상황 속에서 태동했으며,[18] 매체 속에 등장하는 이미지와 권력에 대한 비판을 주요 어젠다로 삼았다. 앤트 팜은 때로는 정치적 색채를 담은 연극, 퍼포먼스, 이벤트를 진행했으며, 비디오, 설치 등 다양한 예술 형식을 빌려 자신들의 주장을 전달하기도 했다. 그들은 비디오 컬렉티브 그룹인 레인댄스Raindance 그룹과 협업해 TVTV Top Value Television 스테이션을 만들어 일반 텔레비전에서 보는 내용과는 아주 다른 정

도판 4-7. 앤트 팜, 〈클린 에어 포드(Clean Air Pod)〉, 퍼포먼스, 1970, 버클리 캘리포니아 주립대학

보들을 제공해 주는 게릴라 비디오를 제공하기도 했기 때문에, 미국의 대중적 가치를 공격하기 위해 결집된 컬렉티브였다. 이는 1964년 뉴욕으로 이주한 백남준이 텔레비전이 보여 주는 일방적인 정보나 대중 매체에 대한 저항으로 '언더그라운드' 성격을 강조하며 비디오 아트를 시도한 것과 유사한 방식이라고 볼 수 있다. 백남준이 비디오 아트를 중심으로 진행했다면, 앤트 팜은 비디오 툴을 이용한 특정 작품을 만들기보다는 당시의 저항 문화를 보여 주기 위해 다양한 동시대 매체를 역이용하였다.

앤트 팜은 노마드적인 정체성에 어울리는 '대안적인' 건축을 제안하였으며, 특히 벅민스터 풀러와 파올로 솔레리Paolo Soleri로부터 많은 영감을 얻기도 하였다.[19] 디자인 맥락에서 앤트 팜은 무거운 형식을 보여주는 브루탈리즘 건축 사조를 공격하며 재료 면에서 저렴하며, 운송하기 편하고 조립하기 쉬운 공기 중에 부유하는 공기 주입식 건축물inflatable architecture을 실험했다(도판 4-7). 1970년대 미국의 대중

문화를 파고든 소비주의를 비판하기 위해 앤트 팜 멤버들은 노마드적이고, 사회와 개인이 공생할 수 있는 공동체를 구현하고자 했다.[20] 특히 〈인플라토쿡북Inflatocookbook〉[21]이라는 매뉴얼을 제작, 배포하여 누구나 부유하는 집을 지을 수 있는 정보를 제공하고자 했다(도판 4-8). 이것은 사용자users가 자신의 상황, 환경에 걸맞게 "공기 주입식" 주거 공간을 만들게 하여 일종의 "참여 건축"을 표방하기도 했다. 이러한 경향은 1968년 설립된 쿱 힘멜블라우Coop Himmelblau을 비롯해 같은 해에 뉴욕에서 출발한 컬렉티브 그룹인 오닉스Onyx, 슈퍼 스튜디오Superstudio와 프랑스의 유토피아Utopie 그룹에서도 엿보이기도 한다.[22]

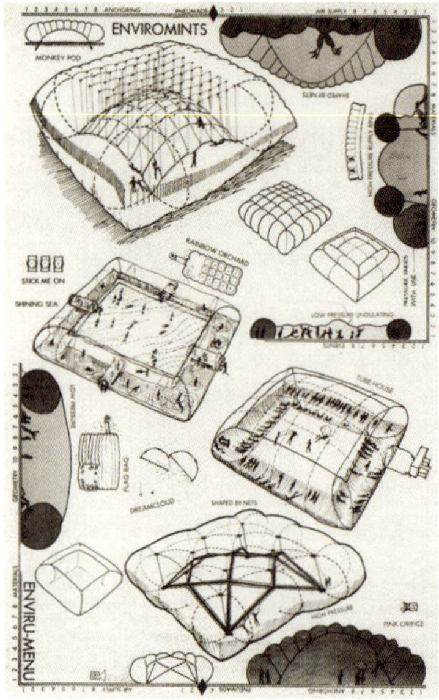

도판 4-8. 앤트 팜, Enviromints (by Curtis Schreier) from Inflatocookbook, 1970

도판 4-9. 칩 로드, 〈금세기의 집(The House of the Century)〉, 1971-1973, Houston, Texas

공기 주입식 구조물 안에서는 강연이나 페스티벌, 파티 등 여러 가지 유형의 이벤트가 진행되었다. 이러한 공기 주입식 구조물은 참여자들이 특정 목적을 위해서 일시적으로 거주하는 공간으로, 때로는 정치 사회적 발언을 표방하기 위해서 사용되었다. 이들은 1960년대 주류 문화를 공격하고 특히 미국의 베이 지역Bay Area에 형성된 반문화적 분위기에 힘입어 일종의 유토피아 환경을 창조하고자 "히피 건축"이라고 명명하기도 했다. 예를 들면, 이들은 〈금세기의 집House of the Century〉(1971-1973)(도판 4-9), 정치적 컨벤션 장소를 제공기 위한 〈컨벤션 시티Convention City〉(1972), 10대들을 위한 쇼핑몰인 〈프리덤 랜드Freedom Land〉(1973) 등 유토피안 프로젝트 제작하면서, 반베트남 전쟁, 인권 운동과 페미니즘 운동 등이 미국을 지배하던 1960년대 후반과 1970년대에 노마드적인 정체성과 일시적인 공동체가 가능한 다양한 공간을 구현하였다. 이렇게 실현된 건축물들은 앤트 팜이 주류 문화로 들어가는 부분도 있지만 그들은 처음부터 대안적 건축과 삶을 지향하려는 목표를 잊지 않았다. 이들 은 단순히 디자인, 건축과 결부되기보다는 동시대 삶의 조건과 상황에 대한 크리틱의 일환으로 자신들의 컬렉티브 작업을 제시하였다는 점에서 오늘날의 상황에 비추어 다시 그들의 미학을 전반적으로 생각해 볼 필요가 있다. 또한 그들은 미국적인 차로 여겨지는 캐딜락을 사용한 〈캐딜락 랜치Cadillac Ranch〉(1974)에서 차를 반쯤 땅에 묻어서 차에 대한 사회적 비평을 가하기도 했다. 이는 산업의 발전으로 악화된 환경문제 등을 제기하였다. 이 작품은 로드와 미셸스, 허드슨 마케즈Hudson Marquez가 시도한 프로젝트로 강렬한 태양 빛 아래 텍사스에서 진행되었다. 앤트 팜은 1968년 설립 이후 10년 동안 프로젝트를 진행할 때마다 컬렉티브 이름을 달리하면서 새로운 인물들과 협업하였기 때문에, 미술사에서 진행된 특정 사조나 그룹과는 차이점이 있었다.

앤트 팜은 〈미디어 번Media Burn〉에서[23] 미국의 문화를 대표하는 자동차와 텔레비전을 폭발시키는 장면을 무대화하는 퍼포먼스를 진행하였고, 이에 대한 미디어 크리틱을 시도하였다. 이 이벤트는 1975년 7월 4일 샌프란시스코 카우 팰리스San Francisco's Cow Palace에서 진행되었는데 앤트 팜 그룹은 당시 장면을 폐쇄 회로 텔레비전으로 촬영함으로써, 일방적인 정보를 제공하는 텔레비전에 대해 문화 비평을 시도하며 대안적 비디오 문화를 표방하고자 하였다. 특히, 텔레비전과 캐딜락을 폭파시키는 파괴적이고 전복적인 행위는 미국의 대중문화에서 텔레비전이 갖는 파워와 권위를 비판하려는 목적을 담고 있었다.

앤트 팜은 벅민스터 풀러와 영국의 아키그램의 영향을 받았으며, 이들은 컬렉티브 그룹을 통한 이동식 공기 주입식 구조체에 더욱 많은 관심을 가졌다. 이것은 당시의 시대적 반응으로, 레이너 밴험Reyner Banham과 프랑수아 달그레François Dallegret의 〈환경 버블The Environment Bubble〉 드로잉을 통해서도 살펴볼 수 있다(도판 4-10).

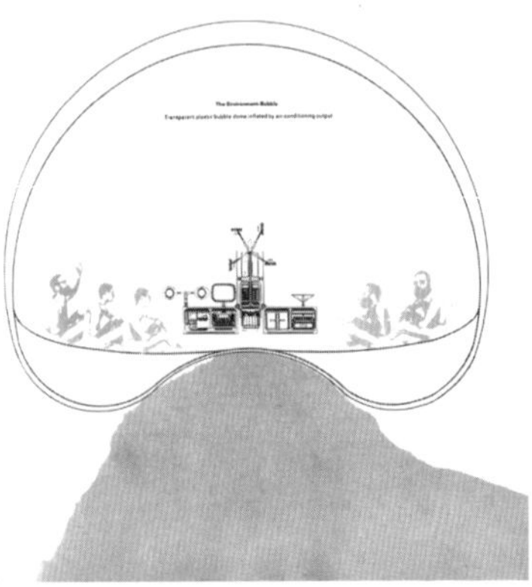

도판 4-10. 프랑수아 달그레, 〈환경 버블(The Environment Bubble)〉, 1965, 레이너 밴험의 「가정은 집이 아니다(A Home is Not a House)」를 위한 포토몽타주 드로잉, ⓒ Collection FRAC Centre, Orléans

〈환경 버블The Environment Bubble〉은 1965년 밴험이 미술 잡지에 출판한 「가정은 집이 아니다Home is not a House」라는 에세이에 수록되어 있는 드로잉으로, 밴험의 특별 의뢰로 제작된 것이다.[24] 이 작품에서 밴험은 여러 명 복제된 형상으로 등장하며 '깃털처럼 가벼운' 버블 '언하우스Un-House'에 앉아 있는데, 돔 안에는 현대인에게 가장 필요해질 텔레비전과 냉장고 등 가전제품이 설치되어 있다. 또한 에어컨 공기 주입식으로 쉽게 만들어질 수 있는 버블 돔은 투명하며 플라스틱으로 제작될 수 있는 상상의 돔으로, 2017년에는 뉴욕에서 개최되는 퍼포먼스 비엔날레인 《퍼포마Performa》에서 '버블 돔'으로 실제로 만들어지기도 했다. 이 집은 일종의 투명식 공기 주입식 공간이자, 쉽게 만들어질 수 있는 일시적인 쉘터이다. 밴험은 1965년 에세이에서 벅민스터 풀러가 지향했던 건축의 기념비성the monumental에 대한 전복적 회의를 언급하면서, 미국의 모바일 홈에 대해 설명한다. 그의 용어를 빌리자면 이러한 '쉘터'는 바닥에 단단하게 고정된 건물일 경우 열배 이상의 무게와 적어도 세 배 이상 재정을 감당하는 것에 비해 훨씬 경제적일 뿐 아니라 에너지 면에서도 효율성이 높아 여러 면에서 유용한 장점을 제공한다. 밴험이 쓴 이 글은 풀러의 이상적 유토피아 정신, '테크노크라시'와 '다이맥시언' 디자인을 환기시킨다면, 앤트팜 그룹은 주류 대중문화가 제시하는 기술과 매체(특히, 당시 일상화되기 시작한 텔레비전)에 저항하기 위해 '공기 주입식' 거주 공간을 주창했다. 밴험과 앤트 팜은 젊은 청년들이 일시적으로 거주하는 공간을 디자인함으로써, 미국의 히피들이 주장했던 노마드적인 '공동 소유' 혹은 '무소유'의 공간을 제시했다.

3. 돔 형식의 "쉘터"와 '사회적인 것'의 귀환

오늘날 풀러가 추구했던 '포괄적 디자인comprehensive design'에 바탕을 둔 기술적 유토피아는 상당히 다른 방향으로 나아가고 있다. 동시대 미술에서 쉘터는 특정 미술가(혹은 이론가)에게는 '돔dome'이나 '파빌리온pavilion'으로 명명되고 있다. 이 세 가지 유형의 일시적 공간은 특히 현대 미술에서 점차 존재 가치를 가지게 되는 '사회적인 것'의 귀환을 알려준다. 예를 들면, 최근 런던의 서펜타인 갤러리에서 매 여름 진행하는 '파빌리온' 프로젝트도 공공영역에서의 '쉘터'로 대표적인 건축가들의 작업이 실험적으로 선보이게 되었고, 이러한 사례들은 서펜타인 갤러리 앞에 매년 새롭게 배치되어 사람들이 실제로 구경할 수 있는 '오브제'이자 직접 공간을 체험할 수 있는 방식으로 기획되었다. 이러한 경향에 대해 에바 디아즈Eva Diaz는 「21세기의 돔 문화Dome Culture in the Twenty-first Century」[25]에서 다음과 같이 논한다.

> 돔 문화는 공공문화와 집단적 기억, 책임감에 대한 가능성을 재창조하는데 중요한 시금석이 되어 가고 있다. 역설적으로 미술가들

은 풀러를 잘못 이해하는 것을 알면서도 풀러식의 '지오데식 돔'을 이용하고 있다. 풀러가 애초에 돔 형식을 사용한 이유는 전후 도시 공간을 대단한 전략적 도구로 보았던 경향으로 도시 분산화와 교외화라는 커다란 정치학의 일부였다.

여기서 풀러는 21세기 초 젊은 미술가들에게 생태학적인 지속가능성의 상징으로서 여겨지며, 특히 그는 '무기에서 생활로weaponry into livingry' 관심을 전환할 것을 촉구했다. 제2차 세계대전이 종식되자 풀러는 많은 국가들이 투자했던 무기류나 전쟁에 대한 관심 자체에서 벗어나 생활의 준거지가 되는 거주 공간이나 삶의 가치에 대해 주목할 것을 요청한 바 있다.

오늘날 이러한 개념으로 활동하는 작가 중에서는 토마스 사라세노Tomas Saraceno를 비롯해 오스카 투아존Oscar Tuazon, 토비아스 레베르거Tobias Rehberger, 마이클 라코비츠Michael Rakowitz(도판 4-11), 닐스 노

도판 4-11. 마이클 라코비츠, 〈파라사이트(paraSITE)〉, 1998년부터 진행 중, 비닐봉지, 폴리에틸렌 튜빙, 후크, 테이프

만Nils Norman, 슬로베니아 출신의 건축가 마르에티카 포트르치Marjetica Potrc 등을 거론할 수 있다. 이들은 모두 토지의 소유 등에서 자유롭게 벗어나서, 공통적으로 무거처성homelessness을 강조하고 있다. 아무것도 소유하지 않음으로써 모든 것들을 소유하는 역설을 통해, 이들의 작업은 사회적인 것, 사회 공동체와 거주의 문제 등을 폭넓게 다루고 있다.

도판 4-12. 안드레아 지텔, 〈AZ 웨스트 웨건 스테이션(AZ west wagon station)〉, 2000년부터 진행 중, 밀워키 미술관 설치

이 중에서 이라크 태생의 미국인인 마이클 라코비츠는 뉴욕의 홈리스들이 남아있는 에너지를 이용해 따뜻하게 잠을 잘 수 있도록 하는 이동식 주거지 〈파라사이트 쉘터paraSITE Shelter〉를 기획하였다. "parasite"라는 용어가 암시하듯이 노숙 공간은 시민들의 집에 있는 에너지에 '기생'하는 공간이기도 하지만, 이러한 일시적 연결성은 '유사-사이트'를 구축하여 사회적 문제를 해결하기도 한다. 또한 쿠바 태생의 디자이너인 호르헤 파르도Jorge Pardo와 안드레아 지텔Andrea Zittel은 미술과 건축, 디자인 영역을 아우르며 그들 모두 실내의 환경을 이동식 주거 공간으로 제작하여 오늘날 문제가 되는 공공의 공간과 사적 공간, 주거 문제, 소유 문제 등에 대한 문제를 제기한다.[26] 지텔은 본인이 실제 살았던 브루클린의 협소한 아파트에서 공간 문제를 인식하여 간단하게 조립할 수 있는 모바일 유닛을 구성하고 이를 전시장 뿐 아니라 실제로 사막에서도 진행한 바 있다(도판 4-12). 이들이 각자 사용하는 용어들은 다르지만, 쉘터를 노숙자들의 거처 공간에서부터 우리가 흔히 도시에서 느끼는 주택 문제나 공간의 변화 등에 이르기까지 노마드적인 우리의 정체성을 비평적으로 다루고 있다. 더불어 라코비츠와 포트르치의 경우처럼 대단히 정치적인 경향을 띠기도 한다.[27]

도판 4-13. 토마스 사라세노, 〈전망대(observatory), 에어-포트-시티(Air-Port-Coty)〉, 혼합 매체, 2008, 런던 헤이워드 갤러리 설치

특히, 사라세노는 〈에어-포트-시티Air-Port-City〉에서처럼 구름이나 거미줄의 형상을 이용하여 기후와 환경에 시시각각 변화하는 비정형성을 강조한다(도판 4-13).[28] 그의 작업은 소유권이 정해지지 않은 '공기' 속에, 부유하는 일시적인 공간을 만들어 사용자들이 직접 작품 안에 거주하게 하는 작업이다. 사라세노의 작업은 동시대 문화에서 거주지의 '소유권'이나 미술관 안에 거주하는 건축적이고 생태적 프로젝트를 통해 우리를 둘러싼 사회적 체계 및 주거를 다시 되돌아보게 한다.

현대 미술에서 이러한 '사회적인 것', 시게루 반坂茂의 '인도주의적 건축humanitarian achitecture'과 알레한드로 아라베나Alejandro Aravena의 예처럼 '윤리적 건축'으로의 귀환은 사회성을 강조하는 현대 미술의 맥락이 강해지고 사회적 에이전트agent로 규정하는 예술가의 정체성이 확장되고 있음을 드러낸다.[29] 모더니즘에서처럼 개인적이고 사적인 경험만이 예술의 이슈가 아니라, 사회적인 것이 곧 개별적인 것과 맞닿아 있는 개별성과 공공성의 접점을 이루기 때문이다. 이러한 경향은 현대 미술에서 클레어 비숍Claire Bishop이 쓴 『인공지옥: 참여미술과 스펙테이터쉽의 정치학*Artificial Hells: Participatory Art and the Poliics of Spectatorship*』을 비롯해 『형식으로서 살기*Living As Form: Socially Engaged Art from 1991-2011*』를 통해서도 알 수 있다. 이 저서는 스펙터클한 현대 미술의 경향 속에서, 시민과 연대한 새로운 공공미술이 부각되면서 미술관, 미술가, 학교 교육 현장이 새로운 연대 속에서 진행하는 '교육적 프로젝트pedagogical projects'에도 주목하고 있다.[30]

니꼴라 부리요가 이야기했던 "관계의 미학" 혹은 마이크로 유토피아든, 샹탈 무프Chantal Mouffe가 이야기하는 "적대감antagonism"이든, 랑시에르Jacques Rancière가 이야기하는 '감각의 분할Le Partage du sensible'이든 이들의 주장에는 모두 예술(가)의 새로운 사회적 책무에 대한 변화가 동시대 문화에서 시사되고 있음을 밝혀 주고 있다.[31] 이들의 주장은 때로는 노스탤지아적이고, 때로는 유토피아적이라는 비난을 면치 못하고 있지만, 노스탤지어와 유토피아는 결국, 과거에 존재했거나 미래에 존재할, 그래서 지금은 부재하는 것에 대한 열망을 담고 있는 것이다. 그러니 에른스트 블로흐Ernst Bloch가 말한 대로, 유토피아의 본질적 기능은 "현재가 어떠한지에 대한 비판"인 셈이다.[32]

동시대 미술가들의 모바일 쉘터는 1960년대 풀러나 미술가들처럼 막연한 유토피아적 관점을 지지하지 않는다. 토마스 사라세노 스스로 '회의적 리얼리스트'라 부른 것처럼 동시대 미술가들은 도시주의와 시민적 상상력에 새로운 예술의 동력을 제시함으로써, 테크놀로지와 인간, 환경의 새로운 생태학적 공존성, 그리고, 테크놀로지와 인간의 공존에 대한 인식을 촉구하고 있다.

앞서 설명했듯이 이 글은 2015년 '학제간융합연구지원사업'인 '스마트 쉘터Smart Shelter 공간 구축을 위한 철학 · 건축 · 예술 · 문화 · 공학에 대한 융합 연구'에서 쉘터 스페이스를 구축한 미술의 사례를 살펴보고 본 연구팀이 구축할 '스마트 쉘터'의 역사적 시도와 레퍼런스를 찾기 위한 조사에서 출발하였다. 필자는 벅민스터 풀러의 다이맥시언 디자인의 사례를 찾아보고 모듈형으로 직접 보급할 수 있는 '지속가능성'의 모델을 살펴보고 싶었다. 풀러는 르코르뷔지에, 필립 존슨Philip Cortelyou Johnson, 프랭크 게리, 자하 하디드Zaha Hadid 등 유명한 건축가나 디자이너에 비해 국내에서는 많이 알려져 있지 않으나 그가 제시했던 지속가능성 거주 공간은 미국의 대공황 시기에 출발했으며, 냉전 시기였던 1940년대까지 지속적으로 등장했다. 풀러는 제2차 세계대전 미국에서는 별로 존재하지 않았던 아방가르드 잡지 『쉘터』를 발행하며 동시대 사회의 거주 공간과 사회 문제에 대해 직접 언급하며, 개방적이고 유동적 공간 모형으로 기초 기하학적 모델과 유형들을 이용하였다. 이후 이러한 유형은 포스트 미니멀리스트였던 솔 르윗Sol LeWitt 등과 같은 작가들에게 많은 영향을 미쳤고 비디오 아티스트, 미니멀리스트 등 아방가르드 작가들과의 교류도 살펴볼 수 있다.

풀러의 이상적 건축이 어반토피아의 꿈을 자극했다면 앤트 팜은 동시대 문화 비평에서 '공기 주입식' 커뮤니티 공간을 만들어 당시 대두되었던 대중매체의 일방적 정보 전달 방식에 비판을 시도했다. 이것은 당시 서부 중심의 젊은 건축가와 디자이너를 중심으로 진행되었으며, 일시적 돔에서 특강을 개최하거나 이벤트, 페스티벌을 기획하고 미디어 비평을 시도했다. 이들은 노마드적이고, 일시적으로 거주할 수 있는 공간, 누구나 조립해서 공유하고 배포할 수 있는 공간 제작을 위해 일종의 매뉴얼을 만들어 나눠 주기도 했다. 이 글의 마지막 부분은, 사회적인 것의 귀환을 보여 주는 동시대 돔 프로젝트를 설명하면서 시민적 상상력을 자극하는 미술이 나오게 되는 배경과 사례를 덧붙이고 있다. 지텔, 파르도 등 일시적 쉘터를 만드는 미술가들은 때로는 그 공간 안에서 토크를 진행하기 위한 교육적 공간으로 만들고 있다.

본 융합 연구진들이 모색하고 있는 쉘터, 스마트 쉘터는 특정 목적을 충족시킬 수 있는 기능성을 갖춘 쉘터에 그치지 않고 새로운 인터페이스로 플랫폼화 될 수 있는 '스마트 쉘터'를 구축하고자 하는데, 이러한 인터페이스로서의 스마트 공간 구축은 궁극적으로 예술이 기술 공학과 만났을 때 결과적으로 도출되는 기능성을 넘어 조금 더 상징적이고 오픈 플랫폼의 역할을 할 수 있는 확장성을 염두에 두고 있기도 하다. 쉘터를 바탕으로 한 건축가나 디자이너, 미술가들의 작업을 살펴보면서 나는 역사적인 참조reference를 구축해 보는 다양한 사례들을 논해 보고 싶었다. 또한 이는 스마트 쉘터 공간 이론을 구축하기 위해, 또 테크놀로지·기능과 우리의 욕망·요구가 서로 접점에 있는 중첩적 공간이자 혼성적 공간을 구성하려는 우리의 지향점을 담고 있다. 기술 공학적 기반 위에서 만들어진 스마트 공간이 지금 우리의 삶 속에 이미 들어와 있다. 그렇다면, 궁극적으로 우리와 같은 융합 연구자들은 스마트 쉘터라는 이름하에서, 풀러나 앤트 팜 멤버들과 같이 대안적 가치와 지속가능성을 반영하는 새로운 혼성 공간, 인터스페이스를 만들어 보는 것이다. 그것은 주류 속에서 실험되지 못한 주변적인 것들을 포용하는 일이면서 예술이 사회적인 것과 교감하는 오픈 플랫폼을 꿈꿔 보는 일이다.

2부

구현 편

5. 미래 도시 생활권의 공간 구조

김덕수

1. 미래 도시 생활권의 조건

도시는 정착 조건이 갖춰진 장소에 모인 사람들이 교환하는 사회적 행위의 효율성에 의해 시작되고 번성한다. 도시 형태는 그 시작과 더불어 도시 기능의 변화에 따라 지속적으로 변화되어 왔다. 기술의 발전은 도시 공간의 기능 변화에 큰 영향을 미쳐 왔다. 자동차 사용에 의한 물리적 이동을 전제로 하여 구성되어 있는 현재의 도시 구조가 첨단 IT 기술과 유비쿼터스 기술의 발전을 수용할 경우에는 스마트한 새로운 도시 공간 구조가 필요할 것이다. 유시티U-City 혹은 스마트 시티Smart City와 같은 미래 도시의 계획 역시 도시 계획의 일종이기 때문에, 일반적 도시 계획처럼 각종 시설과 서비스 등을 배분하는 생활권별 미래 도시 추진 전략과 미래 도시의 구조를 보여 줄 수 있는 공간 구조도 제시가 필요하다.[1] 즉, 마스터플랜에 미래 도시 전체 공간을 계획의 범위로 하여 제공되어야 하는 서비스와 이에 필요한 기술과 인프라를 종합적으로 배치하는 공간 모델이 필요하다.[2] 이러한 관점을 가지고 생각해 보면, 미래 도시의 모습을 첨단 정보 통신 기술과 지속가능성이 결합된 '유-에코 시티U-Eco City'로 상정하고, 그 기본 구성 요소인 유-에코 시티 생활권을 보행 중심으로 계획할 때에 고려되어야 하는 서비스, 기술, 인프라의 배치를 제시하는 공간 모델

계획 연구의 필요성이 인정된다.

도심 내 인구의 증가, 자동차의 보급 증대, 이동 수단의 다양화에 기인하는 도시 규모의 확대는 정주 환경의 악화뿐만이 아니라 교통 혼잡의 심화, 에너지 자원의 낭비, 그리고 대기 오염 등 환경 문제의 악화를 초래하여 도시의 기능을 저하시키고 있다.[3] 도시인이 소비하는 농산물 수송을 위한 운반 수단의 일상적인 도시 진입 역시 도시 내 교통량 증가의 중요 요인이 되고 있다. 한국, 일본, 영국, 프랑스를 대상으로 분석한 조사 결과에 따르면 한국의 2007년 일인당 푸드 마일리지[4]는 6,143톤·킬로미터/인 그리고 일인당 이산화탄소 배출량은 138킬로그램CO_2/인으로 나타나 분석 대상국 중 가장 높은 수준이었다.[5] 환경부 국립환경과학원의 2012년 발표에 따르면, 2010년 우리나라 일인당 푸드 마일리지는 7,085톤·킬로미터/인으로 위의 4개국 중 1위로 매년 증가 추세를 보이고 있으며, 식품 수송에 따른 이산화탄소 배출량도 142킬로그램CO_2/인으로 4개국 중 1위로 나타났다. 이러한 문제점 인식에 의해 도시 계획과 교통 계획을 통합하여 환경적 및 사회적 지속가능성 유지에 기여하는 방안으로 보행을 기본으로 하는 대중교통 지향형 도시 개발Transit-Oriented Development: TOD 이론이 적용되고 있다.

최근 IT 및 유비쿼터스 기술과 같은 첨단 신기술의 도입, 그리고 가용 자원의 고갈과 결합된 환경 오염 문제에 의해 증폭된 지속가능성에 대한 관심은 현대 사회 정책 결정과 도시 건축의 미래에 큰 영향 요소가 되고 있다. 현대 사회에 대두된 도시 건축에 관한 담론 중 첨단 정보 기술이 구현된 유비쿼터스 도시(이하 유시티U-City)[6]와 지속가능성을 구현하는 생태 도시(이하 에코 시티Eco City)가 결합된 유비쿼터스 생태 도시(이하 유-에코 시티U-Eco City)는 미래 도시 건축 방향에 대한 주요 함의와 가능성을 내포하고 있다. 커뮤니티는 촌락 공동체에서 보이는 것처럼 지역 사회가 필요로 하는 모든 기능을 복합적으로 담당하는 총체적 커뮤니티에서 현대 도시 내에서 부분적 역할만을 담당하는 부분적 커뮤니티로, 그리고 소규모 지역 사회를 최소한의 생활권으로 묶어 도시의 구성단위로서 질서와 소속감을 부여하는 네트워크형 커뮤니티로 변천해 왔다.[7] 지속가능한 도시 형태는 도시의 기본 구성단위(근린주구나 근린주구 클러스터 등)가 위계적으로 조합되는 네트워크형 조직 체계를 구축할 때 가능한 것으로 논의되고 있다.[8] 이러한 관점에 의해 도시를 구성하는 기본 단위를 생활권으로 상정하고 시작한 이 계획 안의 목적은 유-에코 시티의 TOD 생활권을 대상으로 하여 거주자의 일상생활에 편의성, 안전성, 쾌적성을 제공하고 생활권의 지속가능성을 구현하기 위해 기술적 가능태와 친환경 기술을 접목하고, 보행 및 대중교통 중심의 동선 체계를 갖는 유-에코 시티의 TOD 생활권 공간 모델을 제안하는 것이다. 구체적으로 보면 이 제안은 생활권에 관련된 이론과 논의를 출발점으로 하고, IT 및 유비쿼터스 기술과 친환경 기술의 도입이 도시 구조의 변화에 미치는 잠재력을 반영하여 유-에코 시티 TOD 생활권의 새로운 공간 구조를 제안하는 설계 연구design-driven research에 의해 이루어졌다. 연구의 지리 범위는 대전광역시에 위치한 지하철역을 중심으로 보행 이동이 가능한 반경 8백 미터 지역을 대상으로 하였다. 내용 범위로는 페리Clarence Perry 이후 제안되어 온 생활권 이론을 중심으로 하여 유비쿼터스 및 친환경 기술이 적용된 유에코 시티 TOD 생활권의 공간 구조 제안으로 제한한다. 시간 범위는 향후 20년 내외의 근 미래로 상정하였다.

2. 미래 생활권 공간 구조의 개편에 영향을 미치는 배경

1) 유-에코 시티

19세기 과학기술의 발전에 의해 촉발된 산업혁명은 근대적 의미의 도시 출현을 가능하게 했다. 근대 도시와 달리 미래 도시는 첨단 IT 기술과 유비쿼터스 기술의 발전에 따른 정보 소통 방식의 변화에 의해 영향을 받을 것으로 예상된다(표 1).

즉, 현재의 도시가 물리적 네트워크를 바탕으로 한 거리 최소화 공간으로 구성되었다면 미래 도시는 사이버 네트워크를 바탕으로 한 정보로의 접근이 최소화된 유비쿼터스 공간으로 변화될 것이다. 그러나 거리 최소화 공간은 휴식과 운동 등의 목적을 위해 미래에도 그 역할이 유지될 것이기 때문에 미래 도시 공간은 정보로의 접근이 최소화된 친환경적 공간으로 재구성될 것으로 예상된다.[9] 먼저 거시차원에서 유비쿼터스 공간이 구현되는 '유시티'의 사전적 정의는 "첨단 IT 인프라와 유비쿼터스 정보 서비스를 도시 공간에 융합하여 생활

〈표 1〉 유비쿼터스 공간 관련 유사 용어 및 개별 특성

이름	정의 및 특징
전자 공간 (Cyber Space)	정보 통신 기술 등의 발달에 의해 기존 도시 공간과 다른 새로운 가상의 공간[10]
유비쿼터스 지능 공간 (Ubiquitous Smart Space)	서비스-시스템-인프라가 유기적으로 연결되어 사용자 중심의 끊김 없는 서비스 융합 환경을 실현하는 공간[11]
	장소 기반의 기본 서비스들을 유형화하여 제공하는 물리 공간과 기본 서비스를 넘어서 개인화 서비스를 동적으로 구동시켜주는 전자 공간이 융합된 새로운 공간[12]
유비쿼터스 공간 (U-Space)	공간이 사람을 인식하고 그 니즈를 예측하여 필요 서비스를 제공할 수 있도록 IT가 녹아든 공간[13]
	유비쿼터스 기술로 일상생활에서 예측할 수 없는 상황들을 예측 가능한 상황으로 만들고, 도시 구성 요소인 자원, 시간, 사람, 공간을 Mixing & Networking하여 편안함과 안정감을 주는 지속가능한 도시 공간[14]

의 편의 증대와 삶의 질 향상, 체계적 도시 관리에 의한 안전 보장과 시민 복지 향상, 신산업 창출 등 도시의 제반 기능을 혁신시키는 차세대 정보화 도시"다.[15] 결과적으로 '유시티' 공간 계획은 시간과 공간에 의한 제약에서 벗어나 인간, 사물, 공간, 환경이 소통되도록 실재 공간과 가상 공간을 결합하여 거주자들에게 편안함, 안전함, 쾌적함을 제공하는 수단이 된다.[16] 한편 '유-에코 시티'란 "첨단 IT 기술을 집대성한 유비쿼터스 기술과 생태계 순환 기능 등의 생태 기술이 인간과 자연, 공간으로 연결되어 혁신적이고 창의적인 도시 환경과 무한한 도시 가치를 창출하는 지속가능한 미래형 첨단 친환경 도시"를 말한다.[17] 따라서 유-에코 시티는 생태 공간과 전자 공간 그리고 건축물과 같은 물리적 공간이 복합 및 융합되면서 서로 조화되는 공간을 의미하며,[18] 본 설계 연구의 배경이 된다.

2) 유-에코 시티 TOD 생활권

생활권은 통학, 출퇴근, 쇼핑과 같은 일상생활을 위해 거주자가 활동하는 지리적 영역으로, 산업혁명 이후 발생한 도시화의 문제점을 개선하기 위한 수단으로 제시된 여러 계획 개념—하워드Ebenezer Howard의 전원도시Garden City, 페리가 1929년 발표한 근린주구Neighborhood Unit 이론 등—에 그 뿌리를 두고 있다. 폐쇄적이고 자족적인 지역 사회 공동체를 상정했던 초기 생활권 이론은 승용차 이용의 확대에 따른 생활권의 확장과 급변하는 현대 사회의 다양한 요구를 수용하지 못하는 문제점을 갖게 되었다.[19] 산업혁명에 의한 도시 인구의 증가에 기인한 도시 문제의 해결책으로 제안되었고, 현재는 도시의 지속가능성에 대한 논의를 포함하는 생활권 개념의 시계열적 변천 과정은 (표 2)와 같이 요약된다.[20]

미국의 경우, 1930년대에 가속화된 승용차 보급은 직장과 거

〈표 2〉 국외 생활권 개념 및 적용 사례 흐름

구분	사회변화	도시설계개념	비고
1900	산업혁명 및 도시 인구 증가	자족적 커뮤니티 – 전원도시론 (1898)	자족적 생활권 개념
1920	자동차 생활 일반화	삼백 만을 위한 도시 (1922), 근린주구론 (1929)	
1940	주택 대량 공급, 고층 고밀화	근대 건축 운동 – CIAM 아테네헌정 (1934), La Ville Radieuse (1935)	
1960	도시 다양성, 지역성 요구 (포스트모더니즘)	근대 건축 운동 비판 – Team X (1950), J. Jacobs (1960)	생활권 개념 확대 및 중첩
1980	도시 역사성, 장소성 재인식	유형학, 맥락적 도시 설계 – A Rossi, O.M. Ungers, Leon & Rob Krier	지역 공동체 및 보행 중심 생활권 개념
2000	지속가능한 주거 환경 요구 (교토 기후 협약)	지속가능한 커뮤니티 – 뉴어바니즘(미국), 어반빌리지(영국)	

주지의 연결 방식을 변화시켰다. 직장과 주거지를 직접적으로 연결할 수 있는 승용차 이용의 편의성에 의해 전차와 같은 대중교통 수단에 의해 연결되어 있었던 직주 관계는 해체되기 시작했고, 결과적으로 역세권을 중심으로 하는 개발 방식은 그 의의를 잃게 되었다. 2차 세계대전 이후 미국의 주요 교통수단이 된 승용차나 버스 운송 체계가 가지고 있던 혼잡 문제를 해결하기 위해 도입된 1970년대의 BART San Francisco Bay Area Rapid Transit 시스템과 같은 새로운 대중교통 수단에서도 승용차는 집과 역을 연결하는 주요 이동 수단으로 간주되었다. 즉, 이 시스템이 내포하고 있던 전제 역시 새로운 대중교통 시스템의 이용자는 도보, 자전거, 또는 순환 버스 등의 수단에 의해 기차역으로 오는 것이 아니라 승용차를 사용할 것이라고 하여 운용 계획의 중심에 승용차의 존재를 상정하였다. 따라서 역 주변에는 거대한 주차장이 설치되었고 철도역 이용자는 승용차를 주차하고 목적지를 향해 최소 동선으로 바로 이동하게 되었다. 주차장은 커뮤니티와 철도역을 유기적으로 연결시킨다기 보다는 점진적 관계를 단절시키는 역할을 하게 되어 커뮤니티 활성화, 자동차 이용 감소, 그리고

지역 토지 이용 패턴 효율성 제고에 기여할 수 없었다. 역은 교통 결절점으로서의 중요성을 갖고 있으나, 보행 접근의 불편, 지상 공간의 주차장화, 주변 커뮤니티와의 기능적 불연속, 중심지와의 연계가 제한적인 경우에는 활용 빈도가 떨어진다.[21]

역 중심 생활권을 형성하기 위한 목적으로 자동차가 주거 단지 계획의 중요 요소가 되기 이전에 존재했던 전통 마을의 구성을 재현하는 전통 근린 개발Traditional Neighborhood Development: TND과 대중교통 중심 개발Transit-Oriented Development: TOD 기법이 1980년대부터 적용되기 시작했다.[22] 앙드레 두아니Andres Duany의 TND 개념에서는 가로망의 상호 연결과 보행 친화성을 기본으로 하여 생활권에서 발생하는 다양한 일상생활을 지원하기 위해 필요한 커뮤니티 시설을 복합적으로 배치한다. 생활권의 규모를 확대한 피터 칼솝Peter Calthorpe의 TOD 개념은 직주 근접에 의해 보행이나 자전거로 일상생활을 할 수 있는 콤팩트한 도시 계획으로 도시에 활력과 지속가능성을 부여할 수 있도록 대중교통 결절점을 생활권의 사회적 공간social dimensions으로 개발하는 복합 개발 방식을 의미한다.[23] 특히, TOD 개념의 발전 과정은 도시 모습과 교통수단(즉 보행, 전차, 자동차 등)과의 밀접한 상호 연계를 보여준다.[24] 전 세계에 걸쳐 이루어지고 있는 TOD에 공통적으로 발견되는 기본 철학은 대중교통 이용을 지원하기 위해 역 주변에 도시 개발을 집중하고, 기존의 개발지와 계획 개발지를 연결하기 위해 환승 시스템을 개발하는 것이다.[25] 즉, 승용차 이용을 줄이고 환승, 보행, 자전거 이용 등을 촉진시킬 수 있는 수단을 동원하여 환승역 주변을 보행자 위주로 집중 개발하는 토지 자원의 효율적 활용을 의미한다.[26] 대중교통 이용을 촉진시키는 도시형 TOD 도시 공간 구조 구축을 위해서는 대중교통 결절점 주변에서 주차 면적을 의도적으로 줄여야 한다.[27] 특히 도시형 TOD 도시 공간 구조에 제시되는 기반시설 공급량, 공동 주택 비율, 직주 근접비, 혼합 토지 이용율[28], 3차 산업 비율은 콤팩트한 도시 형태와 더불어 주민들의 이동

〈표 3〉 기존 근린주구 이론과 역 중심 생활권 모델의 구성 원칙 비교

구분	기존 근린주구 이론	역 중심 생활권 형성 모델		
		TOD (대중교통 중심 개발)	TND (전통 근린 개발)	MUD (혼합 용도 개발)
생활권 크기	800m 반경	반경 600m (10분 내 거리)	반경 1/4마일(400m)	반경 900m
생활권 밀도	20-25 세대/ha	45세대/ha (교외적용)	45세대/ha (교외적용)	60-120세대/ha (도시적용)
생활권 중심	초등학교	커뮤니티시설과 상업 시설이 복합된 대중교통의 센터		
토지 이용 구성	용도 분리	가로 활성화를 위한 용도 혼합		
주요 이동 수단	자동차 중심	대중교통에 의하여 지원되는 보행 중심의 가로		
가로/블록 체계	슈퍼 블록	중규모 블록으로 구성된 그리드 체계		
가로의 기능	보차 분리	보차 혼용(보행 우선의 가로)		
건물 형태	단일 건물	측벽 공유 하우징, 중정 블록 하우징		

거리를 줄이는 동시에 자동차 의존도를 감소시켜 에너지 소비량과 공해 발생을 저감시켜 친환경적 개발 방식이 된다.[29] 역 중심 생활권 모델이 상정하는 개발 밀도는 개발 이론별로 그리고 생활권의 위치에 따라 상이하다. 근린주구 이론에서는 25세대/ha의 저밀을 제안하지만, TOD와 TND 기법과 같이 역을 중심으로 하는 개발 모델은 45세대/ha의 고밀 개발을 제안하고 있다. 이에 반해 도시 지역을 대상으로 하는 복합 용도 개발MUD: Mixed Use Development은 60-120세대/ha를 적정 개발밀도로 제안하고 있다(표 3).[30]

자동차 사용에 의한 이산화탄소 발생이 야기한 대기 오염 문제에 대응하여 지속가능성을 확보하기 위한 도시 계획적 방안으로 대체에너지의 사용과 더불어 생산지에서 도시로 향하는 물류 이동을 감소시킬 수 있는 도시 농장의 설치를 고려할 수 있다. 지역 먹거리(로컬 푸드Local Food) 소비는 푸드 마일리지를 감소시켜 식품 수송에 의한 온실가스 배출을 감소시키는 방안이 될 수 있다.[31] 지역 먹거리 생산의 증대와 온실가스 배출 감소는 미래형 도시 농장의 설치에 의

해 가능하다. 도시 농장의 높은 생산성이 친환경 재생에너지를 사용하는 생산 시스템과 결합될 때 도시의 먹거리를 자급자족하게 하는 역할을 담당할 수 있다.[32]

현대 사회에서 비약적으로 발전하고 있는 IT 기술과 유비쿼터스 기술은 생활권이 물리적 한계를 넘어 확장될 수 있는 가능성을 열어주었다.[33] 유비쿼터스 기술이 적용된 도시의 역세권 영역에 3~5개 정도의 근린주구가 모여 대중교통 중심의 순환 네트워크를 형성하고, 상업, 업무, 교육, 복지, 문화, 공공시설이 복합적으로 설치된 지구 중심지와 긴밀히 네트워킹하는 생활권의 가능성이 논의된다. 유-에코 시티 TOD 생활권은 개발 밀도의 위계적 차이를 갖는 생활권의 공간 구성 중 중심 기능을 대중교통의 환승 거점에 집중하고, 환승 거점 시설로의 접근이 보행이나 자전거를 통해 이루어지도록 유도하여 연결 가로변을 활성화시키고, 교통 에너지 소비 저감, 도시 농장 설치, 대체에너지 사용 등을 통해 생활권의 지속가능성을 확보하고, IT 및 유비쿼터스 기술의 구현에 의해 정보에의 접근이 최소화되고, 압축적으로 개발되는 새로운 도시 생활권으로 개념화된다.

3. 미래 생활권의 공간 구조에 대한 생각

1) 계획 부지의 현황과 문제

계획 부지는 지하철역을 중심으로 반경 8백 미터의 지역으로 약 1만 1천 세대에 2만 8천 명이 거주하고 있으며, 면적은 1.96제곱킬로미터이다(도판 5-1). 지하철역과 인접하고 호남고속도로와 하천이 지나가고 있다. 계획 부지의 문제점으로는 ① 도로 정체, ② 녹지 부족, ③ 도시 자전거 '타슈'의 미활용, ④ 하천의 방치, 그리고 ⑤ 편중된

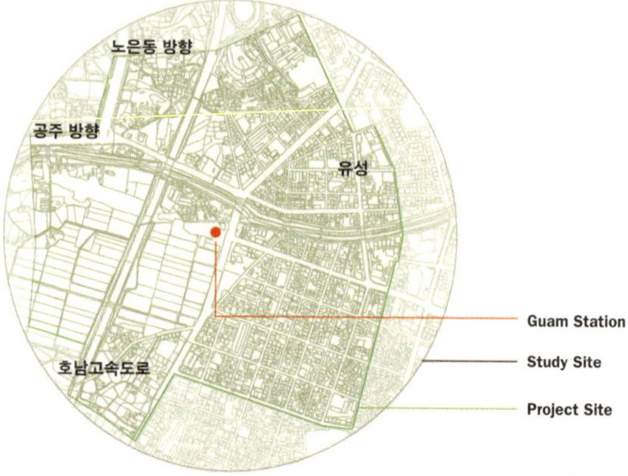

도판 5-1. 계획 대상지 위치

도판 5-2. 계획 대상지 특성

개발을 들 수 있다(도판 5-2).

첫째, 오래된 도로 체계와 차량 이용의 증가 추세에 의해 가속화되는 도로 정체 현상이 두드러진다. 시내버스 노선이 간선 도로에만 집중되고, 도로의 폭이 좁아 도로 정체 현상이 빈번히 발생한다. 또한 좁은 도로변에 시외버스 터미널이 위치하여 도로 정체 현상이 극심하다. 둘째, 계획 부지는 동쪽으로 유성지역과 접해 있고 북쪽으로 노은지구와 연결되어 거주 인구와 이동 인구가 많은 지역임에도 쾌적성 유지를 위한 녹지 공간이 부족하다. 소규모로 산재해 있는 기존의 녹지 공간은 연결되어 있지 않아 활용성이 떨어진다. 셋째, 시에서 운영하는 도시 자전거 '타슈'가 활용되지 못하고 있다. '타슈'는 시의 지원에 의해 주민자치센터에서 자전거를 대여해주는 프로그램이나 자전거 도로가 부족하고 자전거 대여소가 체계적으로 위치되어 있지 않아서 이용이 원활하지 않다. 넷째, 계획 부지를 가로지르는 하천이 방치되어 있어, 지역의 쾌적성을 증진시킬 수 있는 주요 자연 요소의 활용이 제한적이다. 다섯째, 서쪽으로는 공주의 경계와 면하고 동쪽으로는 상업적 기능이 활발한 유성지역과 면하고 있는 지리적 특징에 의해 계획 부지의 동서 지역 간에 토지 이용의 불균형이 심화되어 있다.

2) 유-에코 시티 TOD 생활권 계획 기준

유-에코 시티 TOD 생활권의 공간 구조를 구성하기 위한 토지 이용 측면에서의 계획 기본 방향은 다음과 같이 설정한다(도판 5-3). 첫째, 환승 거점 시설을 계획 부지의 중심에 위치시키고 이를 중심을 도로 체계를 위계적으로 정비한다. 둘째, 녹지 부족 문제를 해소하고 계획부지의 각 부생활권을 연계하여 생활권 커뮤니티를 형성하기 위해 녹도綠道를 형성한다. 또한 자동차의 사용을 줄이고 녹도를 이용한 보행과 자전거 이용을 증대시킬 수 있는 도시 구조를 고려한다. 셋째, 각 지역에 산개되어 있는 녹지를 녹도를 통해 연결하여 활용도를 높이고 녹지 공간을 확대할 수 있는 방안을 탐색한다. 넷째, 기존 하천 방향으로 형성되는 데크와 녹도를 연계하여 생활권과 적극적인 관계를 갖는 친환경 수水공간을 조성한다. 천변에 상점을 조성하여

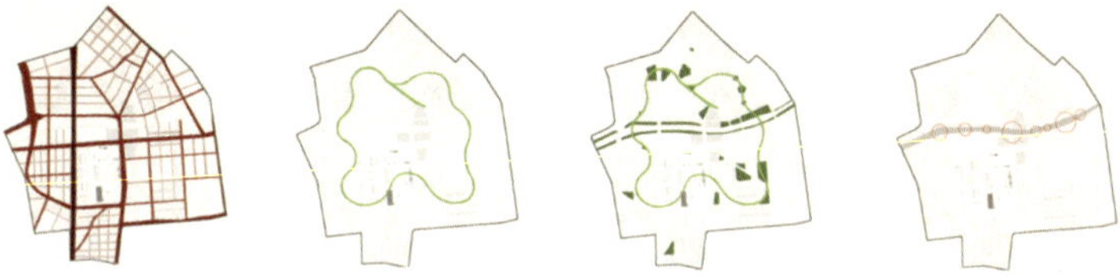

도판 5-3. 계획 방향

보행인을 유입하고 교류의 기회를 제공하는 공공공간으로 활용한다.

계획 부지가 갖는 공간 구조의 특성에 대한 반응 외에도 서비스, 기술, 인프라, 관리 방식의 로드맵을 고려하여 유에코 시티 TOD 생활권 공간 모델 구축을 위해 구체적으로 고려해야 하는 계획 기준으로 ① 유비쿼터스 기술과 첨단 정보 통신 기술이 구현되어 인간, 공간, 서비스 간의 소통이 가능한 공간 구현, ② 에너지 및 식량의 자급자족이 가능한 공간 구현, 그리고 ③ 환승 시설을 포함한 중심 Poly와 각 부생활권의 Poly를 위계적 관계를 갖는 거점으로 하여 집중 개발하고 저밀도로 개발하는 주변 지역과 보행 위주의 동선 체계로 연결하여 토지 이용 효율을 높인 공간 구조의 구현을 설정하였다(도판 5-4).

생활권별 U-서비스 구축은 도시의 위계와 관련이 있다. 도시 단위까지 확장될 수 있는 대 생활권에 제공되는 서비스(즉, 광역 연계 서비스, 대규모 정보 처리 서비스 등), 중 생활권에 제공되는 서비스, 소 생활권에 제공되는 서비스는 위계적 네트워킹에 의해 도시 정보 통합 센터, 구청, 동주민센터 또는 주민치안센터 등의 기관에서 관리할 수 있다.[34] 유-에코 시티 TOD 생활권 계획에서는 서비스의 제공이 Poly의 위계적 네트워킹에 의해 가능하도록 한다. 또한 일상생활과 연계되는 생활 밀착형 서비스 중 반드시 시설물이 필요한 서비스인 위치 특화 서비스Location integrated application인 생활 정보 제공kiosk 서비스, 주차장 정보 제공 서비스, U-자전거 대여 서비스[35] 역시 U-Po-

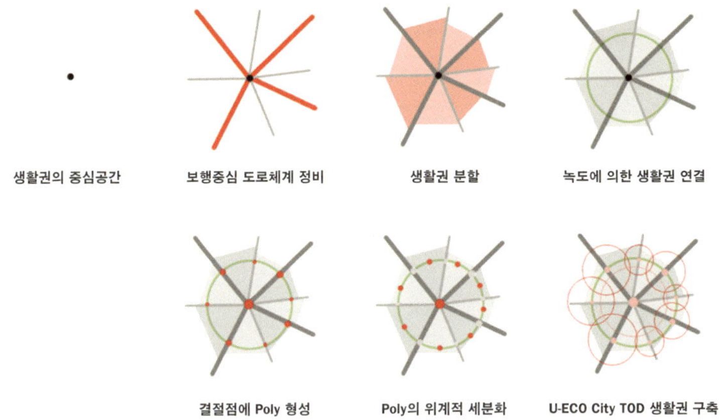

도판 5-4. 유-에코 시티 TOD 생활권 구성 과정 개념도

ly와 연계하여 제공하도록 한다.

유-에코 시티 TOD 생활권의 규모는 보행과 자전거를 이용하여 일상생활을 영위할 수 있도록 반경 8백 미터를 넘지 않도록 한다. 유-에코 시티 TOD 생활권은 간선 도로와 하천 등 지역의 지형적 특성을 반영하여 부생활권 4개로 분할하고, 각각을 중심 지역과 위계적으로 상호 연결하여 구성한다. 일상생활의 중심이 되는 지역에 거점 공간으로 기능할 수 있는 Poly를 설치하여 생활권의 형성과 유지에 필요한 서비스를 제공할 수 있게 한다. 공간 사용 밀도에 따라 Poly는 중심에서 각각 4백 미터, 2백 미터, 2백 미터 떨어진 위치에 설치한다(도판 5-5, 5-6).

유에코 시티 TOD 생활권 중심 지역에는 Poly C Cyber Poly를 설치하여 거점 공간의 역할을 수행하게 한다. 통합정보센터가 위치하여 도시 통합 네트워크와 연결되고 정부, 지자체, 행정 기관 등과 연계되어 정보 이동 및 관리 기능을 수행한다.[36] 유-에코 시티 TOD 생활권에서 교환되는 모든 정보는 Poly C 지역의 통합정보센터에 집적되어 처리된다. 또한 대중교통의 광역 환승을 위한 교통 시설이 설치

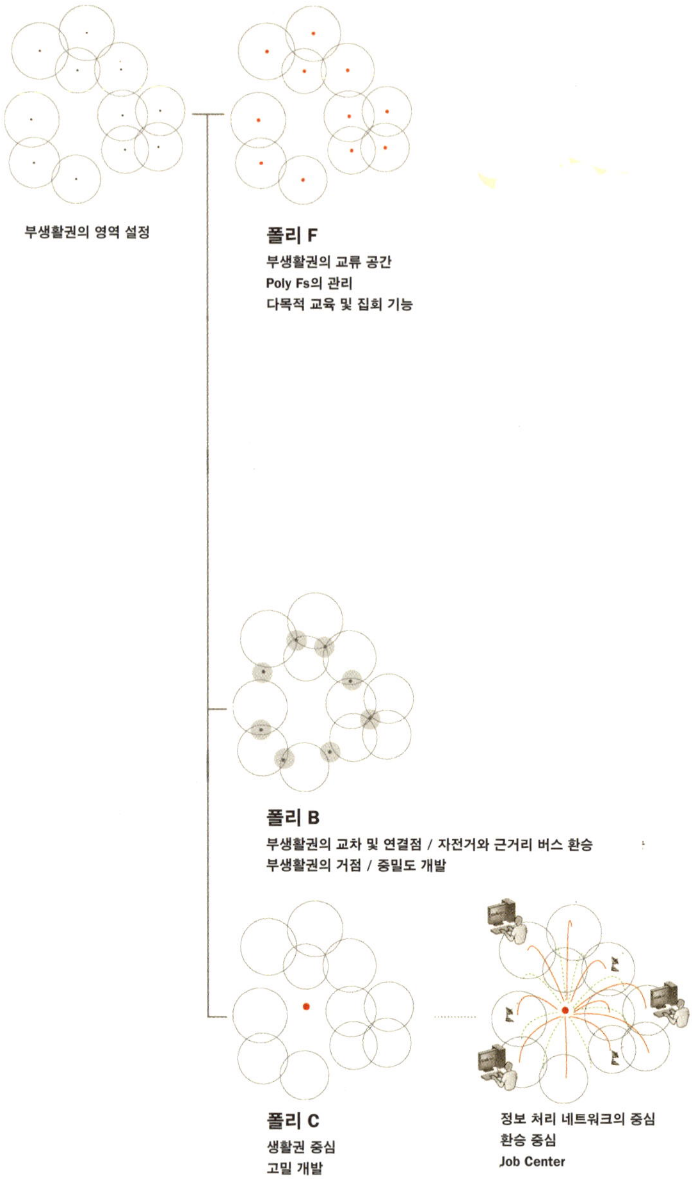

도판 5-5. 유-에코 시티 TOD 생활권의 Poly 위계와 역할

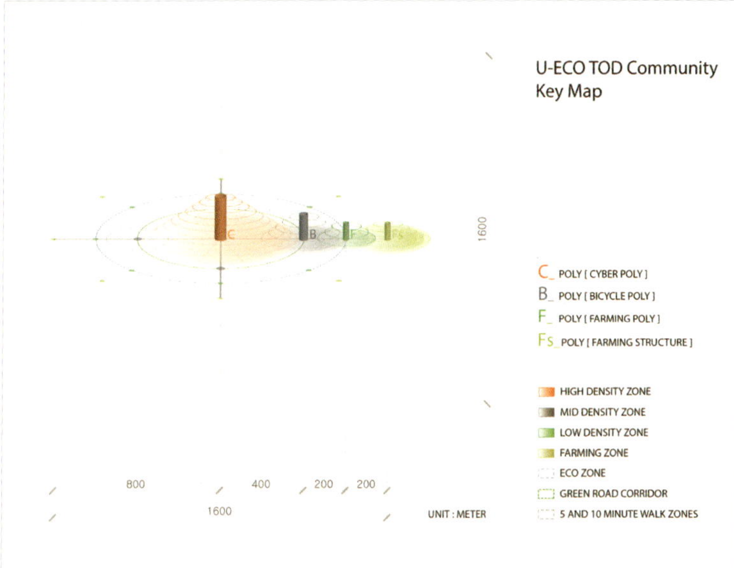

도판 5-6. 유-에코 시티 TOD 생활권 공간 구성도

되고, 거주자들의 일터를 집적하고, 일상생활을 위해 필요한 서비스를 제공한다. Poly C로부터 4백 미터 반경에는 각 부생활권의 중심 역할을 하는 Poly B Bicycle Poly가 설치되어 인접 생활권으로 이동하기 위해 대중교통 환승이 필요한 경우 인근 거주지에서 자전거나 도보로 접근하여 사용한다. Poly B를 중심으로 하여 형성된 각 부생활권들은 거주자들이 보행이나 자전거의 수단으로 이동할 수 있는 내부순환 녹도를 이용하여 연결된다. Poly B에서 2백 미터 반경에는 커뮤니티 센터 역할과 농경 지원 업무를 담당하는 Poly F Farming & Community Poly가 위치한다. 또한 Poly F에서 2백 미터 반경에는 수직 농장의 기능을 하는 Poly Fs Farming Structure가 위치하여 생활권 내의 거주자들이 소비할 수 있는 농산물을 생산한다. 따라서 유-에코 시티 TOD 생활권 공간 모델은 일상생활을 위한 거점 공간으로 기능하는 Poly 영역을 중심으로 해서 주변을 향해 위계적으로 고밀도에서 저밀도로 복합 개발하고, 각 Poly 영역을 녹도를 통해 보행으로 연결하는 Poly 관계망을 형성한다.

- 보행자 이동: Poly F → Poly B → Poly C
- 생활권 연결: Poly B(1) → Poly B(2) → Poly B(3)
- 정보 이동: Poly C → Poly B → Poly F → Poly Fs
- U-Eco City TOD 생활권 연결: Poly C(1) → Poly C(2) → Poly C(3)...

4. 여러 미래 생활권 공간 구조의 한 가능태

1) 유-에코 시티 TOD 생활권 로드맵

유-에코 시티 TOD 생활권 공간 모델 계획은 다층형 유시티 개념에 의해 제안된 개발 로드맵에 따라 서비스, 기술, 인프라, 관리가 공간에 통합되는 구조로 정리할 수 있다(도판 5-7, 5-8, 표 4).[37]

구체적으로 보면, 서비스 로드맵Service Roadmap, SRM 설정은 해당

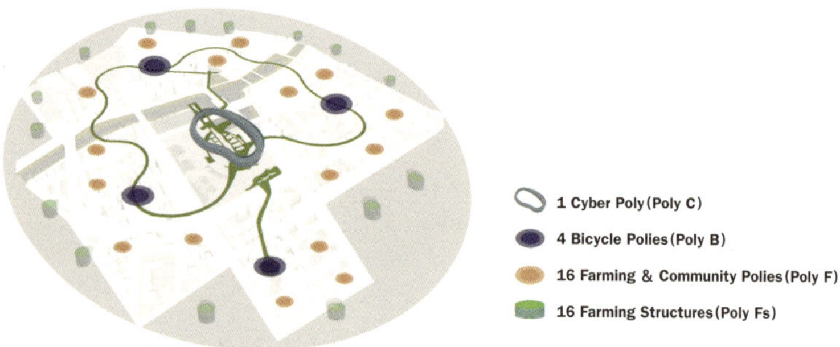

도판 5-7. Poly 위치도

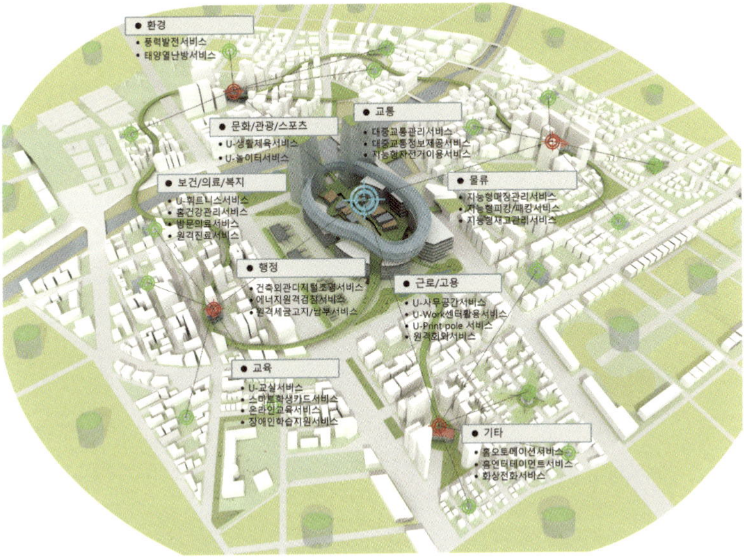

도판 5-8. 유-에코 시티 TOD 생활권의 Poly 배치 및 주요 서비스

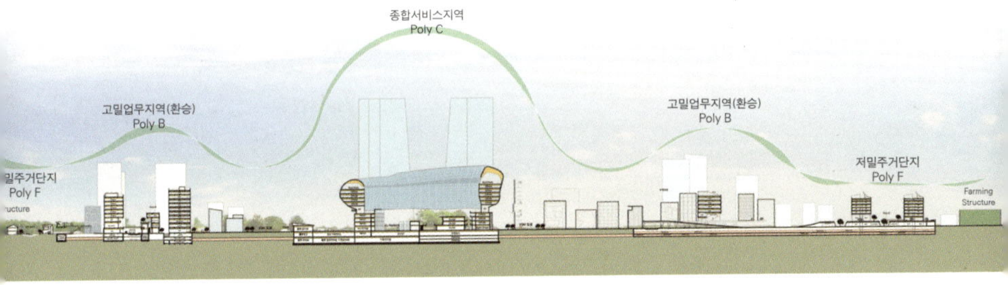

도판 5-9. 유-에코 시티 TOD 생활권 Poly의 위계

도시의 전략과 목표에 맞는 서비스 제공을 계획하는 것이다. 기술 로드맵Technology Roadmap, TRM은 서비스 제공을 위한 기술을 도출한다. 인프라 로드맵Infrastructure Roadmap, IRM은 고정 유시티 인프라(예컨대 정보통합센터 등), 정보 통신 인프라(예컨대 유무선 네트워크 등), 그리고 이동형 유시티 인프라(예컨대 이동 디바이스 등)의 구성에 이

〈표 4〉 U-City 로드맵

로드맵 유형	요소 구분		요소 항목 내용
서비스 로드맵 (SRM)	행정	업무	민원 업무 등 서비스
	교통	이동	교통 제어 등 서비스
	보건 의료 복지	생활	원격 진료 등 서비스
	환경	생활	환경 모니터링 등 서비스
	방범방재	생활	방재 방범 서비스
	시설물관리	업무	시설물 모니터링 등 서비스
	교육	생활	원격교육 등 서비스
	문화 관광 스포츠	놀이	여가, 오락, 관광 등 서비스
	물류	이동	물류 모니터링 등 서비스
	근로고용	업무	고용시장 등 서비스
	기타	기타	기타
기술 로드맵 (TRM)	센싱 기술		정보 수집 기술
	네트워크 기술		정보 연계 기술
	인터페이스 기술		정보 전달 기술
	프로세싱 기술		정보 가공 기술
	보안 기술		정보 보호 기술
인프라 로드맵 (IRM)	고정 인프라	지능형 건물/시설	ICTs 기술과 융합된 건물, 시설, 가로 등
		ICTs 인프라	BcN, WiFi, Artifact 등
		통합정보센터	정보 연계 통합 센터 시설
	이동 인프라	디바이스	모바일 폰 등 이동 디바이스
		로봇	로봇 등
		이동기구	자동차, 자전거 등 이동기구
관리 로드맵 (MRM)	인프라 관리		지능화 시설, 네트워크 등 인프라 운영/관리
	정보 관리		정보 연계 통합 및 시스템관리
	행재정 관리		관리운영 조직/재원조달
	참여/거버넌스		시민과 시장 참여와 거버넌스

루어 완성된다. 마지막으로 관리 로드맵은 유시티 인프라와 행·재정 관리 방안 등을 포함하여 제안된다.

생활권의 거점 공간은 중심으로부터 4백 미터, 2백 미터, 2백 미터의 동심원 상에 위계적으로 배치된다. SRM, TRM, IRM, MRM을 반영하고, 일상생활에서의 이용 밀도에 따라 차등화된 역할을 담당하는 Poly를 설치한다(도판 5-7, 5-8, 5-9). 즉, Ploy C 지역은 고밀 고층으로 개발하며, Poly B 지역은 중밀 중층으로 개발한다. Poly F 지역에는 각 가구의 개별적 필요 서비스를 제공하고 거주자 간의 교류가 가능하도록 공용 시설을 설치한다. 외곽지역에는 Poly Fs를 설치하여 생활권 거주자들이 소비하는 농작물을 자급자족하도록 한다. Poly를 중심으로 하여 고밀로 개발된 지역 외의 오픈 스페이스는 자연 녹지 및 공원으로 활용하여 토지 이용의 효율성을 높이고 쾌적한 정주 환경을 조성한다.

2) 유-에코 시티 TOD 생활권 세부 공간 구성 요소

① Poly C (Cyber Poly)

유시티의 TRM, IRM, MRM에 따라 Poly C 지역은 고정 인프라가 집중되어 유에코 시티 TOD 생활권의 통합정보센터 역할을 하도록 계획한다(도판 5-10). 중심에 위치한 Poly C 지역은 반경 2백 미터 규모인 고밀도 복합 시설로 개발하여 유에코 시티 TOD 생활권의 일터 기능, 거주민을 휴식과 교류를 위한 중앙 공원 역할, 중심 상업지 역할, 지하철역과 점Transit Core의 기능을 한다. Poly C지역의 통합정보센터는 일상생활에 필요한 서비스 제공의 전제 조건이 되는 정보 처리의 중심 역할을 한다. 예를 들면, 가로에 설치된 속도 및 센서 등과 연계하여 차량의 사고를 예방하고, 이용자에게 대중교통의 위치 및 환승 정보 등을 제공한다. 가로 시설물은 실시간 모니터링 및 원격제어 시스템에 의해 관리된다. 또한 지능형 복합 가로등은 차량과 보행자를 위한 조명, 주변 시설물 실시간 모니터링, CCTV나 비상벨 등에 의한 도시 안전 서비스, 대중교통 정보, 국지 날씨 정보 제공 및 정보 검색 서비스, 그리고 상하수도와 같은 지하 매설물이나 도로와 같은 도시 기반 시설에 대해 실시간 모니터링 서비스를 제공한다. 또한 SRM에 따라 TOD 생활권의 중심 역할을 하도록 문화, 의료, 행정, 상업, 업무, 여가, 교류의 기능을 집적하도록 한다.

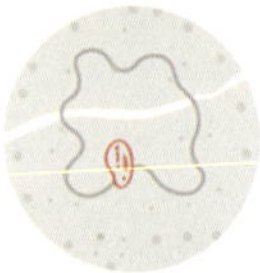

Location

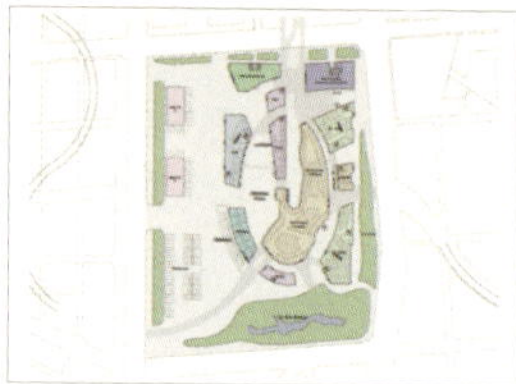

1st FL

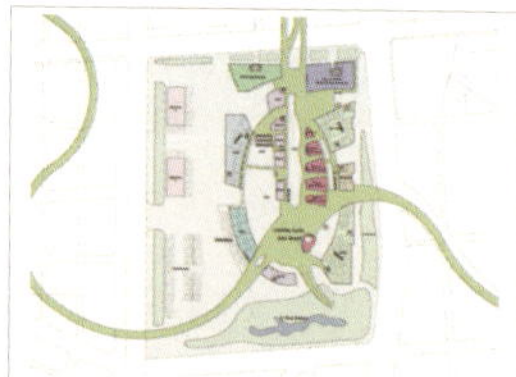

2nd FL

도판 5-10. Poly C

건물의 지하와 1층에는 통합 관제실 및 데이터 처리실 등으로 구성되는 유-에코 시티 TOD 생활권의 관리 시스템을 위치시킨다. 남측 전면에 유-에코 바이오탑U-Eco Biotop을 계획하여 그린 네트워크에 편입시킨다. 1층은 관리 시스템 외에 환승 시설이 위치해 있으므로 입체 가로를 설치하고 2층은 보차 분리가 이루어져 보행자 위주의 영역으로 조성된다. 입체 가로에 의해 쾌적한 외부 환경을 건물에 입점한 시설과 유기적으로 연결시킨다. 입체가로는 동서축과 남북축으로 녹도와 하천으로 연결되도록 계획하여 입체적 그린 네트워크를 확보하도록 한다. 바람길을 열어주기 위해 저층부를 필로티로 계획한다. 입체적으로 기능을 구분하고 동선을 유기적으로 연결하기 위해 환승 시설 지하에는 물류 창고 및 버스 주차장을 지상 층에는 물류 집하장을 배치한다. 또한 물류는 지하의 자동 물류 배송 시스템의 중심 시설과 연계되어 커뮤니티 지하 공동구에 설치된 배송로를 따라 부생활권의 거

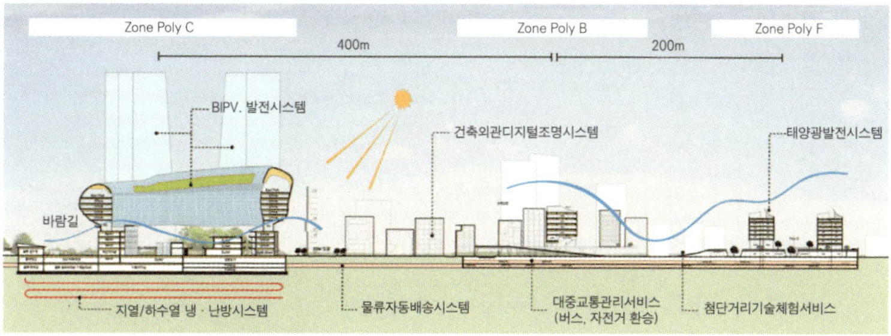

도판 5-11. 유-에코 시티 TOD 생활권의 공간 단면

점인 Poly B와 각 주거 클러스터의 중심에 위치한 Poly F로 배송되도록 한다. 건물로 둘러싸인 중정 부분의 지하는 아울렛과 상가를 위치시키고 1층은 터미널 프라자, 호텔, 복합 문화 시설, 의료 시설, 소매점 등의 시설을 위치시킨다.

2층 부분은 Poly C 빌딩을 관통하는 입체 가로를 통해 보행 접근을 가능하게 하고 중앙부에는 중심 광장을 설치하여 일상생활을 위한 행위의 중심이 되도록 한다. 두 개의 타워형 빌딩 중 서쪽 빌딩은 오피스와 오피스텔을 주 기능으로 하여 지역 거주자의 일터Job Center 역할을 담당하게 한다. 동쪽 빌딩의 저층부에 슈퍼 컴퓨터 및 부속실을 위치시킨다. 시설물 저층에는 보행자의 이용 편의를 위해 정보 디스플레이와 유시티 시스템 접속 단말기 등을 설치하고, 고층에는 대형 디스플레이를 설치하여 공공정보 등을 제공한다. 건물의 지붕과 벽체도 BIPV로 일체화하여 태양에너지를 주요 에너지원으로 사용하도록 한다(도판 5-11).

② Poly B (Bicycle Poly)

고밀도로 개발되는 Poly C 지역과 달리 24제곱미터 면적에 중밀도로 개발되는 Poly B는 유에코 시티 TOD 생활권의 부생활권 거점 공간으로 기능한다(도판 5-12). 부생활권 거주자의 동선이 모이는 결절점의 역할을 하도록 부일터Sub-Job Center 기능과 일상생활의 편의성을 도와줄 수 있는 부복합용도Sub-Mixed Use 기능을 담당하도록 한다. 다른 구·동 지역으로의 이동을 위한 부환승 거점Sub-Transit Core 기능을 담당할 수 있도록 자전거 주차 시설, 환승 시간표 등의 정보가 제공되며, 인근 거주민(사용자)를 위해 실시간으로 주문한 상품의 인수, 쇼핑 후 예약한 시간에 도착한 상품의 인수, 뉴스 등 생활 정보 제공, 집회 공간 제공과 같은 서비스를 제공한다. 따라서 Poly B에 담기는 주요 프로그램은 다음과 같다. ① 공용 사무 시스템, ② 환승 대기 휴게 공간, ③ 자전거 보관 시설 및 수납 시설, ④ 데이터 허브Data Hub 시스템, ⑤ 다목적 문화 시설(갤러리, 미니 영화관) 그리고 ⑥ 물류 수집 및 보관 시설.

도판 5-12. Poly B

1층에서는 자전거를 보관하고 인터랙티브 안내 시스템을 통해 환승을 보조한다. 2층은 복합 커뮤니티 공간으로 계획하여 정보 접속 및 필요한 지역 행정 서비스를 받을 수 있도록 한다. 단면은 녹도와 연결되어 주 보행 동선에서의 접근이 용이하도록 계획한다.

③ Poly F (Farming & Community Poly)

반경 15미터 면적에 생활권 공동 시설로 계획되는 Poly F는 거주민의 교류 공간으로 기능하며, 커뮤니티와 연계된 Poly Fs의 사용 정보 제공과 관리의 역할을 담당한다(도판 5-13). 내부 공간은 스마트 글라스로 조성된 스크린 월을 통하여 공간 이용 목적에 맞는 환경을 구성할 수 있게 한다. 다목적 커뮤니티 공간은 동호인 모임이나 생일파티와 같은 행사를 위해 사용하도록 하여 주민 교류의 기회를 제공한다. Poly F가 제공하는 주요 서비스는 지하 공동구의 배송 라인을 통해 커뮤니티로 배달된 물품 인수, 일상생활 활동, 농경 정보Farming Contents 제공 및 교육, Poly Fs의 제어 시스템 운용(집광장치, 살수장치, 온·습도 센서 등)을 포함한다. Poly F에 포함되는 주요 건축 프로그램은 ① 주민 커뮤니티 공간(다목적홀), ② Poly Fs 관리 시설, ③ 그리고 ④ 다목적 교육 시설이다.

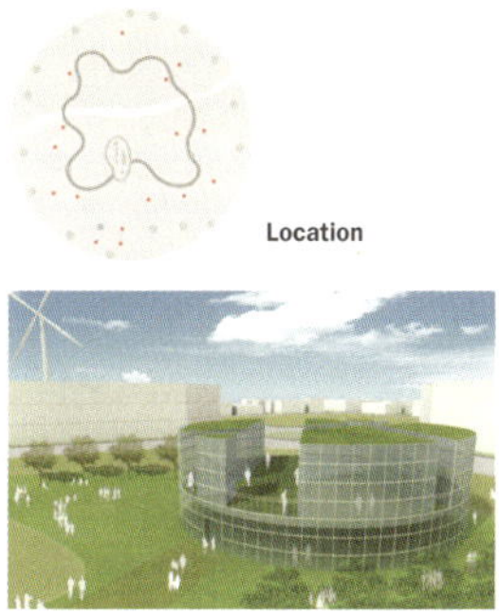

도판 5-13. Poly F

④ Poly Fs (Farming Structure)

반경 15미터 규모로 계획되는 Poly Fs는 생활권 거주자가 소비하는 농작물 재배 시설로 항시 농업이 가능한 실내 재배 시스템을 갖춘 수직 농경 구조물로 계획한다. 집광 장치, 살수 장치, 온·습도 센서와 같은 설비가 작동하며 농경에 대한 현장 교육이 이루어지도록 한다. 유-에코 시티 TOD 생활권 거주자들이 소비하는 농작물을 생활권 내에 위치한 수직 농장Farming Structure에서 재배한다면 외부 기후 조건에 제약을 받지 않아 안정적으로 자급자족할 수 있는 우수한 품질의 농산물을 생산할 수 있다는 장점 외에도, 운송에 필요한 교통 수요와 에너지를 절감할 수 있는 장점이 있다(도판 5-14). 또한

도판 5-14. Poly Fs

대중교통
중장거리 이동을 위한
전용 동선 시스템 확보

자전거도로
각 주거 지역으로 부터 녹지
및 Poly B와 긴밀한 연결

공동구 물류 배송 시스템
Poly C에서 B와 F로 연결되는
물류 배송 지하 공동구 라인

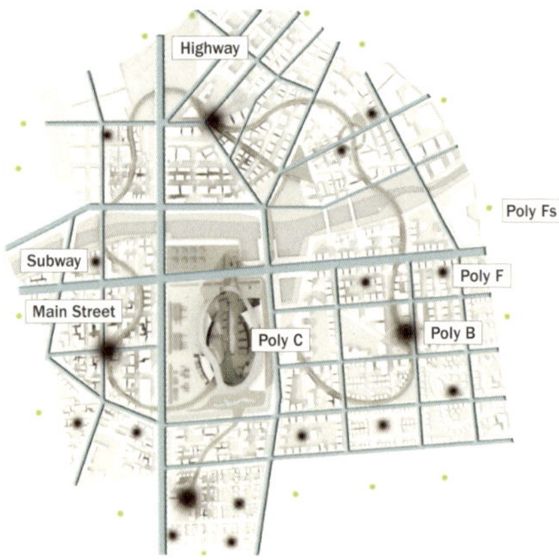

도판 5-15. 유에코 시티 TOD 생활권의 동선 체계

수직 농경에 의해 확보되는 잉여 농지는 오픈 스페이스로 활용하여 휴식이나 운동을 위한 공원으로 활용하여 토지 이용의 효율성을 증진시킬 수 있다.

3) 동선과 물류 이동 체계

보행자를 위해 보행 도로를 격자형으로 연결하여 중심 공간으로의 접근을 용이하게 계획하며, 부생활권 간의 내부 순환은 순환형 녹도를 통해 이루어지도록 한다. 승용차 이용은 줄이고 대중교통 사용을 촉진시키기 위해 이동 거리에 따라 선택할 수 있는 교통 동선 시스템을 위계적으로 설치한다. 먼저 장거리 이동이 필요한 승객을 위해서는 Poly C에 위치한 지하철역을 이용하여 KTX 등의 고속열차 환승이 가능한 거점역으로 이동하거나, Poly C의 고속버스 터미널을 이용하여 장거리 이동을 할 수 있도록 한다. 인근 생활권으로 이동이 필요한 경우에는 Poly B에 정차하는 근거리 순환 버스를 이용하도록

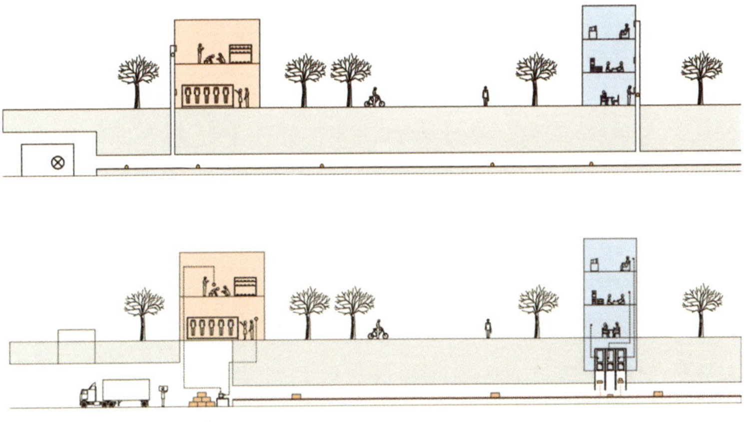

도판 5-16. 유에코 시티 TOD 생활권의 물류 배송 시스템: 단면 다이어그램

한다. 커뮤니티의 구조가 자전거나 보행으로 접근 가능하도록 구성되어 있어 승용차의 사용 없이 Poly C나 B를 이용하여 필요에 맞는 위계의 대중교통 수단을 이용할 수 있다. 거주자는 직주 근접에 의해 보행이나 자전거의 이용을 통해 Poly F 지역으로부터 Poly C와 B지역에 집중된 직장으로 출퇴근 할 수 있다. 또는 자신의 주거에서 재택근무를 하고 일상생활의 필요에 의해 Poly C와 B에 위치한 시설을 방문할 수 있다(도판 5-15).

유시티에서 물류 인프라는 광역적 차원에서 계획이 필요하지만, TOD 생활권 내로 지역적 범위를 한정하여 계획하면 물류는 Poly C에 위치한 물류 창고에서 집하 된 후 물류 배송 센터에서 지하 공동구를 통해 Poly B와 Poly F로 배송된다(도판 5-16).

5. 미래 도시 생활권 연구와 그 실행

본 연구는 유-에코 시티 TOD 생활권이 기능하기 위한 유시티 서비스, 기술, 인프라, 관리 로드맵을 기반으로 하여, 지속가능한 미래 생활권의 공간 구조를 제안한다. 일상생활은 보행 위주로 영위하고 장거리 이동은 환승 체계에 의해 이루어지는 구조를 고안하였다. 즉, 정보망과 환승 시설에 의해 외부에 개방되어 있으나 자족적 일상생활이 가능한 생활권을 구성하였다. 정보의 소통이 원활히 이루어지게 할 수 있는 인터넷 정보 처리 센터는 미래 도시의 중심 기능을 수행할 것으로 판단된다. 이를 중심으로 하여 보행 범위에 따라 위계적으로 위치한 Poly들이 네트워킹 된 Poly 시스템을 적용하여 생활 거점을 유기적 관계로 배치하였다. 유에코 시티 TOD 생활권은 보행이 가능한 거리인 반경 8백 미터를 범위로 하여 유비쿼터스 및 IT 기술의 발전에 의해 물리적 이동의 현실적 필요가 감소하고 일과 필요 서비스를 지리적 거리에 제약받지 않고 제공받을 수 있어 생활권 내에서 자족적으로 일상생활을 할 수 있는 구조를 제안하였다.

설계 연구로 진행된 본 논문은 유시티가 가능하기 위해 필요한 로드맵에 관한 연구, 보행 위주의 생활권을 제안한 근린주구 이론, 그리고 각 생활권의 기능을 도시적 차원에서 유기적으로 연결하는 TOD 이론을 근거로 하였다. TOD를 기존 도시에 적용하는 어려움, 보행 위주 동선 계획과 대중교통 수단 선택과의 인과성, 대중교통 시설 투자의 효율성, 압축 개발에 따른 쾌적성 침해 등과 같은 TOD 기법에 내재된 현실적인 한계점 지적 외에도,[38] 연구의 한계는 시간적 범위를 미래로 하는 설계 연구에서 발견되는 그 제안의 타당성을 경험적으로 입증하기 어려운 난점에 기인한다. 즉, 기존의 제안을 실행의 관점으로 융합하여 물리적 구조로 제안하였다는 점에서 제안의 인과적 당위성에 대한 비판에 취약할 수밖에 없고, 또한 이동 수단이 친환경 에너지를 사용하는 자율주행차로 변화하였을 경우에는 공간 구조의 위계 설정에 적절한 조정이 필요하며, 경험적 근거를 제시하기 어렵다는 한계에도 불구하고 그 의의가 있다.

6. 다목적 쉘터의 건축적 특성

재난용 쉘터 사례 분석을 통한 쟁점 도출

송복섭

건축은 인류가 지구상에 존재하기 시작한 이후부터 늘 인간의 삶을 담기 위한 그릇으로 존재했고 급기야 예술과 문화의 차원으로 발전했다. 그러나 여전히 건축의 가장 원초적인 기능은 추위와 더위 또는 외부의 위험으로부터 인간을 보호하고 피난처를 제공하는 일이다. 기후 변화와 사고 등의 이유로 빈번하고 있는 재난 상황에서 적절한 주거를 제공하는 일은 건축이 담당해야 할 숭고한 소명이다.

홍수와 산사태, 대지진, 쓰나미, 전쟁 등의 재해는 이후의 주민 삶을 심히 위협한다. 추위와 공포 및 각종 불편으로부터 온전한 삶을 영위하기 위한 최소한의 주거는 적정기술과 함께 갑작스런 재난 상황에 대처할 수 있는 필수 요소로서 쓰임새가 주목 받고 있다. 일본 건축가 시게루 반坂茂은 1994년 르완다 내전 난민을 위한 종이튜브 주택을 건설했으며, 페라라 디자인 회사Ferrara Design, Inc는 저렴한 가설 주택 '글로벌 빌리지 쉘터Global Village Shelter' 7백 채를 2004년 허리케인 피해를 입은 그레나다섬에 제공했다. 2011년 일본 대지진 때에는 6만 2천여 채의 임시 주택이 지어져 재난을 극복하는 과정에 쓰였다.

쉘터의 유용성은 재난 상황에만 국한되지 않는다. 점점 확대되는 현대 생활의 노마드적 속성과 도시 공간에서 벌어지는 각종 임의적이고 임시적인 이벤트 상황들은 점점 더 이동성과 설치 용이성이 뛰어난 구조물인 쉘터의 필요를 촉진하고 있다. 보행 전용 지구에 설치되는 키오스크형 판매대, 푸드 트럭, 커피 트럭 등 상업 목적으로 설치되는 구조물뿐 아니라 뉴욕 현대 미술관MoMA이 기획한《홈 딜리버리Home Delivery》전시회처럼 예술 표현의 대상이 되기도 한다.

이 글은 다양한 기능과 목적을 갖는 쉘터의 활용 가능성에 주목하고 시간과 장소에 적합한 다목적 쉘터 제작을 위한 프로그램과 가이드라인 작성 등 건축적 측면의 방향 제시에 필요한 쟁점을 이끌어내는 데 주목한다. 각기 다른 성격을 갖는 재난용 쉘터 사례 분석을 통해 쉘터의 다양한 유형을 조사하여 쟁점을 도출한다. 연구자에 의해 정리된 쟁점은 전문가 그룹에 의해 다시 분석됨으로서 쉘터 제작과 관련한 다양한 관점의 기준이 제시된다.

분석 대상으로 삼은 세 개의 사례는 각각 다른 유형을 대표한다. '쉘터 컴피티션Shelter Competition'은 대학생을 대상으로 한 아이디어 공모전이면서도 구조와 기능 등 실질적이고 구체적인 조건에 초점을 맞추어 진행된 사례를 대표한다. '이머전시 쉘터 이그지비션Emergency shelter exhibition'은 기성 건축가를 대상으로 한 초청 공모전의 성격으로 실제 제작한 쉘터를 공공공간에 전시하는 형태로 진행되는데 기술적인 측면보다는 아이디어와 작가적 특성을 반영한다. '레드닷 디자인 어워드Red Dot Design Award'는 디자인 중심의 창의적 아이디어를 어떻게 평가할 것인가에 주목했다.

1. 재난용 쉘터 사례 분석

1) 쉘터 컴피티션Shelter Competition

존 브라운 대학John Brown University은 사회봉사 단체인 사마리아인의 기금Samaritan's Purse과 함께 2012년부터 대학생을 대상으로 한 쉘터 컴피티션Shelter Competition(도판 6-1, 6-2)을 운영하고 있다. 모든 종류의 재난을 가정하고 비상용emergency, 임시용transitional, 영구용permanent 3단계 상황에 따른 창의적 쉘터를 주문하고 있는데 2015년과 2016년의 경우 중동과 동유럽 난민을 대상으로 한 재난 유형과 문화적 고려가 요구되었다. 제작 비용으로 천 달러가 지급되지만 참가자가 후원자의 도움을 받을 수 있도록 허용하고 있으면서도 1,500달러를 넘지 못하도록 권고하고 있다.[1]

그 지역의 재료와 문화, 취사와 위생을 위한 고려 및 영구 주거로의 가능성 등이 제작 요소로 주문되었으며, 지진, 바람과 비, 단열, 거주성, 조립 시간 등을 테스트하였다. 설계 경기는 임시용 쉘터를 대상으로 진행하되 이벤트 형식으로 비상용 쉘터를 별도로 운영하였다. 거주 요건으로 일인당 3.5제곱미터이면서 적어도 70퍼센트 면적이 2미터 이상인 4인용 공간으로 성별 및 나이별 다른 공간을 이용하는 등 사회적, 문화적, 종교적 고려를 수용할 수 있도록 제시되었다. 물리적 성능으로 매우 덥거나 춥고 비오는 환경 등 해당 지역의 지리적, 계절적, 매일의 환경적 조건에 다목적으로 대응하면서 바닥의 온도 손실 및 먼지 환경도 막을 수 있도록 요구되었다. 경제적 측면에서는 최소 1년의 수명과 1,500달러 미만의 비용, 2백 킬로그램 미만, 2.4×12미터 컨테이너에 적재 가능하면서 특별한 기계적 도움

도판 6-1. 2013년 참가작품 설치 장면

도판 6-2. 2014년 참가작품 풍력테스트

없이 현장 설치가 가능한 조건도 제시되었다.

쉘터 컴피티션은 대학생을 대상으로 한 이동 및 설치와 실험을 전제로 하는 설계 경기로 국내용으로 한정되는 현실을 감안하여 참가자가 많지 않은 한계를 가지나 구체적인 조건과 현장 설치 상황에 따라 각종 실험을 거치는 등 현실적 측면에서 큰 의의를 갖는다.

2) 이머전시 쉘터 이그지비션Emergency shelter exhibition

2011년 발생한 일본 도호쿠 대지진 피해자를 돕기 위한 기금 마련 차원에서 기획된 전시회는 2011년 시드니Sydney, 2012년 브리즈번Brisbane, 2013년 멜버른Melbourne가 순차적으로 개최되었다. 장 누벨Jean Nouvel을 비롯한 아홉 명의 건축가가 초대된 시드니 전시회와 브리즈번 전시회에 소개된 키워드를 분석한 결과 기후 등 환경 요인으로부터 사람을 보호하는 안전함과 재해 상황으로부터 안전하고 안락함을 느낄 수 있는 공간 제공이 목표로 제시되었다.[2] 2013년 멜버른 전시회의 경우 5~10제곱미터 범위 및 구득이 용이한 재료 사용, 시공 간편성이 조건으로 제시되었다.

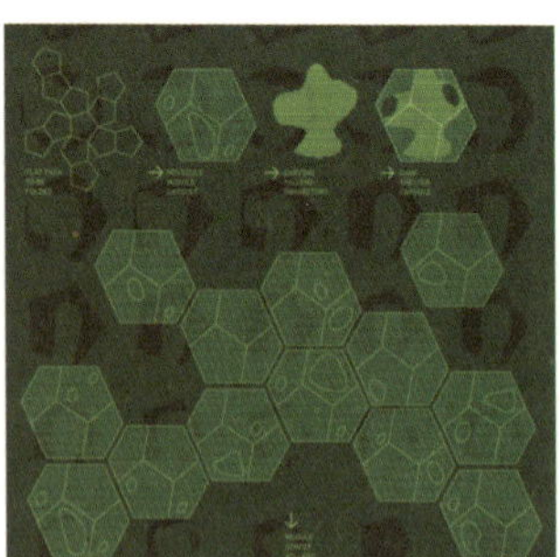

도판 6-3. 〈디지털 오리가미(Digital Origami)〉 전개도 및 배치도

도판 6-4. 현장 설치된 〈디지털 오리가미〉

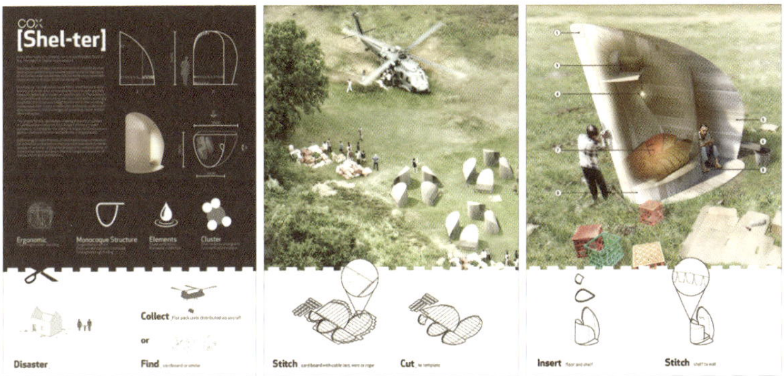

도판 6-5. 콕스의 〈쉘터(Shelter)〉

반면, 제안자 관점의 건축가들은 설계 경기가 아닌 초청 방식을 따랐음에 따라 기능적 측면보다는 작가적인 개인별 특성을 표현하는 측면에 더 집중한 사실을 확인할 수 있다. 2011년 시드니 전시에 출품한 라바LAVA의 경우 메타볼리즘 건축 영향으로 물 분자 모형에 기초한 조립식 단위 주거를 제안하였다. 판재 형태로 현장에 배달된 모형을 종이접기 모양으로 쌓아 올린 다음 내부를 채우고 깎아서 개인 공간을 만들고 단위 주거를 연속적으로 배치하여 커뮤니티를 구성하는 방식을 제안하였다(도판 6-3, 6-4).

2013년 멜버른 전시에 출품한 콕스COX는 재난용 쉘터를 현장에 배달하거나 현장에서 판재를 구해 쉽게 조립할 수 있는 방식을 제안하였다. 골판지 구조의 평평한 재료를 자르고 꿰매서 형태를 완성한 다음 바닥과 선반을 삽입한다. 개인용 단위 모듈을 모아 배치하면 커뮤니티 공간이 만들어진다. 건축가는 다목적용 재료의 재사용, 쉽게 조립 방식이 인지되도록 단순한 형태, 커뮤니티 의식 회복을 중요한 개념으로 제시하고 있다(도판 6-5).

3) 레드닷 디자인 어워드Red Dot Design Award

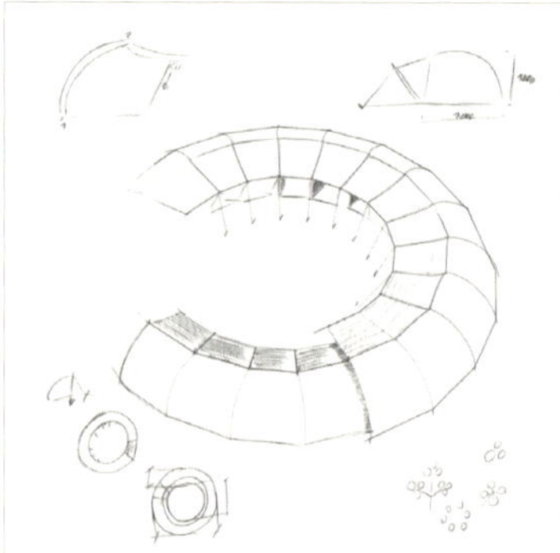

도판 6-6. 스피어 이머전시 쉘터(Sphere emergency shelter) 구상도

레드닷 디자인 어워드는 1955년부터 매년 열리는 공모전으로 현재 '제품 디자인', '커뮤니케이션 디자인', '디자인 컨셉' 부문으로 뛰어난 디자인을 심사하여 수상하고 있다. 부문별 성격 외에는 주제나 조건이 따로 주어지지 않고 있는데 재난용 쉘터 목적의 제안도 분석 대상으로 삼을 만하다. 2008년 수상작 중 펠릭스 스타크Felix Stark의 〈스피어 이머전시 쉘터Sphere emergency shelter〉는 난민의 심리적 안정에 주목하고 프라이버시를 유지하면서 연대감을 형성할 수 있는 쉘터를 제안하였다. 3인용 텐트 19개가 원형으로 둘러싸면

도판 6-7. 〈스피어 이머전시 쉘터(Sphere emergency shelter)〉 설치 예

서 외곽으로는 바람 등 자연환경에 대응하면서도 내부로는 열려 커뮤니티를 형성할 수 있는 구조이며 각 텐트는 필요에 의해 칸막이를 틀 경우 다양한 공간 조합이 가능하도록 설계되었다(도판 6-6, 6-7).

레드닷 디자인 어워드 분석은 주제와 목적이 좋은 디자인을 고무하는 관점에 따라 기능적 측면 중심의 앞에서 분석한 쉘터들을 다른 측면으로 보완할 수 있다는 점에서 의미가 깊다. 즉 특정 주제를 갖는 공통의 목표를 중심으로 제안되는 것이 아니라 작가의 자유로운 의지를 따라 디자인 관점에서 의미 있고 유용한 아이디어를 제시하는 성격으로 기능 중심의 기존 분석 대상들보다는 결과물이 갖는 미적 가치도 중요하게 가정하는 특별한 시각을 제공한다.

2. 쟁점 도출

1) 키워드 분석

앞에서 분석한 세 개의 재난용 쉘터 사례에 나타난 이슈들을 요구자 관점과 그에 대한 제안자 관점으로 분류하여 나열한 다음 패널 워크

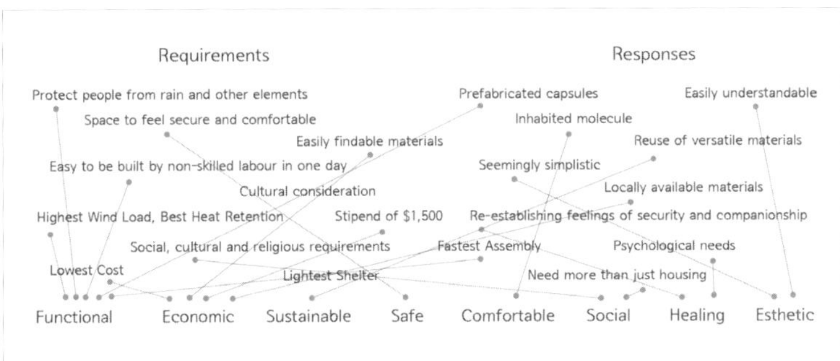

도판 6-8. 키워드 분석

숍을 통해 주요 키워드를 도출하였다. 선정된 키워드들은 재난용 쉘터 사례 분석을 중심으로 이루어진 바, 다른 종류와 목적을 가지고 있는 쉘터 사례 분석을 더해 추후 다목적 쉘터의 건축적 특성을 정립하고 계획 기준 및 가이드라인을 작성하는데 활용될 수 있을 것이다.

2) 도출 쟁점들

① Functional

재난용 쉘터 사례 분석에서 가장 많이 언급된 내용은 쉘터가 가져야 하는 기능적 목적이다. 여러 재난 상황으로부터 사람을 보호할 수 있도록 바람, 혹서, 혹한, 지진, 물 등으로부터 안전한 환경을 만들 수 있음과 동시에 빠른 시간 내에 비숙련공에 의해 쉽게 건설될 수 있도록 하는 내용이 포함되었다.

② Economic

경제적 측면의 요구 사항도 분석 사례에서 많이 언급되었다. 가장 적은 비용, 천 5백 달러 미만 등의 제작 비용뿐만 아니라 쉽게 구할 수 있는 재료를 선택할 수 있도록 하는 등의 제약 조건 속에서 실제 지역에서 공급 가능한 재료를 사용해 쉘터를 만드는 아이디어가 제안되기도 하였다.

③ Sustainable

재료를 재활용하는 문제는 요구 조건에 포함되지는 않았으나 현장에서 쉽게 구할 수 있는 재료를 재사용하는 문제가 아이디어로 제안되었다. 재료의 지속가능성 측면은 쉘터가 쉽게 설치되고 철거되는 재난 현장 상황을 고려할 때 매우 중요한 관점으로 다루어져야 할 필요가 있을 것으로 판단된다. 지속가능성은 쉘터를 그대로 재사용하는 측면과 해체한 결과물을 친환경적으로 처리하는 관점에서 논의될 수 있을 것이다.

④ Safe

안전에 대한 문제는 기본적으로 쉘터 구조 자체가 안전한가를 당연한 전제로서 평가하는 기능적인 측면보다는 도난 등 범죄 환경으로부터 안전한가와 심리적인 안전함을 느낄 수 있는 공간인가에 주목하였다.

⑤ Comfortable

안락함에 대한 수요는 분석 사례 요구 사항에는 없는 항목이었으나 제안 사항에는 거주성에 대한 필요가 언급됨에 따라 쟁점으로 채택하였다. 안락감은 인간 공학적인 관점을 유지할 경우 기능적 측면으로도 평가할 수 있으나 심리적인 면을 강조할 경우는 안전함과 결부될 수 있는 속성을 가지고 있다. 인간 중심 공간에 대한 중요성을 가정할 경우 기준 마련 등 심화된 내용의 연구가 뒤따라야 할 항목이다.

⑥ Social

쉘터의 사회적, 문화적, 종교적 요구는 주문 사항으로 제시되었으며 주거공간 이상의 필요를 만족시킨다는 아이디어로 제안되기도 하였다. 커뮤니티 관점의 사회적 측면과 남녀 공간을 달리하고 성과 속의 공간을 구분하는 문화적, 종교적 요구를 쉘터가 수용하여야 함을 뜻한다. 펠릭스 스타크의 〈스피어 이머전시 쉘터〉는 사회적, 심리적 측면을 주요 고려 사항으로 전제하는 대표적 사례이다.

⑦ Healing

쉘터가 놓이는 환경이 재난 상황임을 고려할 때 심리적으로 불안하고 정신적으로 상처를 입은 상태에서 쉘터 거주 환경을 통해 치유의 성격으로 발전시켜 연구할 필요가 있다. 안전함과 동료애를 확인하고 심리적 필요를 충족시킨다는 제안을 통해서 치료의 문제는 쟁점으로 받아들이면서 사회적 측면과 구별되는 심화한 형태의 연구가 뒤따라야 할 것이다.

⑧ Esthetic

제안된 사례를 통해 겉보기에 단순하고 쉽게 이해 가능한 형태에 대한 논의는 기능적 측면보다는 별도의 미적 측면으로 분류하여 쟁점화하였다. 이는 레드닷 디자인 어워드에 제안한 펠릭스 스타크의 사례에서 확인하는 바와 같이 형태가 주는 이미지 또는 감정이 인간의 미적 본능과도 연결되도록 함으로써 형태가 영향을 끼치는 인지와 치유의 효과를 쉘터가 놓이는 환경에서 가정한다는 측면에서 의미 있는 구분이라 생각된다.

다목적 쉘터 제작을 위한 프로그램과 가이드라인 작성 등 건축적 측면의 방향 제시에 필요한 쟁점을 이끌어 낼 목적으로 착수된 이 글은 우선 재난용 쉘터 사례를 분석하여 요구자와 제안자 관점의 이슈들을 정리하였다. 성격이 다른 세 개 유형의 재난용 쉘터들을 분석하여 키워드를 도출하고 패널 분석을 통해 여덟 가지 쟁점으로 분류하였다. 그 결과 'Functional', 'Economic', 'Sustainable', 'Safe', 'Comfortable', 'Social', 'Healing', 'Esthetic'은 재난용 쉘터가 갖추어야 할 필수적인 조건으로 선정되었다.

사례 분석 대상으로 삼은 재난용 쉘터는 범용의 쟁점으로 일반화하기에는 사례의 수가 적은 한계를 가짐에 따라 추가적인 사례 분석이 보완되어야 하며, 사례의 유형도 재난용 쉘터를 벗어나 다양한 목적의 쉘터 사례들을 분석해야 하는 후속 연구가 뒤따라야 할 것으로 판단된다.

7. 스마트 시티 로드맵 작성을 위한 공간 단위

송복섭

스마트 시티Smart City는 모든 도시 문제를 해결해 줌과 동시에 현재와는 현저하게 다른 희망적 미래를 가져다줄 수 있을 것 같은 기대를 갖게 해 주었다. 스마트 시티 세상의 단편적 모습으로 소개되고 있는 의료, 교통 등 기술 기반 체험 시뮬레이션으로부터, 도시 마케팅의 일환으로 소개되는 화려한 그래픽 이미지까지, 스마트 시티는 영화 속 암울한 미래 세상보다는 차라리 긍정적인 모습으로 그려지고 있다. 그러나 과연 관념적으로 이해되는 스마트한 세상이 실제로 어떤 모습일지에 대해선 아직도 명쾌하지 않은 것이 사실이다. 스마트 시티는 이제 이론적, 개념적 연구의 단계에서 계획과 건설을 위한 실천적 단계로 접어들어야 할 시점에 와 있다.

불확실한 미래를 준비하기 위해서는 수집 가능한 정보를 토대로 단계별 목표 설정과 이를 달성하기 위한 전략 마련이 필수적이고, 이를 구현하기 위한 계획을 통상 로드맵이라 부른다. 스마트 시티의 계획과 건설은 나날이 발전하는 정보 통신 기술을 현실의 물리적 도시 공간에 적용시켜야 하는 복잡하고 지난한 작업을 전제로 한다. 이때 로드맵은 비전과 목표 및 전략과 방법을 제시하여 추진 방향을 정하는 중요한 역할을 담당하게 된다.

그간의 스마트 시티 추진 정책이 IT를 기반으로 한 기술적 관점과 이로부터 유도된 서비스적 관점에 치중한 경향이 있다. 특히 정보

통신 관련 기업은 시설 공급 및 운영 수익을 선점하기 위한 목적으로 공공성보다는 장비의 개발과 공급 위주로 치우치고 있으며, 정부와 지자체는 홍보 차원의 서비스 제공을 정책적 비전으로 활용하고자 하는 욕심에 인프라 구축과 지불 비용에 대한 고려 없이 서둘러 환상적 미래를 보여주는 데 몰두하는 듯 보인다.

스마트 시티는 현실 공간으로서의 도시 공간에 대한 실제적 모습을 상정하고 있으므로, 계획 기준 또한 효과적인 도시 공간 분류 체계에 맞추어 작성되어야 한다. 이때 도시 공간은 공동구[1]처럼 관련 시설이 설치되는 구체적 공간이 될 수도 있고, '지구District'처럼 정책을 펼치는 개념적 공간이 될 수도 있다. 따라서 각각의 목적에 맞게 공간을 나누고 종합하는 일은 스마트 시티 로드맵 작성을 위해 중요한 작업이 된다. 이 글은 스마트 시티의 계획과 건설을 추진하기 위해서는 로드맵 작성이 필수적인 바, 인프라 요소로서 정책 편성과 계획 및 설계의 기본이 되는 합리적인 스마트 시티 공간 단위 설정을 목적으로 한다.

스마트 시티 공간 단위는 구체적 시설 마련을 위한 시설적 측면과, 관련 정책 수립을 위한 정책적 측면에 의해 설정되어야 한다. 시설적 측면의 공간 단위는 구체적이면서 작은 공간 범위를 갖는 반면, 정책적 측면의 공간 단위는 선언적이면서 넓은 공간 범위를 상정한다(도판 7-1). 즉, 관련 법령 정비 등 스마트 시티 정책을 입안하고 추진하기 위한 거시적 공간 단위와 구체적 시설 기준 마련과 스마트 시티 건설 등을 위한 미시적 공간 단위가 모두 필요하면서 서로는 적절히 분화되어 있는 개념을 말한다.

또한 각각의 공간 단위는 수평적 병렬식 구조가 아닌 점층적 내포 개념의 구조가 바람직하다(도판 7-2). 병렬식 구조일 경우 필요한 목적에 따라 개별적으로 정의되어야 하는 반면, 내포식 구조는 목적의 위계에 공간 단위가 대응할 수 있는 장점이 있다고 판단하기 때문이다. 아울러 상위 단위에 하위 단위가 포함되는 구조이므로 계획

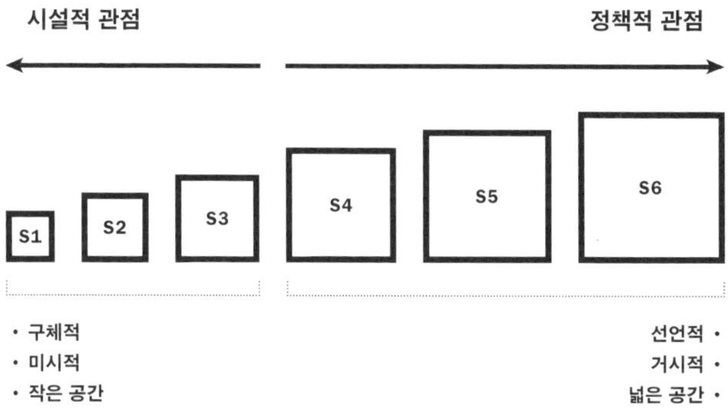

도판 7-1. 공간 단위 관점

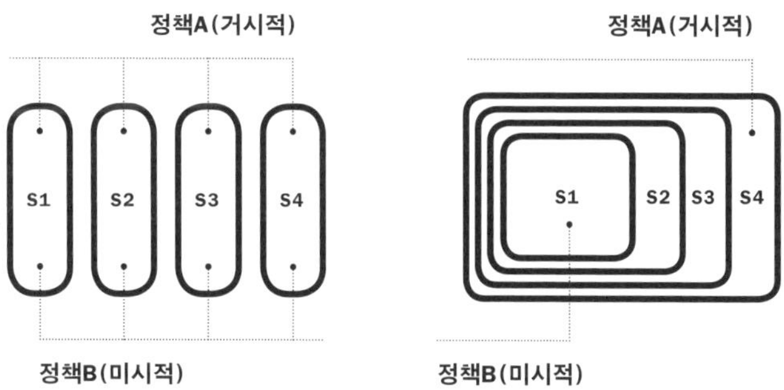

도판 7-2. 공간 단위 구조

기준 마련의 과정에서 특정 공간 단위가 제외될 수 있는 위험성을 극복하게 된다. 예를들어 병렬식 구조일 경우 지구를 선택할 경우 가로Street가 배제될 수 있지만, 내포식 구조는 지구에 가로가 포함되므로 지구를 선택하면서 하위 개념인 가로에 대한 대책도 당연히 세우게 되는 구조이다.

작은 단위부터 큰 단위로의 공간 위계에 대해서는 건물Building, 가로Street, 시설Facility, 지구District, 도시City, 광역Inter-의 순서를 제안한다. 공간 단위의 성격상 시설적 측면에 건물→가로→시설이 대응하고,

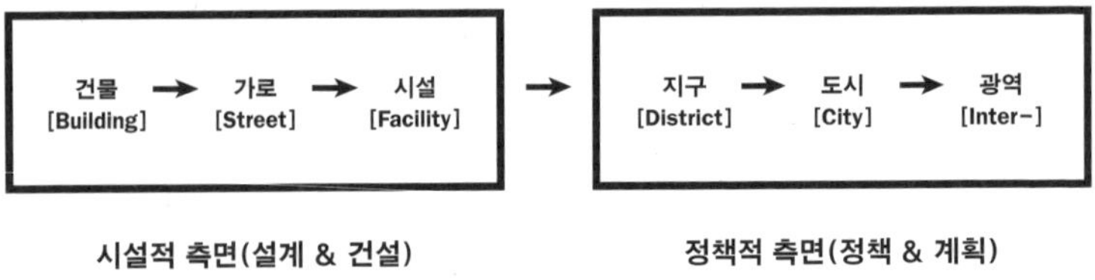

도판 7-3. 공간 단위 위계

정책적 측면에 지구→도시→광역이 대응하는 논리 구조를 만들 수 있다(도판 7-3).

각 공간 단위가 실제 도시 공간에서 발현되는 모습인 성격별 분류에 대해서도 논의할 수 있다. 공간 단위의 형태적 분류는 설계를 위한 개념적 단위일 뿐, 도시 공간에서 스마트 시티 구축과 관련한 각종 정책과 계획 기준을 마련하기 위해서는 현재 토지 이용 계획과 도시 계획 시설의 분류처럼 각각의 공간이 특정 성격에 따라 다시 분류되어야 하기 때문이다.

성격별 공간 단위 건물은 공공건물과 민간건물로 분류하고, 가로는 간선 도로, 집산 도로, 생활 가로, 스트리트 몰Street Mall을 상정한다. 시설은 국토법이 정하고 있는 도시 계획 시설을 통합·재분류하고, 스마트 시티 인프라로서 새로이 주목받고 있는 통합관리센터를 포함하여, 교통 시설, 공간 시설, 공급 처리 시설, 문화 체육 시설, 방범 방재 시설, 보건 위생 시설, 환경 기초 시설, 통합관리센터로 설정하였다. 지구는 주거 지구, 농업 지구, 공업 지구, 상업 지구, 업무 지구, 녹지 지구로 분류하였다. 도시는 기업 도시, 관광 도시, 행정 도시, 산업 도시를 설정하고, 광역 단위는 도시 간, 도농 간, 국제 간으로 분류하였다(도판 7-4).

이 글에서 시도하고 있는 공간 단위 성격별 분류 즉, 특성 공간의 설정은 각 공간 단위가 공간의 성격에 대응하여 특성 공간의 모습으로 분류되어야 스마트 시티 계획에 효과적으로 대응할 수 있다는 판

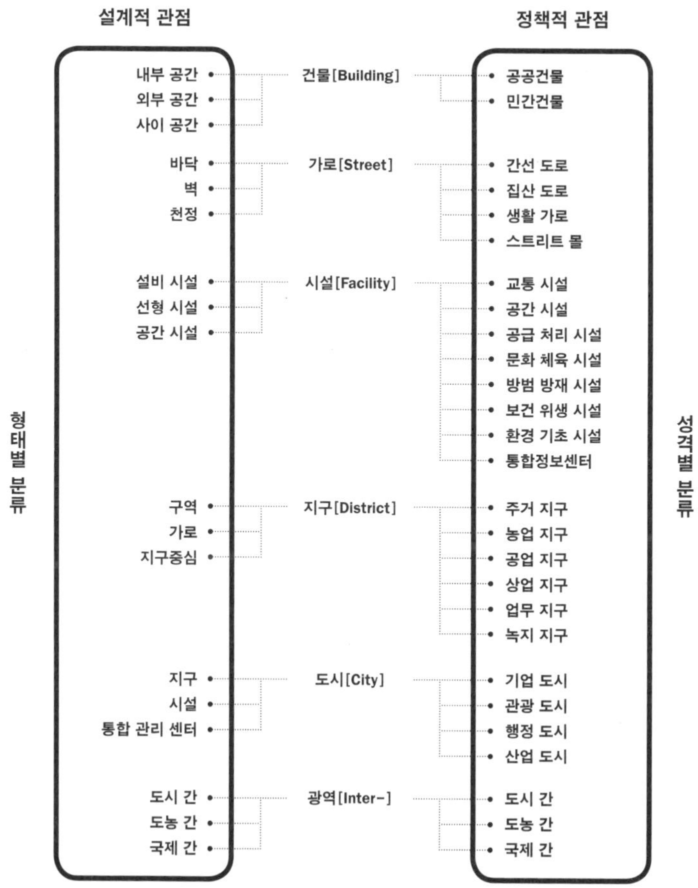

도판 7-4. 형태별, 성격별 공간 단위 구성 요소

단에 의한 것으로, 특성 공간의 내용 보다는 특성 공간 분류 체계 제안 자체에 의의가 있다. 따라서 추후의 필요에 의해 성격별 특성 공간이 새로 정의될 수 있다.

다음 단계는 위에서 정한 공간 단위에 대해 이를 구성하는 공간 요소를 형태별로 세분화하는 작업이다. 공간 단위 구성 요소의 설정은 공간 단위 자체가 다소 포괄적 개념이라는 인식과, 가로street의 경

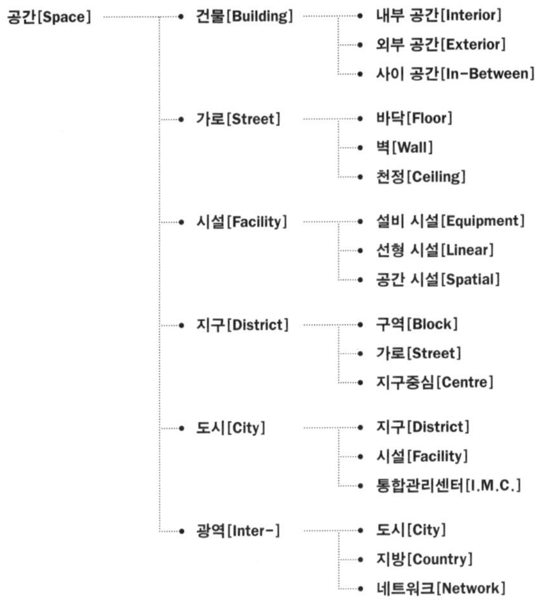

도판 7-5. 스마트 시티 인프라 공간 단위 구성 요소

우 공동구가 설치되는 도로와 가로를 구성하는 건물 벽의 속성이 다른 것처럼, 스마트 시티 공간 단위를 구성하는 요소가 각기 다른 속성을 가진다는 판단에 의한 결과이다.

공간 단위가 하위가 상위에 속하는 내포식 구조를 띠므로 구성 요소 역시 이에 따르며, 따라서 하위 공간 단위는 상위 공간 단위의 구성 요소가 되기도 한다. 즉, 도시를 구성하는 요소인 지구, 시설은 각각 도시의 하위 공간 단위가 된다(도판 7-5). 가장 하위 공간 단위인 건물은 외부 공간, 내부 공간, 사이 공간으로 구성되고, 가로는 바닥, 벽, 천정으로 형성된다. 시설은 선형 시설, 설비 시설, 통합 관리 센터로 이루어지며, 지구는 건물, 가로, 구역으로 구성된다. 도시는 지구, 시설로 이루어지며, 광역은 도시 간, 도농 간, 국제 간으로 그 구성 요소를 설정하였다.

1. 건물

앞서 '건물Building'을 스마트 시티를 구성하는 가장 기초적인 공간 단위로 정의한 바 있다. 일반적으로 건물은 공공개입의 임계 영역에 해당되기 때문이다. 즉, 민간 건물의 경우 스마트 시티 인프라 구축은 일방적으로 강요할 수 없는 선택의 문제이므로 정책이 미치는 한계 영역에 해당된다.

건물은 내부 공간, 외부 공간, 사이 공간으로 구성된다. 건물의 '내부 공간Interior Space'은 사적 영역으로 자유로운 스마트 시티 서비스를 만끽할 수 있도록 충분한 물리적 환경이 구축되어 있어야 한다. 공공의 간섭이 선택적인 내부 공간과 구분하여 건물 밖을 '외부 공간Exterior Space'이라 부르기로 하며, 건물 내부 공간에서 향유되는 스마트 시티 서비스 환경을 마련해 주기 위해 공공이 제공해야 하는 인프라 구축 차원에서 의미를 갖는다.

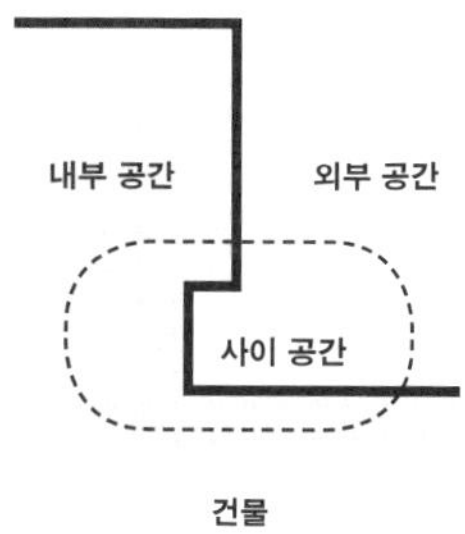

도판 7-6. 건물의 구성 요소

'사이 공간In-Between Space'은 건물의 내부 공간과 외부 공간의 중첩 영역에 해당하는 공간이다.(도판 7-6) 가로와 직접적으로 연결되는 1층 공간은 개방성이 증가됨에 따라 내부 공간으로 또는 외부 공간으로 정의하기 어려운 속성을 가진다. 특히, 소통과 교류가 강조되는 현대 도시 가로에 인접한 건물 저층부는 이용의 빈도와 활용 면에서 그 중요성이 매우 강조되고 있음에도 불구하고 대개의 경우 사적 영역에 해당하기 때문에 공공의 입장에서 이용과 관리의 한계를 가진다. 사이 공간은 곧 가로의 확장이 되며 스마트 시티 인프라와 관련한 각종 디바이스가 거의 가로와 같은 수준으로 설치되어야 한다. 이를 위해 공공이 강제적으로 사이 공간에 개입하는 방법과 각종 인센티브 제공에 의한 자발적 참여를 유도하는 방법을 고려할 수 있다.

건물은 성격에 따라 공공건물과 민간건물로 분류된다. 공공건물은 공공개입의 당위성으로 말미암아 관련 인프라가 민간건물보다 먼저 갖추어지고 필요한 서비스를 제공하면서 스마트 시티 세상을 리드할 것으로 기대된다. 민간건물의 스마트 시티 인프라는 일반적으로 건물주의 선택적 의지에 의해 구축된다. 스마트 시티 서비스가 모든 도시 공간에서 제한 없이 구현되기 위해서는 민간건물의 스마트 시티 인프라 구축을 어느 정도 의무화할 필요가 있다. 특히 공공적 성격의 거리와 직접 연결되면서 도시 활동의 주요한 무대가 될 사이 공간에 대한 공적인 사용이 보장되어야 하고, 이를 위한 각종 지원 정책 개발이 우선되어야 한다.

2. 가로Street

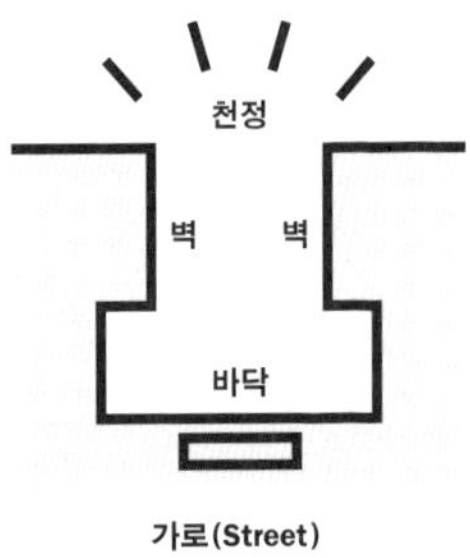

도판 7-7. 가로(Street)의 구성 요소

스마트 시티의 많은 도시 활동이 '가로Street'에서 이루어지고 각종 스마트 시티 서비스도 가로를 통해 제공될 것이다. 스마트 시티에서도 가로는 여전히 공공의 영역에 속할 것이기 때문이다. 스마트 시티 인프라를 구축할 경우 따라서 가장 주목 받는 공간이 바로 가로이다. 스마트 시티 가로는 '바닥Floor', '벽Wall', '천정Ceiling'의 구성 요소를 포함하는 3차원의 선적 형태를 이룬다(도판 7-7). '바닥Floor'은 지표면과 땅 속으로 이루어지는데, 주로 공동구를 통하여 각종 스마트 시티 인프라가 집중적으로 배치된다. 또한 도로 하부 공간에 비해 상대적으로 덜 주목 받던 지표면에도 RFID와 USN을 이용한 스마트 시티 인프라가 제공될 것으로 기대된다.

스마트 시티 인프라 시설 중에는 굳이 바닥을 통해 공급할 필요가 없거나, 바닥에 부착되기보다는 벽에 시설되는 것이 공급의 측면에서 효율적인 것들이 있다. 그동안 사적 영역으로만 취급하여 관심에서 배제되었던 건물의 벽, 즉 가로의 벽 또한 공간 단위 구성 요소에 포함된다.

3차원 가로 공간의 상부 구성 요소를 '천정Ceiling'이라고 부르기로 한다. 천정은 덮어져 닫힌 가로 공간을 구성할 수도 있고, 열린 채로 존재할 수도 있다. 아케이드처럼 지붕이 덮어지는 스트리트 몰의 경우에는 이곳에 인프라 시설이 부착될 것이지만, 그렇지 않은 경우에도 무선망처럼 상부로부터 스마트 시티 서비스가 제공된다.

가로는 목적에 따라 다양한 성격별로 구분되어 이에 필요한 스마트 시티 인프라를 구축하게 될 것이다. 간선 도로는 간선 교통 처리와 관련한 스마트 시티 서비스를 제공하면서 필요한 인프라를 갖추게 된다. 생활 가로는 교통과 관련한 서비스뿐만 아니라 보행자 환경의 각종 스마트 시티 서비스를 제공한다. 스트리트 몰의 경우에는 보행 환경을 중심으로 다양한 상점 정보와 관광 정보 등을 제공한다.

3. 시설 Facility

'시설Facility'은 일반적으로 '국토의 계획 및 이용에 관한 법률'에서 정하고 있는 도시 기반 시설을 포함한 포괄적 의미의 스마트 시티 인프라 시설을 말한다. 스마트 시티를 건설하고 운영하기 위해 필요한 기반 시설을 통칭하는 의미로 사용하되, 방재 시설, 환경 기초 시설 등 점적Point 속성의 '설비 시설Equipment', 교통 시설, 유통·공급 시설 등 선적 속성의 '선형 시설Linear Facility', 공공·문화·체육 시설, 공간 시설 등 공간적 속성의 '공간 시설Spatial Facility'로 구분하여 정의하기로 한다. 시설은 현행 '국토의 계획 및 이용에 관한 법률'에서 정의하고 있는 도시 기반 시설인 교통 시설, 공간 시설, 공급 처리 시설, 문화 체육 시설, 방범 방재 시설, 보건 위생 시설, 환경 기초 시설 등을 골자로 하고 통합관리센터 등 필요한 스마트 시티 시설을 추가하여 정의한다.

4. 지구District

'지구District'는 도시 공간을 구성하는 생활권 단위의 일정 영역을 가리킨다. 지구는 여러 개의 구역Block과 가로Street로 구성되며 생활권의 중심적 속성을 갖는 지구중심Centre으로 구성된다. 구역Block은 일관된 특정 성격이 유지되는 가장 작은 면적의 도시 공간 단위를 말한다. 구역은 가로로 둘러싸이면서 인접 구역과 구별되며, 동일 성격에 의해 같은 유형의 스마트 시티 인프라가 설치된다. 지구를 구성하는 가로들은 앞서 정의한 형태와 기준을 만족하며 그 위계와 성격에 따라 다양한 명칭을 갖는 바, 특성이 반영된 시설 기준을 만족시켜야 한다. 지구중심은 생활권 또는 TOD 중심 등 공공서비스가 집중적으로 공급되어야 하는 영역을 따로 설정하여 스마트 시티 인프라를 효율적으로 공급하고 관리하기 위한 목적으로 설정되었다.

지구는 그 단위 공간이 갖는 우세한 성격에 의해 주거, 농업, 상업, 업무, 녹지 지구 등으로 분류되면서, 각각에 필요한 스마트 시티 인프라가 구축된다. 지구의 성격별 분류는 기존의 토지 이용 계획 체계를 존중함을 뜻한다. 다만, 복합 용도 공간 등 기존의 분류 체계가 아우르지 못할 새로운 공간 단위는 다음에서 논할 특성 공간 분류에서 다루기로 한다.

5. 도시 City

위계상 건물Building, 가로Street, 시설Facility, 지구District 등이 모여 하나의 스마트 시티가 완성된다. 그러나 종합적 도시 차원의 스마트 시티 인프라 시설 기준 마련을 위한 구성 요소를 정의하기 위해 지구와 시설을 다시 정의하고 여기에 통합관리센터Integrated Management Centre를 추가하여 도시를 구성한다(도판 7-8). '통합관리센터Integrated Management Centre'는 도시 공간에서 별도의 집중 시설로 배치될 수도 있고 다핵의 구조를 갖고 여러 군데에 나누어 배치될 수도 있다. 또한 도시 단위의 통합관리센터가 아니라 지역 단위의 물리적 도시 통합 운영 센터가 가상의 공간에 하나의 통합관리센터를 구축할 수도 있을 것이다.

대부분의 도시가 다양한 성격을 모두 포함하지만, 특별히 우세한 성격에 의해 강화된 스마트 시티 인프라를 구축하면서 차별화될 수 있다. 기업 도시는 스마트 시티 인프라의 구축과 운영에 있어서 민간기업의 역할이 상대적으로 우세한 바, 비록 스마트 시티 인프라가 민간기업에 의해 설치되고 운영된다 하더라도 공공에서는 공공성

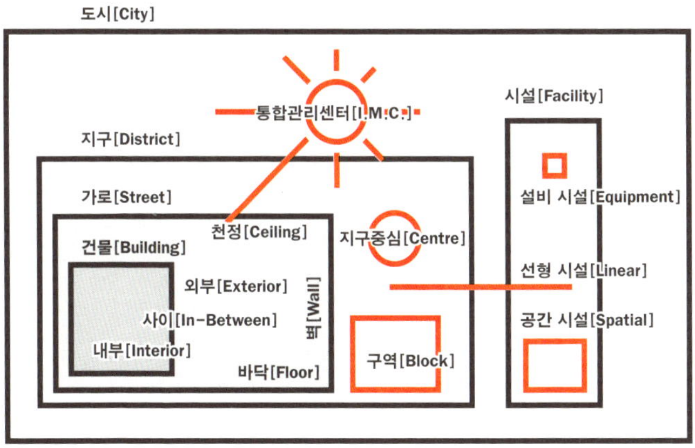

도판 7-8. 공간 단위와 구성 요소의 구조

의 관점에서 감시하고 통제하는 시스템이 어느 정도 보장되어야 한다. 관광 도시는 특성에 적합한 스마트 시티 서비스와 인프라가 제공될 것이며, 행정 도시는 그 기능 수행을 위해 필요한 서비스와 인프라가 제공된다.

6. 광역Inter-

여기에서 정의하는 '광역Inter-'은 국토를 일정 지역으로 묶어 광역적으로 관리하는 공간 단위라기보다는, 스마트 시티 서비스가 가능한 스마트 시티 간 또는 상대적으로 다른 기준을 가지게 되는 농촌 등을 어떻게 효율적으로 스마트 시티와 서비스 및 인프라를 연계하는가라는 관점에 주목한 공간 단위 설정이다. 도시에 스마트 시티 인프라가 갖추어져 스마트 시티 서비스가 가능하다면, 이 도시를 벗어난 다른 도시에서도 동일한 서비스가 가능해야 한다. 이를 위해 스마트 시티 스마트 시티를 연결하는 인프라 기준과 설계 방법이 마련되어야 하므로 광역적 차원의 '도시 간' 공간 단위를 따로 설정하기로 한 것이다. 농촌에서도 도시에서와 같은 범위의 스마트 시티 서비스를 제공받기 위해선 특별한 인프라가 제공되어야 하고, 기존 스마트 시티와 연계하여 다양한 서비스를 제공받게 된다.

성공적인 스마트 시티의 설계와 추진을 위해서는 합리적인 로드맵 작성이 필수적이라는 인식하에, 스마트 시티 인프라를 구성하는 핵심 요소인 공간 단위를 설정함에 있어 효과적인 분류 체계를 작성하고자 하였다. 그 결과로서 내포식 구조를 갖는 건물, 가로, 시설, 지구, 도시, 광역의 공간 단위와 각각을 구성하는 형태별, 성격별 구성 요소를 제안하였다. 이로써 설정된 공간 단위를 목표 지향적 시간 단위에 배치하여 스마트 시티 로드맵을 작성할 수 있는 기반과 조건을 확보하였다. 이 글은 스마트 시티 추진을 위한 공간 단위 제안의 성격을 갖는 바, 실제 정책 추진과 로드맵 작성 과정 중에 보다 많은 전문가와 정책 담당자를 대상으로 한 검증과 수정의 작업을 필요로 한다. 특히, 성격별 공간 단위와 특성 공간에 대해서는 확장 가능성을 염두에 두고 다양한 스마트 시티 서비스가 특화될 공간 단위를 개발할 필요가 있다.

8. 쉘터[1]의 현황과 스마트 도시 속의 쉘터

김언용

쉘터Shelter는 물리적인 자연환경 또는 사회적 위기 상황에서 인간을 보호해 주는 기본적인 건축 형태를 의미한다고 할 수 있다. 이러한 기본적인 의미에서 출발한 쉘터는 사회의 변화 과정을 통해서 다양한 형태와 의미로 확대되었다. 이러한 확대 과정 중에서도 변함없이 위급 상황과 비위급 상황의 쉘터 두 가지로 분류 할 수 있다. 위급 상황을 위한 쉘터는 유엔난민기구UNHCR와 협력 기구 또는 기관들[2]에 의해서 연구, 개발 및 실행되고 있다. 이러한 쉘터는 분쟁 및 정치적 문제로 인해 강제적으로 타 지역으로 피난하는 난민을 위한 것이다.

비위급 상황을 위한 쉘터는 중심 기관이나 기구 없이 건축가, 디자이너, 산업체 등에 의해서 발전되고 있으며, 이러한 이유로 다양한 비위급 상황 쉘터가 존재하지만, 이 글에서는 도시 구성 요소로서의 쉘터에 한정한다. 이를 바탕으로 현재 도시 발전 방향으로 제시되고 있는 스마트 도시Smart City와 스마트 쉘터Smart shelter의 관계를 설명한다. 이 두 가지 개념은 ICTInformation and communications Technology를 기반으로 하고 있는 면에서 공통점을 가지고 있으며 쉘터를 도시의 구성 요소로 보는 측면에서 유의미하다고 볼 수 있다. 이를 위해서 스마트 도시, 스마트 거리 가구Smart Street Furniture[3], 스마트 쉘터를 설명한다.

1. 난민을 위한 쉘터

유엔난민기구는 지원하는 난민을 난민 캠프의 난민과 도시 난민으로 구분하고 있으며, 전체 난민의 50퍼센트가 도시 난민이라고 보고하고 있다.[4, 5] 이 중 도시 난민은 일반적으로 난민 캠프에서 5년 정도 거주한 후 도시로 유입된 난민으로서 이들은 도시 내에서 거주 공간을 공유하거나, 적절한 거주 환경이 제공되지 않는 공공건물, 집단 수용 시설, 빈민가 등에 정착하고 있으며, 그들의 익명성과 공동체의 편견으로 인하여 적절한 도시 서비스를 제공받지 못하고 있다. 도시 난민은 난민 캠프의 난민과는 다른 문제인 도시 속에서 지속가능한 생활을 회복하기 위한 도전에 직면한다. 이를 해결하기 위해 노르웨이난민위원회Norwegian Refugee Council, NRC를 중심으로 이 문제를 해결하기 위해 "도시 난민을 위한 인도주의적 지원"이라는 주제하에 해결을 위해 노력하고 있다.[6, 7] 또한 2011년 설립된 WCDCWhat Design Can Do는 이러한 문제를 해결하기 위해 디자이너의 역할이 중요하며, 선구자적 게임 체인저의 역할을 할 수 있는 능력이 있다고 주장하고 있으며, 대표적인 사례로 이케아 재단IKEA Foundation의 '베러 쉘터 프로젝트Better Shelter Project'가 그 증거라고 주장하고 있다. WCDC는 디자이너의 참여를 유도하기 위해 이케아 재단, 유엔난민기구 이노베이션UNHCR innovation과 함께 '레퓨지 챌린지Refugee Challenge' 라는 아이디어 공모전 성격의 프로젝트를 진행하였으며 629개의 아이디어가 접수되었다.[8, 9]

난민들을 위한 쉘터는 전 세계적으로 적용될 수 있는 '일률적인 해결책'이 존재하지 않기 때문에 텐트 또는 비상사태 쉘터를 제공하는 것과 관련하여 가능한 한 지역 재료, 기술 및 건축 기술의 사용을 극대화하는 것이 지속가능한 해결책이 될 수 있다고 언급하고 있으며, 이를 위해 다음과 같이 쉘터를 구분하고 있으며, 이를 위한 디자인 지침을 제공하고 있다.[10]

- 글로벌 쉘터: 유엔난민기구의 표준 디자인 쉘터, 공장에서 생산된 기성품 쉘터
- 응급 쉘터: 유엔난민기구의 표준 쉘터를 운송하기에는 시간이 촉박한 경우, 지역의 재료 및 기술을 이용하여 제작하는 쉘터
- 변형 쉘터: 유엔난민기구의 표준 디자인 쉘터를 지역의 환경에 맞게, 난민들이 개조하는 쉘터 지역의 재료 및 기술을 이용
- 영구적 쉘터: 상기의 쉘터들의 임시적인 쉘터가 아닌 영구적인 쉘터, 지역의 재료 및 기술을 이용

상기 쉘터의 속성은 다음의 표와 같다.

구분	쉘터	면적	설치 소요기간	설치 인원	내구 연한	비용	설치장소, 기타
글로벌 쉘터	가족 텐트	24m²	30분	3명	1년	420 US$	전 세계
	보강 구조가 포함된 가족 텐트	16m²	30분	3명	1년	700 US$	전 세계
	자립형 가족 텐트	16m²	30분	3명	1년	420 US$	전 세계
	난민 주거 유닛 (IKEA)	17m²	5~6시간	4명	1.5년~3년	1,150 US$	전 세계
응급 쉘터	목재 박공 구조, 다양한 외벽 마감	12m²	6시간~3일		1~5년	-	아중톡 난민촌, 남수단
	투아레그 쉘터	21m²	1일	3명	2년	-	알제리
	투아레그 텐트	49m²	1일	3명	2년	-	알제리
	투쿨 쉘터	21m²	1일	-	2~4년	-	남수단
	텐트 쉘터	38m²	4시간	4명	2년	-	아프카니스탄
변형 쉘터	아즈락 T-쉘터	24m²	12~16시간	4명	2~4년	-	아즈락 캠프, 요르단
	콤팩트 대나무 쉘터	21m²	1일	3명	2~4년	-	돌로아도 캠프, 에티오피아
	쌍둥이 쉘터	36m²	2일	3명	2~4년	-	미얀마, 2가족용
영구적 쉘터	원룸 쉘터	25m²	5~7일	4명	10년	-	파키스탄
	L자형 쉘터	40m²	3주	5명	10년	8,500 US$	이라크, 방2개, 개별 부엌 화장실

2. 스마트 도시Smart City

스마트 도시 개념은 정보 통신 기술Information & Communication Technology의 발전으로 안락하며, 안전하고, 지속가능한 환경을 제공한다는 주장하에 기술 본위의 스마트Smart라는 개념을 도입한다. 이를 통해 나타난 스마트 도시는 도시의 물리적 요소에 최신의 정보 통신 기술을 접목하여 도시를 효율적으로 관리하는 것을 목적으로 본다고 할 수 있다. 스마트 도시 개념의 시초는 1922년 미국 텍사스주의 휴스턴에 설치되었던, 교통 신호등의 발명이라는 주장이 있으며, 『좋은 도시들 *Cities are good for you*』의 저자 레오 홀리스Leo Hollis는 논란의 여지없이 현재의 스마트 도시 개념의 시초는 영국 런던의 지하철역에 설치되었던 운행 정보 시스템이라고 주장을 한다. 사실 이러한 관점에서 보면 스마트 도시의 시작은 도시 관련 정보를 공공에게 제공하고자 하는 목적으로 볼 수 있으며, 이를 구현하는 방법은 거리 가구를 통해서 이루어졌다고 볼 수 있다.

다양한 표준화 기구, 단체, 기업들은 스마트 도시의 정의를 제시하고 있으며, 그 내용의 핵심은 도시 설계, 건설 및 관리를 위한 정보 통신 기술의 적용이다.

국제표준화기구ISO는 2014년 발간된 「스마트 도시들 보고서」에서 중국의 '국가스마트도시표준화워킹그룹'의 정의를 인용하여 스마트 도시는 사물인터넷Internet of things, 클라우드컴퓨팅Cloud computing, 빅데이터Big data, 공간 및 지리 정보의 통합과 같은 새로운 정보 통신 기술을 도시의 설계, 건설, 관리 및 서비스에 적용하는 새로운 개념 및 모델이라고 정의하고 있다. 이러한 개념은 통합 개발, 산업화, 정보화, 도시화, 농업 현대화 및 도시 개발의 지속성이라는 장점을 제공하며, 편리한 공공서비스 제공, 섬세한 도시 관리, 살기 좋은 거주 환경, 스마트한 기반 시설, 장기적으로 효과적인 네트워크 보안의 제공을 추구하는 것을 주요 목표로 하고 있다고 정의하고 있다.

또한 영국왕립표준협회British Standard Institution: BSI는 스마트 도시를 도시 환경에서 물리적 요소, 디지털, 인간 시스템을 효율적으로 통합하여 도시의 거주민에게 지속가능하며, 번영한 미래를 제공하는 것으로 정의하고 있다.[11]

국제전기통신연합International Telecommunication Union: ITU은 '지속가능한 스마트 도시Sustainable Smart City'라는 용어를 사용하며, 정보 통신 기술을 사용하는 혁신 도시를 의미하고 또한 경제, 사회, 환경적 측면에 대한 요구를 만족시키면서 삶의 질, 도시 운영과 서비스의 효율성, 도시의 경쟁력을 향상시키는 것으로 정의하고 있다. 이러한 정의들은 정보 통신 기술의 적용을 중심으로 설명하고 있다.[12]

국제적인 엔지니어링 서비스 제공 회사인 에이럽ARUP은 "당신이 그것을 측정 할 수 없다면 당신은 그것을 관리할 수 없다"는 격언을 이용하여 스마트 도시를 설명하고 있다. 즉 도시를 구성하는 도시 기반 시설, 건물의 상태 및 도시에서 일어나는 모든 행위들을 측정한 데이터를 기록하여 이를 기반으로 관리를 위한 적절한 대응을 하기 위하여 학습하는 시스템을 구축하는 것을 스마트 도시라고 정의하고 있다. 즉 끊임없이 데이터를 수집하고 학습을 통하여 지속적으로 확장하는 시스템을 기반으로 하는 도시가 스마트 도시라고 할 수 있다.[13]

상기의 추상적인 정의를 구체화하기 위한 요구 사항을 국제표준화기구는 다음과 같이 제시하고 있으며, 이를 달성하기 위한, 핵심은 정보 통신 기술이라고 주장한다.[14]

- 도시 생활과 관련된 데이터를 수집하기 위한 시스템을 구축하여야 한다.
- 수집된 데이터들은 다양한 부분에서 수집되어야 하며, 도시 안에서 벌어지는 상황을 파악하기 위해 도시 시스템은 이러한 데이터들을 통합할 수 있어야 한다.

- 분석된 데이터들은 다양한 형태로 표현이 가능해야 하며, 빠르고 정확한 정보의 파악을 위하여 시각화할 수 있어야 한다.
- 도시와 관련된 상세하고, 측정 가능하며, 실시간으로 구축되는 정보 및 지식은 모든 단계에서 사용 가능해야 한다. 즉 도시를 위한 모든 분야 및 관련자가 도시의 운영에 필요한 정보 및 지식을 사용할 수 있어야 함을 의미한다.
- 분석 및 의사 결정 시스템을 구축하여야 한다. 이를 통하여 제공되는 지식은 도시 운영자, 계획가, 도시민들에 의해서 쉽게 접근할 수 있어야 한다.
- 도시 운영에 필요한 시설 및 설비는 자동화되어야 한다. 이를 통하여 적절한 도시 기능들은 인간의 중재 없이 효과적이고 신뢰할 수 있게 작동하여야 한다.
- 지역 사회 협력 또는 협동 네트워크를 구축하여야 한다. 이를 통하여 역동적인 지역 사회는 도시민들을 위한 복지의 향상, 성장, 혁신에 박차를 가할 수 있다.

상기의 스마트 도시의 정의와 요구 사항들은 도시에 대한 정보 통신 측면을 강조하는 모습을 보이고 있다. 아래의 표는 전 세계에 걸쳐 진행된 스마트 도시 사례를 정리한 것이다.

사례	장소	키워드	참여 단체	내용
Low2No, Jatkasaari	핀란드, 헬싱키	스마트 도시, 스마트 기반시설, 도시 정보 과학, 시각화	Arup, Experientia, Galley Eco Capital, SRV, Sitra, VVO	거리의 시각적 표시 장치를 이용하여 도시 내에서 발생하는 모든 활동을 실시간으로 제공하는 시스템과 지역 내의 혁신적인 활동을 강화하기 위한 차세대 공동 주택을 위한 스마트 계량기와 도시 농업과 지식 기반 산업을 통하여 지역 내에서 창출되는 생산 패턴을 시각적으로 제공하여 도시의 활동 상황을 제공하는 서비스를 포함하고 있다. Low2No는 스마트 도시 솔루션을 이용한 탄소 배출이 없는 도시 개발의 사례가 되는 것을 목표로 하고 있다.

EcoMap	샌프란시스코, 암스테르담	도시 정보 과학, 정보 시각화	Cisco, Arup	Urban EcoMap은 도시 내의 환경 지표를 제공하는 양방향 웹 서비스를 제공 하는 시스템이다(이 지표는 CO^2 배출량, 폐기물 및 운송 활동을 포함하고 있으며, 우편번호 기반으로 제공한다). 온실가스 배출 감축에 대한 인식을 제고하는 지역 사회 활동을 촉진을 목표로 한다.
Barangaroo	호주, 시드니	도시 정보 과학, 스마트 기반 시설, 정보 시각화	Rogers Stirk Harbor + Partners, Bovis Lend Lease, Arup	시드니 항구 지역을 대상으로 하는 도시 개발 프로젝트, 스마트 수요 관리 기술을 이용하여 첨단 지속가능 기반 시설을 개발하고자 하는 목표 이러한 기반 시설을 이용하여 수자원, 에너지 자원 및 기타 자원의 사용 현황 정보를 관리자 및 거주자에게 제공하며, 사용, 에너지 사용 및 기타 자원의 사용 정보를 제공하여, 지역 사회의 자원 절감 활동을 촉진하는 장점을 제공한다.
송도 신도시	인천, 한국	스마트 도시, 스마트 기반 시설, 도시 서비스	인천시, Gale International, Cisco, Kohn Pedersen Fox, Arup	스마트한 정보 통신 인프라와 도시 정보를 제공하는 정보 시스템을 이용하여 도시 거주자 및 근로자가 의료, 교육, 지방자치 서비스, 화상 회의, 정보 및 레크리에이션 시설에 직접 접근할 수 있는 서비스를 제공, 이는 고속 네트워크를 통하여 가정 및 사무실의 다양한 플랫폼을 통해 제공한다.
Cloud	런던, 영국	도시 정보학, 정보 시각화	MIT, Arup, Atmos, Google	CLOUD는 2012년 올림픽과 관련된 거대한 규모의 시각적 정보 제공 표시 장치이다. 수천 개의 고효율 LED 조명으로 장시한 ETFE로 제작된 비누 거품 모양의 구들의 조합으로 구성, 표시 장치는 원거리에서도 확인할 수 있는 시각 매체를 제공하며, 런던올림픽 기간 동안에 경기 영상 및 도시의 환경 상황 및 교통 상황 정보를 제공한다.
Legible	런던, 영국	길 찾기	런던 교통국, Arup	보행자가 길을 쉽게 찾을 수 있는 정보를 제공하는 인터랙티브한 시각적 표시 장치가 포함된 거리 키오스크 시스템.
동탄	동탄, 중국	도시 정보, 건축, 통신 기반 시설	Arup, 상하이 산업 투자 법인(SIIC)	탄소배출량 저감을 목표로 에너지 및 폐기물 관련 도시 자원의 가용성 정보, 대중교통 정보, 환경 정보 등을 다양한 플랫폼(휴대폰, 인터넷, 정보 키오스크)을 통해 제공한다.

1) 스마트 도시 비판

스마트 도시는 다음과 같은 근 미래의 유토피아적 모습을 제시하고 있다.

> "A씨는 출근을 위하여 교외의 집에서 기차역까지 운전한 후 통근 열차를 타고 출근한다. A씨의 전기 자동차는 A씨가 떠난 후 스스로 역사의 지정 주차장에 주차한 후 충전하기 시작한다. 한 남자가 거리에서 심장 발작으로 쓰러진다. 도시의 관제 센터는 구급차가 보다 먼저 제세동기가 장착된 무인 항공기를 보내 환자를 응급 처치한다. 아파트 유지 보수 로봇은 건물의 이상을 파악하고 자율적으로 이를 해결한다."[15]

이러한 측면에 집중하다 보면, 예측건데, 전 세계의 도시는, 효율성이라는 미명 아래, 자신만의 개성적인 모습은 사라지고 획일화되고 일률적인 모습을 갖게 될 것이다. 도시 계획 및 관리의 효율성을 위하여 첨단의 정보 통신 기술을 이용한 새롭고 혁신적인 도시 개념 및 모델인 스마트 도시는 도시민들에게 편리, 안전, 지속가능성이라는 장점을 제공한다는 약속으로 현재 많은 관심을 받고 있으며, 유토피아적 비전을 제시하고 있다. 하지만 이의 주도적인 분야가 정보 통신 분야인 관계로 인간과 물리적 요소의 복합적이며, 상호 작용의 관계를 고려하지 않은 스마트 도시 개념 및 모델은 그 한계가 있다. 이러한 한계는 스마트 도시에 대한 비판을 야기했으며, 이러한 비판의 중심에는 정보 통신 업계의 거인들인 IBM, CISCO 등의 회사가 수익을 창출하기 위한 비즈니스 모델일 뿐이라는 평가절하가 있다. 이는 도시에 거주하는 사람들에 대한 고려가 배제되었기 때문에 발생한 문제라고 볼 수 있다.

도시 혁신가인 댄 힐Dan Hill은, 스마트 도시는 잘못된 아이디어를 엉뚱한 사람에게 엉뚱한 방법으로 던지는 것이라고 비유하고 있다. 또한 스마트 도시가 어떻게 실질적으로 사람들의 생활 방법, 일하는 방법, 즐기는 방법에 영향을 끼치는가에 대한 질문에 대한 답은 현재까지 존재하지 않고 있다고 주장한다.

네덜란드의 건축가 렘 콜하스Rem Koolhaas는 스마트 도시가 경제 논리에서 출발했으며, 거대 ICT 기업에 의해서 기술 본위로 진행되고, 도시의 고유성을 침해하며, 민주적이지 않다는 스마트 도시에 대한 우려를 2014년 브뤼셀에서 개최된 '하이 레벨 그룹 미팅 온 스마트 시티스High level group meeting on smart cities'에서 표명했다. 그는 스마트 도시 옹호자들은 기존의 도시를 멍청하다고 단정짓고 스마트와 효율성을 바탕으로 안락하며, 안전하고, 지속가능하여 행복한 도시를 제공한다는 미사여구를 사용하여 스마트 도시를 홍보하며, 스마트 도시의 장점만을 부각시키고 스마트 도시가 가지고 있는 문제점은 숨기려 한다고 주장한다. 그는 스마트 도시는 기존의 건축가를 배제하고 도시민의 도시 내 활동을 고려하지 않아 획일적인 도시를 만들고, 효율적인 도시 관리를 위한다는 미명하에 도시 곳곳에 감시 시스템을 구축한다고 주장한다. 이로 인하여 사람들은 이러한 감시에서 피난하기 위한 패러데이 케이지Paraday Cage 피난처를 준비하게 될 것이라고 비판하고 있다.[16]

이러한 상황을 예견해서인지는 알 수 없지만 셰익스피어는 그의 작품 〈코리올라누스〉에서 도시와 그 최종 사용자인 인간의 관계에 대하여 "사람을 제외하면 도시는 무엇인가?What is the city but the people?"라는 질문을 던지고 있다. 이는 유토피아적 도시 모델을 제시하는 스마트 도시에서 최종 사용자인 사람의 위치에 대한 고민을 제시하는 질문이라고 할 수 있다. 상기에서 언급한 스마트 도시 관련 문제의 해결 방안으로 렘 콜하스는 정보 통신 관련자, 건축가, 도시 계획가 등의 긴밀한 협력이 필요하다고 주장한다.

3. 스마트 쉘터

스마트 쉘터는 다양한 측면으로 정의할 수 있다. 하지만 본 글에서는 스마트 쉘터의 정의를 최신 정보 통신 기술ICT: Information and Communications Technology[17] 기반 관련 기술 및 패러다임을 이용하여 설계, 시공, 관리하는 프로세스적 측면으로 한정한다. 이러한 프로세스 측면에서 사용할 수 있는 최신 ICT 및 패러다임은 설계 및 시공 측면에서는 '건물 정보 모델링BIM: Building Information Modeling'[18], 운영 관리 측면에서는 '지리 정보 시스템GIS: Geographical Information System'[19], 사물인터넷IoT:

스마트 쉘터 = 쉘터 X (ICT^1 + ICT^2 + ICT^3 + ··· + ICT^n)

ICT : Information & Communication Technology : 정보 통신 기술
ITC^1 : BIM (Building Information Modeling : 건물 정보 모델링)
ITC^2 : GIS (Geographical Information System : 지리 정보 시스템)
ITC^3 : IoT (Internet of Things : 사물인터넷)
ITC^n : 미래에 등장할 정보 통신 기술

도판 8-1. 스마트 쉘터 정의

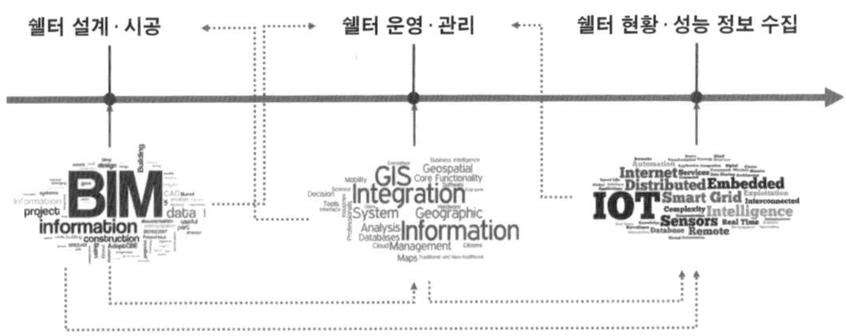

도판 8-2. 스마트 쉘터 생명 주기상에서 단계별로 적용되는 정보 통신 기술

Internet of Things[20]이며, 적용 분야는 상기의 구분과 같이 엄격히 한정되지 않고 적용될 수 있다. 본 연구에서 제안하는 스마트 쉘터의 정의는 (도판 8-1, 8-2)와 같이 정리될 수 있다.

상기의 기술 및 패러다임 및 쉘터에 적용된 사례를 검토하여 스마트 쉘터를 위한 관리 시스템의 개발 방향을 제시한다.

1) 기술 및 개념

① 건물 정보 모델링(BIM: Building Information Modeling)

'BIM'은 캐드 프로그램 개발회사 중 하나인 오토데스크Autodesk가 제안한 신조어라고 알려져 있으나, 1970년대 말에 이스트만Charles M. Eastman이 만들어 낸 신조어라는 또 다른 주장이 있다.[21] 이러한 주장은 이스트만의 저서인 『빌딩 프로덕트 모델*Building Product Models*』[22] 에서의 "빌딩 프로덕트 모델" 개념이 기본적으로는 BIM과 동일한 개념이라고 주장하고 있다.

사실 기계 분야 등에서는 프로덕트 모델Product Model의 의미가 데이터 모델 또는 정보 모델의 의미이다. 이런 논리를 기반으로 BIM을 해석한다면, BIM은 AEC 산업계의 생산품(즉 'Product')의 데이터 모델 또는 정보 모델을 만드는 일련의 행위라고 볼 수 있을 것이며, 이는 다시 VDC 개념과 비슷하다고 볼 수 있다. 라이세린Jerry Laiserin[23]은 BIM을 디지털 포맷 정보의 상호 운영과 교환이 용이한 건물 프로세스의 디지털 표현이라고 정의하고 있으며, 자신의 정의에 가장 충실한 최초의 상업용 프로그램은 "버추얼 빌딩Virtual Building"이라는 개념으로 1987년 출시된 그라피소프트Graphisoft사의 아키캐드ArchiCAD라고 주장한다.[24]

오토데스크와 같은 프로그램 제작사에 의해서 확산된 BIM은 단순히 2D 캐드의 3D 캐드로의 전환이라는 인식이 정확한 BIM의 인식에 장애 요소로 작용하고 있다. BIM은 2D 캐드를 배제시킨 3D 캐드라기보다는 건물의 기획서부터 운영까지의 모든 과정에서 생성될 수 있는 모든 정보를 구축하여 사용하는 과정으로 보는 것이 적절하다.[25]

이러한 이유로 BIM은 현존하는 다양한 도구와 다양한 기술을 사용하여, 프로젝트를 가장 효율적으로 생성하는 개념으로 이해하여야 한다. CIFE Center for Integrated Facility Eengineering의 칸조드 Atul Khanzode 등은 VDC Virtual Design & Construction 개념하에서 개발되고 사용되는 도구와 기술 등에 대해서 정리했는데 그 내용은 다음과 같다.[26]

- 시각화 도구: 시각화 도구는 완료된 후의 건물 또는 프로젝트의 상황을 프로젝트 관련자 간의 일치된 이해를 형성할 목적으로 사용되며, 또한 MEP Mechanical, Electrical and Plumbing과 같은 다양한 분야의 작업들을 조정하기 위하여 사용된다.
- 생산품과 프로세스 모델링 및 시각화 도구들: 이 도구들은 프로젝트 팀들이 건물의 3D 모델의 시각화뿐만 아니라 건물이 어떻게 시간상으로 시공되는지를 이해하는 데 도움을 준다.
- 인력 교육 및 프로세스 모델링 도구들: 이러한 도구들은 프로젝트 팀이 프로젝트의 성공적인 완료를 위한 프로젝트 조직 내의 잠재적인 위험 요소를 시뮬레이션하여 제거를 가능하게 하여, 프로젝트의 지연을 사전에 방지할 수 있게 한다.
- 시간-공간 제약 사항을 파악하기 위한 시공 작업들의 시각화 기술
- 효율적인 커뮤니케이션을 위한 건조 공간들의 실사 이미지 표현 기술
- MEP Mechanical, Electrical and Plumbing 및 방재와 같은 다양한 분야의 작업들을 조정하기 위한 3D 모델링 기술

- 다양한 시공 방법에 대한 시공성 분석 기술
- 현장 자재 공급 계획 분석 기술
- 프로젝트의 초기 설계 단계에서부터 다양한 프로젝트 순서에 관한 분석 및 평가 기술
- 실제 시공 단계 동안의 시간-공간의 불일치, 충돌 또는 제약 사항의 예측 기술
- 공유되는 모델을 이용한 물량 산출과 견적 시간의 감소 기술

② 지리 정보 시스템(GIS: Geographical Information System)

건물과 같은 실제 지구상의 한 위치에 존재하는 객체에 추가적인 정보를 제공하기 위한 용도로 사용될 수 있는 위치 기반 정보LBI: Location Based Information는 지구상의 실제 위치를 가지고 있는 디지털 정보를 의미한다.[27] 이러한 정보들은 지리 정보 시스템의 정보 체계로 사용되며, 다양한 분야에서 사용되고 있다.

지리 정보 시스템은 컴퓨터 하드웨어, 소프트웨어, 지리 정보가 융합된 시스템으로, 지리적으로 연관된 모든 형태의 정보를 수집, 관리, 분석하는 시스템으로 정의가 가능하다.[28] 지리 정보 시스템은 지리 형상을 표현하기 위한 데이터베이스라는 측면, 지표면의 많은 객체들과 그 객체들 사이의 관계를 보여 주는 맵뷰Map view측면, 이러한 정보들을 가공하여 새로운 정보를 생성하는 모델뷰Model View 측면의 3가지로 정의된다. 특히 맵뷰 측면은 디지털 건축 정보의 구축 측면에서 고려될 수 있는 지리 정보 시스템의 특성이다. 특히 스마트 도시를 위한 3차원 도시 모델3D City Model을 구축하기 위한 핵심 분야이며 이에 관한 연구가 컴퓨터 그래픽 분야에서 많이 수행되고 있다.

(도판 8-3)은 서울 삼성동 일대의 건물을 GIS를 기반으로 모델링한 사례이다. 이 사례는 약 8천 개의 건물을 GIS 데이터에서 추출한 데이터를 이용하여 자동으로 처리한 것이다.[29]

도판 8-3. GIS 기반 3D 건물 모델링 사례

현재 국내는 국가 차원에서 다양한 지리 공간 정보를 제공하고 있으며, 제공 플랫폼 중 시각적으로 탁월한 정보를 브이월드Vworld[30]를 이용하여 제공하고 있으며, 토지, 건물 부동산 관련 정보 등 정부가 보유하고 있는 정보를 공공이 아무런 제약 없이 접근하고 사용할 수 있는 기반 시설을 구축하고 있다.[31] 하지만 이러한 정보들은 참조용으로만 사용되고 있으며, 생산적인 작업을 위해서는 수작업이 필요한 상황이다. 이를 해결하기 위하여 GIS와 BIM 융합을 위한 미들웨어Middleware 개발 사례가 있으며, GIS 정보를 BIM에 바로 사용할 수 있게 한 사례로서, 이를 통해 3차원 지형, 지적land registration, 인허가 관련 토지 정보를 별도의 수작업 없이 미들웨어를 통하여 사용할 수 있게 한 사례이다. 아래의 (도판 8-4)는 BIM 환경에서 정보 제공자와 정보 소비자의 관계를 도식화한 것이며, (도판 8-5)는 제작된 미들웨어의 역할과 특징을 도식화한 것이고, (도판 8-6)은 미들웨어 작동 프로세스 도식이다.[32]

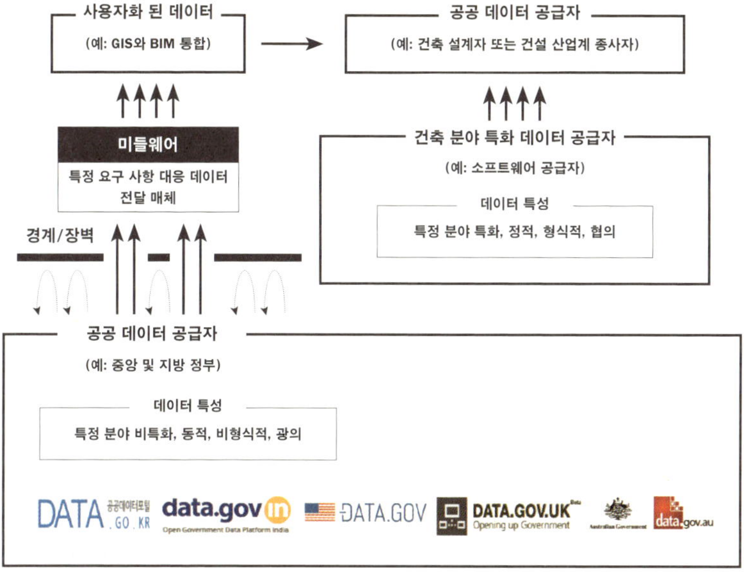

도판 8-4. BIM 환경을 위한 데이터 공급자와 소비자 프로세스

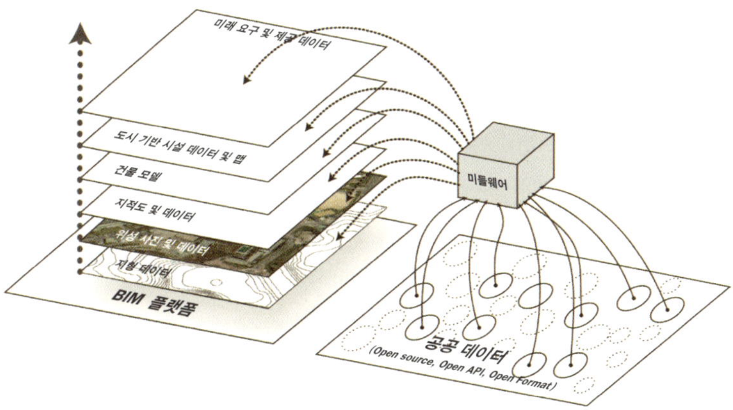

도판 8-5. BIM · GIS 융합 미들웨어의 역할과 특성

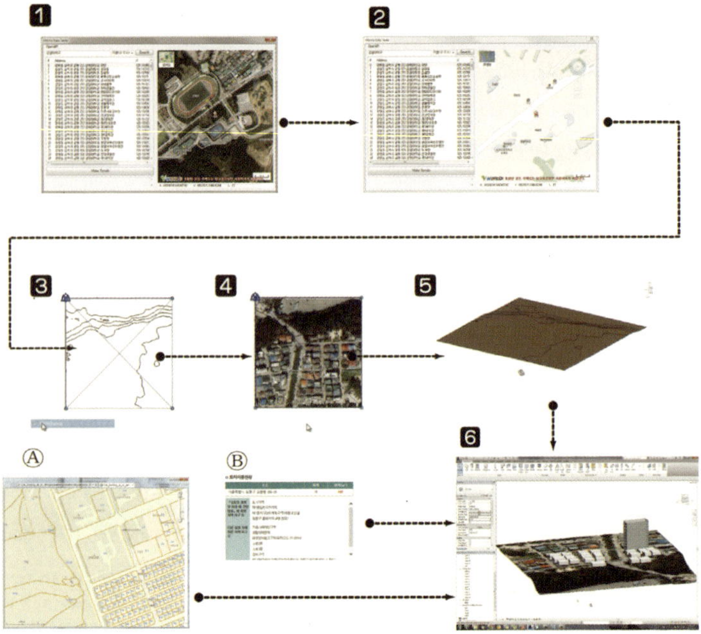

도판 8-6. BIM · GIS 융합 미들웨어 작동 예시

③ 사물인터넷(IoT)

유비쿼터스 무선 통신, 실시간 분석, 머신 러닝, 센서 및 임베디드 시스템 기술 등 다양한 복수의 기술을 통합하고자 하는 의도로 개발된 개념이다.[33] 이 개념에 대한 최초의 논의 및 사례는 1982년 카네기 멜론대학에서 코카콜라 자판기의 기능을 개선하기 위한 프로젝트라고 볼 수 있다. 이 사례는 컴퓨터가 아닌 제품에 인터넷을 연결한 최초의 사례이다.[34] 이 프로젝트는 콜라 자판기의 재고량과 음료의 온도를 측정하여 그 결과를 인터넷을 통하여 실시간으로 모니터링이 가능하게 하는 시스템 개발이 목적이었다.

IoT 개념이 널리 알려지고 사용된 것은 1999년부터이며, IoT 개념의 창시자 중 한 명으로 알려진 메사추세츠 공과대학 오토 아이디 센터MIT Auto-ID Center의 케빈 에쉬튼Kevin Ashton이 RFIDRadio-frequency identification를 IoT를 위한 기반 기술임을 주장한 것이 계기이다. 에쉬튼은 "만약 일상생활의 모든 사물과 사람이 RFID와 같은 식별 장치로 식별이 가능하다면 컴퓨터는 이들을 관리할 수 있으며, 이것을 IoT라고 정의한다."라고 설명했다.[35] 이를 위하여 현재 다양한 하드웨어, 소프트웨어 및 플랫폼이 IoT를 위해 제공되고 있다.

IoT를 이용하여 건물의 상태를 측정하여 건물 상태 데이터를 수집하는 방법에 관한 연구는 현재 새로운 연구 분야이다. 또한 BIM을 기반으로 IoT를 이용하는 방법은 현재 각광받고 있는 분야이다. 사례로는 미국의 오토데스크 리서치Autodesk Research의 '대셔 프로젝트Dasher Project'[36]가 있으며, 국내 사례로는 BIM 기반 IoT 관리 시스템 연구가 있다. 이 연구는 건물의 상태 데이터를 수집하는 수많은 IoT 장비를 효율적으로 관리하는 시스템 개발 사례이다. 아래 그림은 시스템 구조(도판 8-7)와 사용된 IoT 장비(도판 8-8)를 보여 주고 있다.[37]

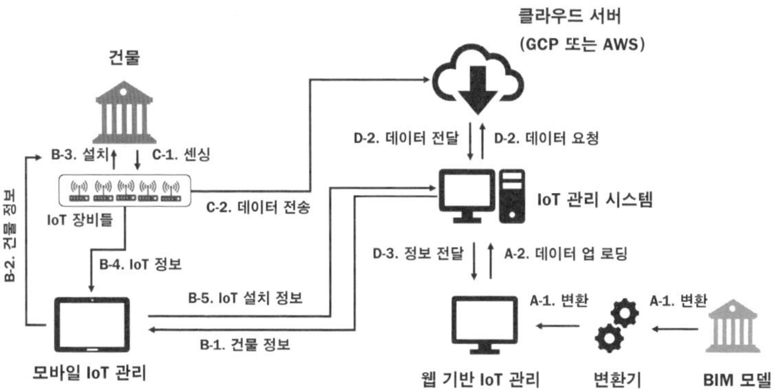

도판 8-7. BIM 기반 IoT 관리 시스템 구성도

1. 장비 내부

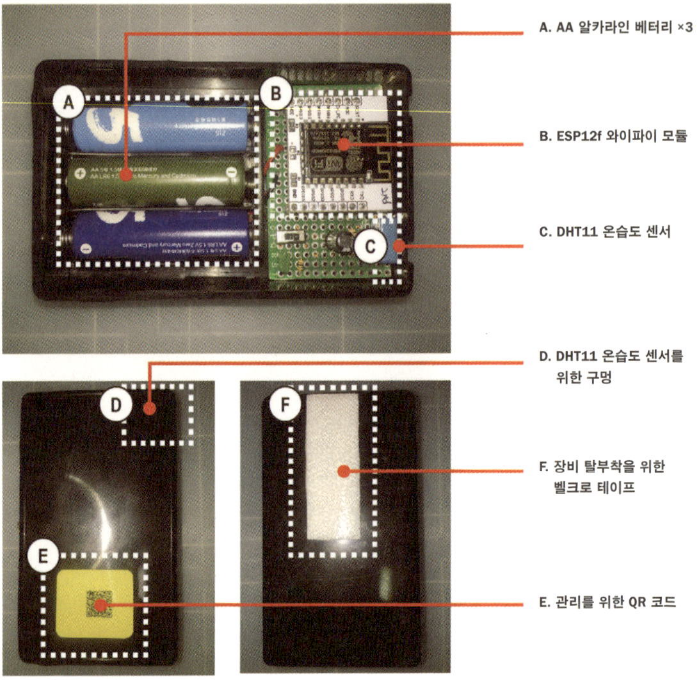

2. 장비 외부 전면　　3. 장비 외부 후면

도판 8-8. BIM 기반 IoT 관리 시스템에 사용된 IoT

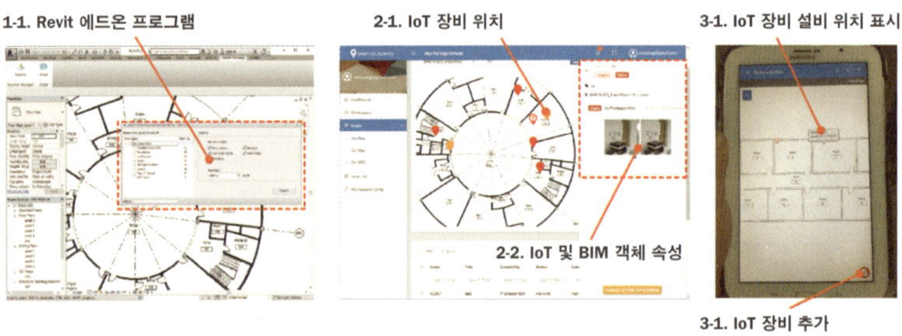

1. Revit 에드온 프로그램　　2. 웹 관리 프로그램　　3. 모바일 프로그램

도판 8-9. BIM 기반 IoT 관리 시스템 작동 화면

2) 쉘터에 적용된 BIM·GIS 사례들

① 유엔난민기구UNHCR의 시리아 난민 쉘터

2013년 유엔난민기구는 BIM 소프트웨어 중 하나인 아키캐드를 이용하여 실험 프로젝트를 진행하였다.[38] 이 프로젝트는 흙 또는 모래로 채워진 포대를 이용하여 쉘터를 설계 및 시공하고자 하는 프로젝트이며, 참여 건축가인 아나스 알레이언Anas Aljbain은 BIM을 적용하여 쉘터 설계 및 시공의 효율성을 증대시키고자 했다. 흙 포대를 이용한 쉘터 프로젝트는 짧은 시간 안에 기본적인 주거 공간을 제공하는 효율적인 방법이며, 이를 시공하기 위해서 특별한 전문 지식을 요구하지 않는다. 흙은 우리 주변에서 쉽게 구할 수 있는 재료이므로 공사 비용을 줄일 수 있는 효과적인 방법이다. 이 프로젝트에서는 쉘터를 구축하기 위한 최적의 흙주머니의 모래와 진흙의 비율은 30:70이라는 것은 프로젝트 진행 중 시행착오를 거쳐 찾아냈다. 이 쉘터의 공사비용은 평방미터당 약 41달러가 필요하며, 이 프로젝트에서 실제 시공된 쉘터는 51평방미터였으며, 단위 쉘터당 총 공사비는 약 1,850달러가 소요되었다.

이 쉘터의 설계 개념은 개방형 공간을 중심으로 쉘터를 배치하고 모든 쉘터는 개방형 공간과 바로 연결되게 하여 아이들이 안전하게 놀 수 있는 공간을 제공한다. 또한 이 개방형 공간을 통하여, 환기와 자연 냉방의 효과를 기대할 수 있다. BIM을 적용한 이 프로젝트는, BIM의 기능 중 시각화 기능을 통해 전문적인 지식이 없는 건물 시공자들이 쉽게 설계 의도를 이해하고 시공을 위한 상세 이해를 도와 원래 의도인 비전문가에 의한 시공이라는 목표를 달성할 수 있었다고 보고하고 있다.

② 유엔난민기구의 GIS를 이용한 난민 캠프 쉘터 배치 프로젝트[39]

이 프로젝트의 시작은 유엔난민기구 본부의 기획에서 시작을 한 것이 아니고 유엔난민기구의 요르단 직원인 야하이 하순Yahay Hassune의 개인적인 필요에 의해서 시작되었다. 하순은 2014년 요르단의 아즈라크Azraq에 신설되는 난민 캠프 공사를 위해 파견되었으며, 이때 만난 캠프 총괄 관리자인 베르나데트 카스텔Bernadette Castel의 한 질문에서 시작되었다. 이 질문은 "상상해보세요. 당신이 만약 만 개의 객실을 가지고 있는 호텔의 관리자라면 어떻게 호텔을 관리할 것인가를". 이를 계기로 하순은 GIS를 이용한 쉘터 관리 시스템을 개발하였으며, 쉘터는 광활한 땅위에 만 여개의 방이 펼쳐진 형태로 배치되는 형태이기 때문에 이를 효율적으로 관리하는 방법은 GIS의 이용이라고 결정하고 GIS 기반 쉘터 관리 시스템을 개발하였다.

이 시스템을 이용하여 몇 개의 쉘터가 어떤 형태로 배치되었으며, 특정 쉘터의 위치를 효율적으로 파악할 수 있으며, 쉘터당 거주인원의 숫자를 파악하여 난민들의 쉘터 재배치가 가능하였다. 현재 이 시스템을 이용하여 하루 3~4백 명의 새로 도착하는 난민들에게 쉘터를 바로 배정하는 것이 가능하며, 하순의 설명에 의하면 하루 천 6백 명까지 처리할 수 있다고 한다.

4. 스마트 도시의 구성 요소로서 스마트 쉘터

도시를 구성하는 요소는 일반적으로 거주민, 활동, 및 물리적 요소인 도시 기반 시설로 구분할 수 있으며, 도시의 물리적 요소는 일반적으로 도로, 도로로 구획되는 필지, 그 필지 안의 건물로 구분할 수 있다. 물리적 구성 요소는 거주민이 그들의 도시적 삶을 영유할 수 있고, 이를 통해 활동이 발생하는 환경이자 무대라고 볼 수 있다. 도시 속의 쉘터는 도시 구성 요소 중 물리적 구성 요소에 초점을 맞추고 있으며, 공공에게 개방되지 않은 사적 물리적 요소인 건물이 아닌 공공에게 개방된 거리, 광장, 공원 등의 공공장소에 설치되는 물리적 요소라는 개념으로 이해할 수 있다. 이러한 개념에서 도시의 구성 요소로서의 쉘터는 도시 쉘터Urban Shelter라는 용어로도 사용되고 있으며, 도시 쉘터는 거리 가구의 확장 개념으로 볼 수도 있다.

거리 가구는 개방된 공간에서 공간을 구분하거나 이어주는 역할을 하며, 또한 새로운 공간을 창출하는 역할을 수행한다고 볼 수 있으며, 이러한 이유로 쉘터로의 확장은 단일 거리 가구로 가능한 것이 아니라 거리 가구의 조합으로 가능하다. 스마트 시트 개념이 정립되면서, 거리 가구도 스마트의 옷을 입게 되면서 스마트 거리 가구는 용어가 사용되게 되었다. 스마트 거리 가구의 대표적인 사례로는 ICT를 이용한 LCD 또는 LED 기반 디스플레이가 부착되어 기존의 단편적인 정보를 제공하던 형태를 탈피하여 다양한 정보를 실시간으로 제공하는 미디어 폴 또는 미디어 월이 있으며, 또한 교통 변화에 반응하는 교통 신호등이 있다. 즉 스마트 거리 가구는 주변 환경의 변화에 대응하는 거리 가구라고 할 수 있다. 스마트 쉘터는 단순히 정의하자면 스마트 거리 가구에 쉘터의 개념인 주변 환경의 영향으로부터 피신하는 인공적 또는 자연적 구조물을 결합한 개념이라고 볼 수 있다.

9. 스마트 쉘터의 텍스 기반 IoT 모듈

뇌파 모듈을 중심으로

지승열

1. 스마트 쉘터의 텍스 기반 IoT 모듈

1969년 2월, UCLA 대학의 레너드 클라인록Leonard Kleinrock 교수와 스탠포드 대학의 더글러스 엥겔바트Douglas C. Engelbart 교수 사이에서 세계 최초의 컴퓨터 시스템을 활용한 원거리 간 데이터 통신이 이루어졌다. 'Login'이라는 다섯 글자를 전송하며 사물 간 데이터 통신이 인터넷 공간에서 시작되는 계기가 되었다. 최근 우리의 환경은 모든 사물에 마이크로칩 형태의 컴퓨터가 탑재되면서 일반적인 컴퓨터 형태를 띠지 않는 작은 사물까지 서로 주요 정보를 교환하고 소통할 수 있는 IT 환경인 사물인터넷IoT 환경이 구축되면서 사용자의 생활 공간에 활용되고 사용자의 패턴을 파악하여 최적의 스마트 환경을 구축하고 있다. 인터넷에 연결되어 있는 사람보다 더 많은 주변의 사물들이 스스로 인터넷의 공간을 통해 정보를 주고받는 시대가 되었으며 이를 스마트 환경이라고 부르기 시작했다.

스마트 환경에서 활용되는 스마트 장비는 주변 환경의 변화에 대응하는 센서를 활용해 상황을 인식하고 판단하여 상호 연결된 스마트 기기에 자동화 명령 체계를 통해 사용자 맞춤형 공간을 운용하는 체계이다. 각종 스마트 기기와 컴퓨터 간의 대화 언어는 코딩Coding이라고 하며 21세기 라틴어라고 불린다. 스마트 공간에서 코딩은

도판 9-1. VR을 활용한 스마트 쉘터 실외 설계안(말레이시아 셀렘반 국립 전시관 전시)

사람의 행동 패턴을 분석하고 스마트 환경을 구성하기 위한 컴퓨터와 센서 장비들 간의 언어로, 컴퓨터가 알아들을 수 있는 형태의 언어이다. 스마트 환경 구축을 위한 건축 분야에서 해당 스마트 장비를 이용하게 되면 어떠한 변화가 예상되는지 기존 건축 환경을 토대로 예측해 보자. 기본적으로 건축 분야의 업무 환경에서는 건축 설계 상황에 대해 건축 설계자들이 도면 정보와 공정 진행 정보를 포함한 기초적인 건축 정보를 측정하기 위해 사용하는 시간이 많이 단축될 것이다. 기존 실무의 건축 설계 과정에서는 현장 건축 시공 환경의 업무 상황과 정보의 차이가 존재해 시공하기 위해 사용되는 시간과 정보의 신뢰도를 판단하는 작업이 많이 소요된다. 스마트 장비를 활용한 건축 전반의 작업을 거쳐서 각 전문 영역의 IT 장비를 효율적으로 계획하여 배치하는 과정이 요구된다.

스마트 환경 기반으로 구축된 스마트 쉘터의 모습은 어떻게 달라질까? 일단 스마트 쉘터를 설계하기 위한 스마트 장비들은 주목할 만하다. 현재까지는 3차원 영상을 실시간으로 투과형SeeThrough형 홀

로그램 영상을 지정된 위치에 띄우는 구글 글래스Google Glass나 홀로렌즈HoloLens와 같은 HMDHead Mounted Display기반의 인터페이스 장비가 차세대 스마트 설계를 위한 도구로 연구되고 있다(도판 9-1, 9-2). 실제 공간에 의한 영상 속에서 3차원 객체를 산출하고 홀로그램으로 재구성한 후 스마트 관련 IT 부재部材나 공간 정보 등을 가상 시공을 통해 구현하고 설계자와 시공자 간에 피드백을 통해 가상의 건축 공간 구현 모델을 확인할 수 있도록 하는 도구로 이러한 장비가 설계 환경에 반영된다면 완성품으로서의 건축물에 대한 완성도가 높아져 사용자의 만족도가 높은 제품이 제공될 것이다.

스마트 쉘터의 구조는 어떻게 구성될까? 쉘터라는 다양한 특성 중 재난 및 구조에 대비한 임시형 거처로서 스마트 홈 장비가 단기적으로 가장 이슈가 될 것이다. 근래 우리 삶 속의 대다수에게 보급된 스마트폰과 연동되는 많은 스마트 기기는 다양한 사용자의 패턴을 정확하게 파악할 수 있는 스마트 기기 확산의 마중물 역할을 하고 있다. 현재 스마트 장비 중 활용도 가장 높은 센서인 GPS 정보를 활

도판 9-2. VR을 활용한 스마트 쉘터 실내 설계안(EmergencyKit구성 모듈화 설계)

용한 위치 정보와 각 스마트 장비들 간의 자동화 작업을 통한 모니터링과 관리를 진행하고 있으며 좀 더 많은 상황에 대응하는 센서 기술들이 개발된다면 쉘터 내의 사용자에 대한 복합적인 정보를 취합하여 사용자를 위한 데이터를 측정할 수 있을 것이다. 현재 공간의 온습도, 미세먼지, CO_2 농도 등과 같은 환경 정보를 모니터링하거나 임시 거처로써 사용 기간이 제한되어 있는 쉘터의 특성을 고려하여 쉘터의 구조 부재에 대한 안전도 측정을 통해 건물 자체 정보를 제시하고 BIMBuilding Information Modeling 데이터를 활용한 관리로 이어질 가능성이 있다. 그 밖에도 집에서 쉽게 구매하여 사용할 수 있는 건물 유지 관리 관련 기기들도 주목할 만하다. 가트너Garther 보고서에 따르면 스마트 환경에 연결되는 접속 기기 수가 2014년 37.5억대에서 2015년 30퍼센트 증가한 49억 대에 이르고, 2020년에는 250억 대를 넘어설 것으로 전망하며 스마트 기술 적용 분야가 너무 방대하여 용도 및 시나리오별로 보안 분석을 수행하기도 어려운 지경이라고

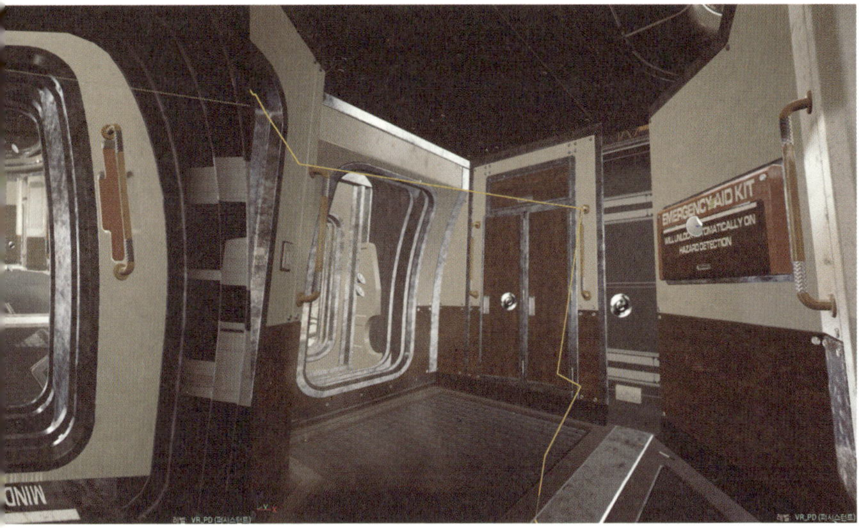

진단하고 있다. 하지만 재난형 스마트 쉘터의 특수성과 최근 국내에서 발생하는 각종 재난 및 메르스(중동호흡기증후군, MERS)와 같은 질병에 따라 능동적인 예방과 대응을 위한 효율적인 관리 등에 대한 필요성이 요구되며 국민의 안전과 건강한 삶을 지켜 주기 위한 시스템 개발이 요구되고 있다.

특히, 스마트 쉘터의 경우 각종 IT 기술들이 집약적으로 뭉쳐 있는 공간이기 때문에 각 센서를 유지·관리하기 위해 르코르뷔지에의 모듈러 이론을 기반으로 한 각 IT 기반 기술들을 천장재의 텍스나 벽재를 모듈화한 기능형 텍스를 제안하여 각 모듈들은 구급용 텍스, 공기 정화형 텍스, 뇌파 측정 및 헬스 케어형 텍스 등 각각의 기능을 가진 텍스들의 설계 필요성을 느끼고 스마트 쉘터 설계 시 제안하였다. 이에 따라 사물인터넷 기반 각 텍스 모듈들은 화재 대피나 질병 경로 파악 등 용도에 따른 유지·관리를 위해 공간 정보 기반의 스마트 쉘터 관리 시스템으로 사용자의 안전과 편리에 기여할 것이다. 모듈

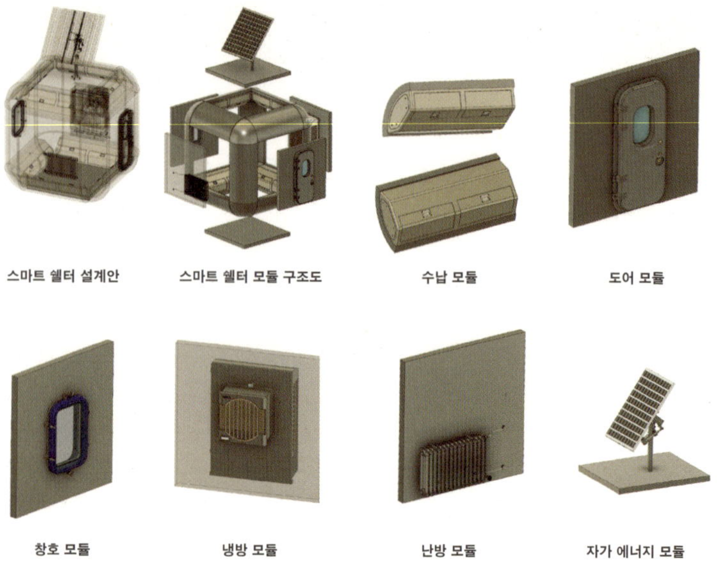

도판 9-3. 스마트 쉘터에 IoT 모듈을 활용한 설계 안

을 활용한 스마트 쉘터의 IoT 기반 텍스들은 건축 설계 시 필요조건으로 제시되며 모듈화된 디자인으로 쉘터 시스템을 여러 개의 기능적 구성 요소의 조합을 통해 완성하는 설계를 진행한다. 스마트 쉘터의 모듈은 기본 모듈형 주거 공간에 헬스 케어, 미세먼지, 온습도 관리 등의 텍스 조합으로 완성되며 이 구성 요소 각각을 모듈로써 벽이나 천장에 부착하여 스마트 쉘터의 특정 기능을 담당한다(도판 9-3). 예를 들어 헬스케어 텍스는 쉘터 이용자의 뇌파 정보나 현재 맥박과 기본 건강 상태를 센서를 통해 측정하여 모니터링 해주는 모듈로 활용한다. 다음 예에서 각 모듈은 스마트 쉘터의 용도에 따라 재구성을 할 수 있으며 오류가 있을 시 모듈만 교체하거나 수정하여 지속가능한 쉘터의 모습을 구현한다. 즉, 모듈러 디자인의 가장 큰 특징인 쉘터에 모듈을 더하거나 뺄 수 있다는 장점을 뜻한다. IoT 장비들의 건축 구성 요소에 텍스를 활용한 모듈화 처리는 스마트 쉘터의 이동성을 높이며 커스텀화Customization가 가능하다는 것이 가장 큰 장점이다.

하지만 각 부분을 모듈화를 통해 추가 및 교체와 지속가능한 공생 개발을 하기 위해 IoT 개발 회사에서 만들어지는 모든 요소 기술들이 다른 제품끼리 커스텀화가 진행될 시 조합이 어우러지도록 표준화Standardization이 요구된다. 모듈 디자인을 통해 쉘터가 구성될 시 각각의 모듈 간 인터페이스에 전체 쉘터의 기능이 저하되지 않도록 모듈러 디자인의 설계 및 제작에 최적화 과정이 요구되는 문제점도 예상된다. 스마트 쉘터 계획의 모듈화는 건축 설계 시 필요조건이며 이를 통해 제공되는 편의성과 안정성 및 효율성을 위한 공조 설비 및 각종 보안에 대한 수요와 활용의 폭은 매우 다양할 것으로 예상되며 이에 따른 스마트 건축물 관리 구축과 조달 과정의 이해와 활용 능력 배양은 쉘터의 보급 및 관리에 있어 필수 항목이 될 것이다. 다음 글에서는 뇌파 모듈 텍스를 활용한 스마트 쉘터 운용 방법을 중심으로 진행하며 뇌파를 활용해 기술 중심의 관점에 대한 건축 기반 IoT 기술 방법을 벗어나 인간 중심적인 환경 변수 정보로 효과적인 쉘터 운용 방법을 살펴보고자 한다. 또한, 뇌파를 활용한 선행 사례들을 살펴보고 나머지 모듈들의 활용 방법에 대해 사례를 중심으로 살펴볼 것이다. 마지막으로, 뇌파뿐만 아니라 나머지 모듈의 센서 정보의 원초적인 로그 데이터를 정제하는 과정을 통해 스마트 쉘터 설계를 위한 캐드 시스템 운용하는 방법을 살펴보고자 한다.

2. 뇌파 운용의 사례

최근 사람의 뇌 공학에 관한 연구가 활발히 이루어지고 있는 선구자 중 브라이언 존슨Bryan Johnson은 커널Kernel이라고 불리는 '뇌 임플란트'를 개발하고 있다. 뇌 임플란트는 사람의 뇌에 컴퓨터칩을 심는 작업을 진행하고 향후에 해당 칩에 프로그래밍을 진행할 수 있는 작업이

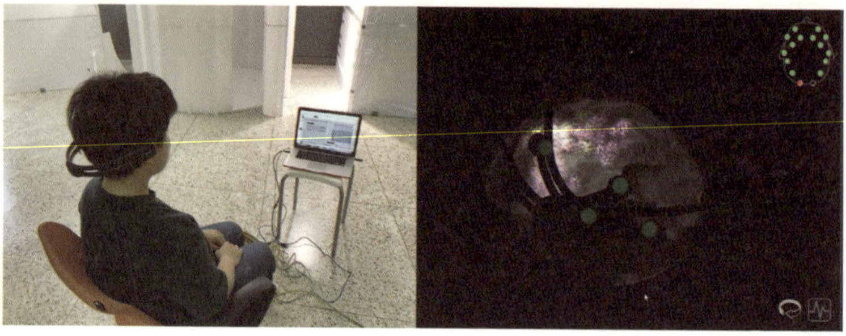

도판 9-4. 사용 공간을 활용한 뇌파 측정 실험

다. 처음에는 '의학적 적용'에 흥미를 가지고 진행을 하였으나 뇌가 처리할 수 있는 다양하고 복잡한 방식에 대해 깊이 이해하기 위해, 또한 효율적이며 건강한 뇌의 활동이라는 이상적인 생각을 가지고 컴퓨터와 뇌가 직접 상호 작용할 수 있게 하기 위해 연구에 매진하고 있다. 커널은 마치 영화 〈리미트리스〉(2011)와 같이 인간의 뇌의 성능을 오버클럭킹Overclocking하는 것으로 인간의 인식을 향상시키는 것에 목적이 있다. 그리고 또 다른 선구자로는 테슬라 사장이기도한 엘런 머스크Elon Musk가 있다. 그는 뉴럴링크Neuralink라고 하는 회사를 월드거버먼트서밋World Government Summit에서 2017년 2월 발표하며 인공지능 기술과 뇌에 대해 인간의 능력 향상을 위한 일환으로 인간의 생각을 업로드하거나 다운로드할 수 있는 뉴럴레이스Neural lace를 개발하고 있으며 AI가 인간보다 뛰어난 지능을 갖게 된다면 인간은 판단의 모든 부분을 AI에게 빼앗기는 상황을 예측하며 뉴럴레이스를 인간의 뇌에 삽입하여 두뇌를 강화해 AI의 발전 속도에 따라가는 계획을 발표하였다. 엘런 머스크의 경유 최근 수년 간 발표하였던 대다수의 프로젝트가 결과물로 나오는 상황이어서 향후 연구의 결과가 기대된다. 이와 같은 해외 기술 동향 및 선진 기술을 토대로 스마트 쉘터에 활용 가능한 뇌파 텍스 모듈을 기획하였으며 요소 기술 실험을 진행하였다.

뇌파 모듈을 활용한 스마트 쉘터는 융합 요소 기술을 활용한다. 뇌파 측정 센서의 소형화에 따라 최근에 의료 이외의 목적으로 활용 범위가 넓어지면서 뇌전도파EEG분석 데이터베이스와 이를 활용한 쉘터 사용자의 패턴 측정 뇌파 측정 모듈은 뇌전도파 기반의 뇌파 정보를 읽어 신호 처리값을 정리한다. 뇌파 모듈에서 사용하는 센서는 이모티브Emotiv사의 헤드셋 에폭Epoc에서 사용하는 습식 방식의 뇌파 모니터링 장비이고 14개의 센서로 구성되어 있다. 센서는 뇌에서 발생하는 미세한 전기 신호를 증폭해서 뇌파의 유효한 파형을 만들어 내어 신호를 읽음으로써 사용자의 심리적인 상태를 파악한다. 오픈 소스를 활용한 뇌전도파 기술을 활용하여 뇌파 모듈을 공간 적용이 가능하다. 하지만 해당 장비를 활용한 타 산업 분야 사례의 경우 머신 러닝 기법을 활용하여 사용자의 생각과 키보드의 명령키를 동기화하는 키맵핑 방식의 사례가 다수이다. 다음과 같은 뇌파의 키맵핑 프로세스의 경우 공상 과학 영화에서 주로 다루었으며 대표적으로 〈에반게리온〉이라는 애니메이션이 있다. 다음 애니메이션에서는 사용자가 로봇의 '엔트리 플러그'에 탑승하여 로봇과 뇌파를 동기화하여 조작하는 프로세스를 거친다. 현재 의료 목적 이외의 뇌파 관련 사례들은 키맵핑 방식이 대부분이다.

2014년에 뇌파로 움직이는 자동차 프로젝트에 참여할 당시 뇌파 센서를 활용한 측정 정보를 패턴화해 자동차를 운전하여 수행하는 프로젝트는 IoT 모듈의 공학적인 접근뿐만 아니라 감성적인 접근까지 시도할 수 있는 사례였다. 당시 프로젝트의 참여 파트는 전기 자동차를 분해 및 조립하는 역공학 작업으로 핵심 프로그래머와 설계자의 역할을 간접적으로 프로세스를 파악하는 작업을 진행하였다. 뇌파 만으로 자동차를 움직이는 SF 영화와 같은 일을 부분적으로 완성하고 현실의 활용 가능성이 높은 기술임을 체감한 후 불과 1년 사이에 스마트폰과 연동되어 자이로Gyro sensor와 유사한 평형 감지 센서를 활용한 퍼스널 모빌리티Persnal Mobility가 등장하고 있다. 뇌파로 움직이는 자동차는 차량 내부의 컴퓨터가 운전자의 뇌파를 감지해 운전자의 생각대로 자동차를 조작하는 방식이었으며 스마트 쉘터에서 다양한 IoT 모듈이 사용자의 생활 패턴과 어떤 방식으로 융합할 수 있는지에 대한 방향성을 제시한다. 뇌파와 컴퓨터 인터페이스 사이를 동기화해 제어하는 '뇌-컴퓨터 인터페이스BCI: Brain Computer Interface'가 뇌파 자동차를 구동시키는 핵심 이론이다. BCI 이론은 1970년대 초부터 2000년대 초까지만 해도 의료 목적의 전문적인 활용에만 국한되었지만 최근 웨어러블 장비로 뇌파 장비가 게임 컨트롤러로 보급화 되면서 의료 목적의 100개 채널 이상되는 뇌파 장비에서 10개 채널 미만의 휴대성이 강화된 장비가 출시되면서 다양한 분야에서 뇌파 활용을 위한 연구가 지속되고 있다. (뇌파 자동차의 경우 조이스틱처럼 소형 컴퓨터인 마이크로 컨트롤러 기반의 모터 드라이버를 활용해 모터를 통해 뇌파의 정보를 제어해 작동하는 원리이다.) 해당 차량은 뇌파 감지 센서로 활용된 이모티브의 '에폭EPOC'이라는 헤드셋을 착용하고 차를 운전하는 것으로 헤드셋에는 뇌의 각 부위의 활동을 측정하는 센서가 장착돼 있다. 뇌파 헤드셋은 뇌파를 기반으로 감정의 패턴을 이용해 차량을 조작할 수도 있으나 보다 명확한 조작을 위해서 표면적으로 드러나는 표현을 통해 뇌파를 조작할 수도 있다. 예를 들어 눈을 깜빡이거나 눈을 움직이고 미간을 움직이는 등 보다 명확한 행위는 차량에 가속을 가하거나 정지를 하는 것과 같이 명확한 작업이 요구되는 부분에 활용되었다. 뇌파에서 전달되는 신호와 패턴은 48볼트48v 규격 '인휠모터In-Wheel Motor'로 전달되었다. 해당 프로젝트의 역공학 작업을 진행 중 스마트 쉘터를 현장에서 비전문가가 해당 모듈을 조립하는 것에 대한 어려움을 해결하기 위한 쟁점이 예측되듯 설계 기획 시 기존 차체 프레임과 전기 자동차 모듈 간의 결합을 위한 정보를 파악하기 위해 3차원 스캐닝 작업을 통해 공정상 오차를 최소화하기 위합 작업을 진행하였다. 뇌파를 활용한 자동차는 아직 실험 단계이며, 공학적인 접근을 통한 전기 모터 컨트롤을 통한 작업의 프로세스가 진행되는 사례도 있고 쉘터 운영 시에는 공간에 대한 사용자의 감성적인 상태나 몸이 불편한 이들의 행동 패턴에 대한 예측을 기반으로 정량적인 감정의 수치를 고려한 사용자의 모니터링과 설계 방식까지 개발하는 등 IoT 장비들 간의 대화를 통한 다양한 경우의 수로 활용 가능할 것으로 생각한다. 또한, "쉘터의 환경 중 복합적인 센서 정보를 취합하여 공학과 감성의 효과적인 융합 시대가 올 것"이라고 예측된다.

뇌파를 활용한 다른 선행 사례는 드론 분야에 있다. 국내의 드론 산업은 안보라는 나라의 특성상의 규제로 인해 타 선진국에 비해 뒤쳐져 있다. 특히 드론 선진국이라고 분류되는 미국의 경우 평창 올림픽 개·폐회식에서도 보았듯 인텔에서 개발된 인공지능 기술을 활용한 군집 비행 및 자동 항법 비행 등 많은 요소 기술들이 개발되고 있으며 뇌파 자동차와 유사한 기법으로 뇌파 컨트롤을 활용하여 운용하는 드론 역시 미국의 플로리다 대학을 중심으로 브레인 드론 레이스Brain Drone Race를 개최할 정도로 다양한 방식으로 연구가 진행되고 있으며 미국 애리조나주립대학 산하 로봇 연구소인 'HORC랩Huamn Oriented Robotics and Control Lab'은 뇌파를 이용해 군집 드론을 제어하는 기술 연구를 하고 있다. 사람의 뇌파 컨트롤로 3대 이상의 쿼드콥터 드론을 일정한 형태와 간격으로 비행 상태를 유지하는 군집 비행을 유도하는 작업을 하였다. 다음 뇌파 컨트롤 방법은 뇌파 자동차와 같은 기술을 활용하나 움직이는 공간이 지상과 하늘로 이동하는 차이만 존재하며 이모티브사의 드론을 운용하기 위한 공개 라이브러리를 활용해 컴퓨터로 뇌파 패턴을 전송한다. 전송되는 뇌파 패턴은 사용자와 컴퓨터 간의 연결 프로그램을 통해 머신 러닝 학습과정을 통해 키보드의 키와 동기화 작업을 거친 후 드론을 상하, 전후좌우로 이동할 수 있게 셋팅한다. 드론을 처음 주행 시 비행체를 일정한 고도를 유지하는 호버링hovering 작업조차 쉽지 않다. 직관적으로 사용자가 직접 조이스틱으로 조작하는 것도 많은 연습이 요구된다. 하지만 DJI사나

3DR3D Robotics사의 스마트 드론의 경우 사용자에게 최소한의 정보를 전송받고 안정적인 비행을 구현하기 위해 비전 기술을 활용한 인공지능 처리와 센서를 활용한 장애물 충돌 방지 기능 등을 활용해 최소의 파라미터값만을 가지고 드론을 움직이는 시스템이 요구된다. 뇌파 운용을 통해 진행한 실제 시연을 진행하였으며 지상에서 진행하는 것보다 실험 방법에 어려움이 있어 자체 실험에서는 드론을 착륙시키는 작업만을 우선 진행하였다. 이모티브의 머신 러닝 제어판을 통해서 키보드와 맵핑을 진행하여 프로세싱Processing을 통해 키를 연동하였다. 그 후 크레이지플라이Crazyflie라는 오픈 소스 기반 드론에 로봇 운영 체제를 통해 뇌파와 드론을 연동하여 자율 비행하던 비행체에 착륙 명령을 내리는 작업을 진행해 보았다. 대부분의 비행 작업을 알고리즘을 통해 자동화하고 뇌파의 특정 패턴만 인식할 시에 키보드의 특정키가 작동하면 드론이 착륙하는 작업을 진행해 보았다.

3. 뇌파 모듈의 센서 정보 정제 작업

뇌파 센서 정보는 스마트 쉘터 운영을 하기 위해 주변 상황을 분석하는 도구나 센서 측정을 통해 환경 모니터링 데이터를 정제한 데이터를 의미한다. 스마트 환경을 위한 파라미터는 센서를 통한 온도, 습도, 조도 등의 분석과 인체 모듈러human modular, 영상을 통한 인체 뼈대 검출 센서를 통한 인간의 행태human behavior의 누적 데이터를 패턴화하는 과정이 있으며 이 과정은 제삼자의 관찰자적 입장에서 검출된 센서 정보라면 뇌파의 경우는 사용자의 반응 정보를 직관적으로 검출하여 누적시킨 원초적인 데이터이다. 주변 환경의 변화에 따른 개인이 느끼는 전자기적 뇌파에서 도출된 데이터의 재배열 과정을 통해 디자인 및 자동화 설계를 위한 센서 정보를 지수화하여 적용한다. 특히, 센서 정보를 간소화하는 지수화 과정에 대해 도식화하였으며 디자인의 정량적인 검증을 위한 환경 분석 프로그램과 뇌파 데이터가 정제된 지수화된 파라미터 간의 피드백 과정을 표현하는 프로세스로 설계하였다. 다음과 같은 피드백 과정을 전체적인 범주로 'BCI Brain Computing Interface'라고 불리며, 사용자의 뇌파 신호를 측정하여 컴퓨터 시스템을 활용하는 원리 및 방법을 연구하는 학문이다. 최근 BCI 분야는 의료 목적을 위해 활용되는 것을 벗어나 다양한 분야와 사용자 간의 상호 작용 관계를 BCI의 연구 범위로 확산하고 있다.

본 뇌파 모듈은 총 세 가지 구성 요소 중 사용자 경험을 의미하는 뇌파의 채널별 정보와 IoT기기들과 연동을 위한 자동화 시스템 간의 피드백에 관한 상호 작용에 초점을 맞추어 진행한다. 다음 프로세스에서 상호 작용이란 사용자의 뇌파 정보와 IoT 기반 시스템의 상호 간에 발생하는 일종의 의사소통 과정이다. 상호 작용의 과정을 통한 데이터를 디자인 및 운용 과정에 반영하면서 사용자가 느끼는 감정과 환경 조건에 따른 뇌파 정보와 이에 반응하는 시스템의 절차를 설계하는 과정이 스마트한 환경을 구성한다는 것을 의미한다. 도구적 측면에서 인터페이스란 사람과 컴퓨터 간의 의사소통을 위한 입출력 장치라면 상호 작용은 사용자 주변 환경에 따른 상황과 컴퓨터 간의 의사소통을 하는 행위라는 측면이다. 마이크로칩에 의한 소형 컴퓨터의 기술 발달과 센서 기술의 보편화에 따라 사용자의 상황과 컴퓨터 사이의 동적인 모니터링 개념이 발달하며 본 모듈의 뇌파 처리 기법에도 중요한 주제가 되고 있다. 모니터링상의 상호 작용 과정은 사용자가 의식하지 못하는 사이에도 끊임없이 데이터가 흘러가는 과정 속에 패턴을 만들고 정량화한다. 다음과 같은 정량화 방법은 일반적인 센서 기술에서 경험한 상호 작용의 파생형 기술 형태인 모달리티modality에서 다양하게 나타나면서 상호 작용의 패러다임이 바뀌고 있다. 예를 들어 기존 기술을 통해 경험했던 상호 작용이 인터넷, 웹, 모바일, 스마트 기기를 통해 설계 행위가 이루어지는 것이다. 모달리티는 사용자와 컴퓨터 사이의 커뮤니케이션 통로이며 사용자 환경을 구성하고 있는 다수의 센서값을 통합 센서 정보로 변환하기 위해 센서 퓨전 알고리즘을 활용해 센서 데이터를 IoT 기반 시스템들이 이해할 수 있는 삽입값으로 변환하여 정보화한다. 정제된 센서 정보를 위해 중요한 요소는 운용 목적에 적합한 센서의 모니터링 기법이다. 뇌파의 센서값의 자동화 시스템 적용을 위해서 데이터의 정량적인 도출이 요구된다. 자동화 시스템의 IoT 호환 자동화 알고리즘의 삽입값에 수치적인 정보를 적합하게 적용하기 위해서는 지수화 과정이 요구된다. 모니터링된 데이터를 효과적으로 반영하기 위해서는 도출된 데이터가 분류 체계로 나누어 목적에 적합한 활용 계획을 세워야 한다. 스마트 쉘터 공간을 구성하는 가장 중요한 요소는 주변에서 발생하는 환경 정보 및 뇌파와 같은 심리적인 정보를 파라미터화하는 것에 있으며 이러한 지수화 과정은 마치 〈매트릭스〉 영화의 한 장면처럼 주변의 모든 요소를 정량적으로 수치화하는 것이다. 스마트 공간 구성의 계획은 적합한 데이터를 상황 조건에 따라 적절한 분석의 프로세스에 따른 변화에 적응하는 능동적인 운용의 프로세스가 필요하다. 대지 및 공간 분석 요소를 정리한 항목을 참조하여 스마트 공간 구성을 위한 정량적 분석 요소를 나누고 추가적인 가공이 없는 1차원적인 수치 데이터를 수집할 수 있는 항목을 정리하였다. 분석 항목과 감지할 수 있는 센서명의 상호 관계를 통해 정량적 센서 측량을 위해 사용한다. 뇌파 정보를 삽입값으로 처리하는 지수화 과정은 표에서 보이는 과정 1과 같이 파형 a의 특정 위치에 점을 산출하고 산출된 점 a1-a3의 거리가 산출되며 해당값의 지수화를 위해 0-1과 같이 지정된 변수의 범위로 패턴화값을 산출한다. 과정 2와 같이 각 파형의 값을 절대 평균 범위 안으로 리맵핑 과정을 통해 원활한 IoT 기반 자동화 시스템을 위해 제한 조건을 설정하고 서로 다른 선분 a와 b, 두 가지 파형의 절점을 산출하여 지수화된 데이터를 하나의 지수화 축으로 센서를 퓨전하여 2가지 서로 다른 센서의 값을 하나의 패턴으로 재배열한다. 다음과 같이 제한된 설정과 범위를 가진 조건

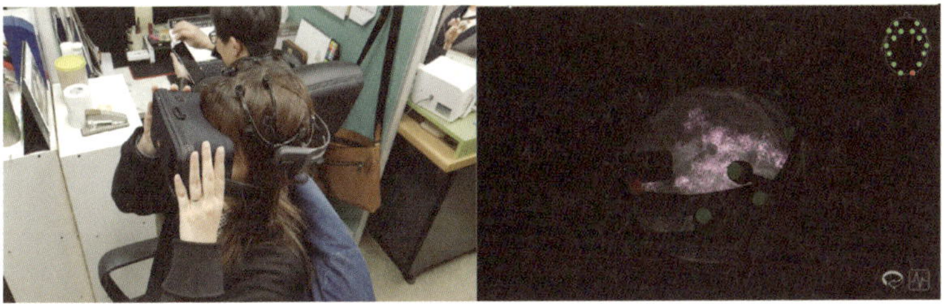

도판 9-5. VR을 활용한 가상 공간에 대한 뇌파 측정 실험

하에 서로 다른 타입의 센서 정보를 백분위로 지수화하여 서로 다른 센서값을 파라미터로 전환하는 과정을 거친다. 뇌파 변수의 자동화 시스템 적용을 위한 지수화 과정을 거친다.

4. 뇌파 모듈의 IoT 환경 자동화 시스템에 적용

뇌파 기반 자동화 시스템은 스마트 쉘터 운용을 위해 뇌파 검출과 자동화 알고리즘에 적용하는 세 단계의 과정을 통해 대안을 도출한다. 1단계는 뇌파 신호 측정을 위한 검출 단계로, 사용자 중심의 스마트 환경을 위한 뇌파 정보와 파라메트릭 시스템과 연결해 줄 1차원적 센서 정보를 중심으로 삽입값을 도출한다. 기본적인 뇌파 장비의 제어판에서는 6가지의 감정 패턴의 뇌파 정보의 14개 채널 중 강하게 반응하는 하나의 채널을 선정하여 센서값으로 반영하였다. 단, 현재 진행되는 테스트의 경우 채널별 감정에 대한 상관 관계 분석이 진행되지 않았으므로 가장 강한 베타값이 도출되는 채널을 임의로 설정하였다. 실험 당시 임의 지정값은 채널 T7의 센서값을 사용하였다. 2단계는 지수화 단계로 자동화 시스템의 형상 정보와 연동하기 위해 1채널의 뇌파 정보를 연동하여 자동화 시스템에서 유효하게 작동할 수 있게 지정한 범위 안으로 재배열해 지수 데이터를 산출하여 삽입

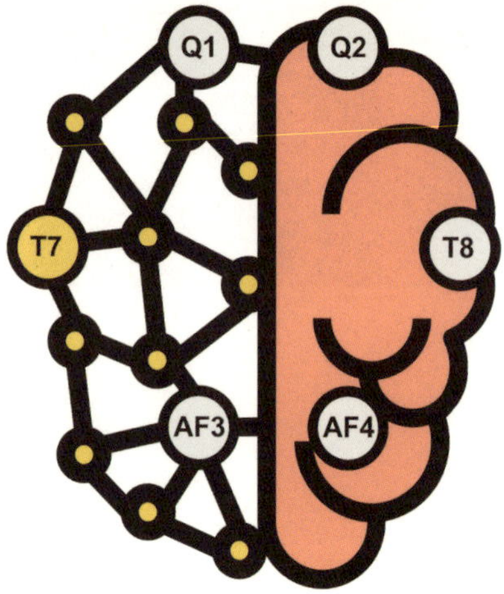

도판 9-6. 뇌파 데이터를 활용한 캐드 시스템 운용

값으로 정리한다. 3단계는 도출 단계로 쉘터 운영을 위한 자동화 알고리즘이 반영된 자동화 시스템에 파라미터를 반영 후 시스템과 캐드 시스템간의 연계를 통해 대안을 도출하여 뇌파 정보를 활용해 스마트 환경 기반 시스템과의 연계 과정을 검증한다.

1단계의 검출 단계에서는 뇌파의 채널별 센서 정보를 도출하기 위해 14개의 전자극 채널로 구성되어 있으며 표면적으로 반응하는 사용자의 외부적 행위는 얼굴의 표면 근육 이완에 따른 정보, 눈동자의 움직임 정보, 눈 깜빡임 및 미간의 움직임 등이 있고 사용자의 내면적인 상태는 어떠한 일에 집중할 때, 피부에 돌기가 일도록 안 좋은 추억의 일을 회상할 때, 음식에 의한 행복감을 느낄 때, 영상으로 행복감을 느낄 때, 슬픈 감정을 느낄 때의 감정으로 분류된다. 이와 같은 뇌파 센서 정보를 활용해서 컴퓨터 시스템의 단축키를 설정, 마우스 커서 컨트롤 등의 컴퓨터 내의 행위를 수행할 수 있다. 14개의 채널들의 뇌파들은 각 위치당 하나의 감정을 표출하는 것이 아니라 감정의 영역당 3~4개의 전자극 위치들이 해당 감정이나 특정 범

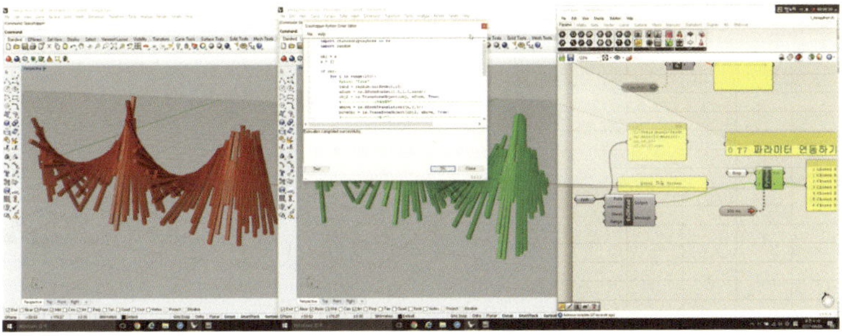

도판 9-6. 뇌파데이터를 활용한 캐드 시스템 운용

주의 값에 종합적으로 반응하여 뇌파값을 얻을 수 있다. 다음 실험은 사용자가 정의한 뇌파 센서의 위치인 T7의 값을 활용하여 파라메트릭 시스템에 활용하고자 한다. T7값의 경우 사용자의 심리 상태 중 불안과 안정 등의 값들이 가장 활발히 일어나는 값으로 뇌파의 TTF 변환값 중 베타값이 가장 빈번히 발생하는 현상을 보고 파라메트릭 시스템과 역동적인 데이터 관계가 활발히 일어나는 결과를 도출하기 위해 데이터를 가공하였으며 RawEEG인 뇌파 측정 표본 정보를 기준으로 활용하였다. 일정 시간 동안 사용자로부터 모니터링된 T7의 센서값은 스프레드 시트 타입으로 저장 후 파라미터값으로 지수화 과정을 거쳐 시스템에 유효한 값으로 변환하였다. 지수화된 수치값은 전체 수의 범위가 0.1~1.0 사이 값으로 재배열하여 정리하였다. 각각의 변수값들은 고요한 영상과 다이내믹한 영상을 보면서 심리적인 변화의 상태에 따라 뇌파의 변화 상태를 형태의 변형에 반영하였다. 지수화된 T7의 값의 초기 파라미터 값을 0.5로 지정하고 고요한 영상을 보았을 때는 0.5 미만의 수가, 다이나믹한 영상을 보았을 때는 0.5 이상의 수가 도출되어 상반된 값이 나왔으며 해당 값을 시스템에 적용하여 형태 변화가 이루어지는 프로세스를 검증하였다. 하지만 정확하게 뇌파의 심리적인 효과의 패턴에 대해 파악을 하고 진행한 것이 아니기에 감정에 따른 뇌파의 채널별 분포에 대한 DB 구축과 선행 연구에서 도출된 자료의 정리가 요구된다. 뇌파를 자동화 시스템에 적용하여 14개 채널의 뇌파 정보 중 T7에 대한 뇌파 정보만을 활용한 사례이다. 대안의 극명한 차이를 주고자 고요한 영상과 다이나믹한 영상을 통해 추출된 뇌파 정보를 활용하여 대안을 산출해 보았다. 정제된 뇌파 정보는 형태의 다양성을 줄이는 현상이 발생하였으나 뇌파를 통해 형태의 변형을 주었다는 새로운 접근 방법을 찾았다는 것에 의의가 있다. 하지만 사용자에 주어진 주변 환경의 자극에 따른 뇌파값의 역학 관계를 파악하여 뇌파 변수의 운용에 대한 사전에 정리된 연구를 기반으로 신뢰성 있는 값의 운용에 대한 파악이 요구된다.

5. 스마트 쉘터의 뇌파 모듈 현실화 과제

스마트 쉘터 환경 구축을 위한 방법론으로 모듈에 대한 연구를 진행하면서 뇌파 모듈에 대한 부분적인 개발 부분에 대해 정리하였다. 인간 중심의 뇌파 센서를 활용한 사례를 살펴 보고 본 연구팀이 구축 계획 중인 '스마트 쉘터'의 기술적 접근 시도와 부분적 프로토타입 운용을 통한 적용 가능성 검증에서 출발하였다. 본 글은 특히 의료 목적으로 활용되던 뇌파의 활용 분야에서 타 산업 분야에 적용하는 사례를 찾아보고 직접 구현을 해보면서 기존 선행 사례 연구의 한계와 기술 중심이 아닌 사용자 중심의 감성 정보를 방법론을 모색하고 부분적으로 적용해 보았다. 스마트 쉘터 중 스마트 환경을 위해 기존의 관찰자적 센서와 뇌파와 같은 직관적인 센서가 '센서 퓨전'이라는 과정을 통해 함께 사용되어야 데이터 간의 상호 보완적인 스마트 환경 구축이 된다. 뇌파 센서의 1차원적인 정보를 가공하여 활용하는 방법으로 지수화라는 과정을 거쳐 값의 변환을 주었고 IoT 기반의 자동화 시스템에 적용하기 위한 프로세스를 진행해 보았다. 향후 연구는 스마트 쉘터를 구성하는 추가적인 모듈 구성과 현재 실험이 뇌파의 심리적인 효과의 패턴에 대해 파악을 하고 진행한 것이 아니기에 감정에 따른 뇌파의 채널별 분포에 대한 DB 구축과 선행 연구에서 도출된 자료의 정리가 요구된다. 또한 뇌파를 활용한 자동화 시스템의 추정 환경에 모집단의 표본 추출 과정을 통해 실질적인 스마트 쉘터 적용을 위한 프로세스 수준을 검증하고 상황별 정보 추정 단계에 대한 표본회귀선의 유의성 검정을 통한 회귀식을 도출하여 무분별하게 지속적으로 도출되는 센서 정보의 효과적인 신호 처리를 위해 95% 이상의 신뢰 구간을 회귀식을 통해 산정하여 유효 파라미터 도출 구간을 제시하여 파라미터의 효율적인 관리를 통해 스마트 쉘터에 기술 요소로 장착되는 스마트 장비가 사용자의 상황에 능동적으로 대처하도록 보완하고자 한다.

후주

1. 좋은 공간의 모색: 모더니즘 공간과 포스트모더니즘 공간을 넘어서

1. Markus Schroer, *Räume, Orte, Grenzen - Auf dem Weg zu einer Soziologie des Raums*, Suhrkamp Verlag, 2006, p. 10.
2. 장 보드리야르; 장 누벨, 『건축과 철학』, 배영달 역, 2003, p. 23.
3. Marc Augé, *Non-Places: Introduction to an Anthropology of Supermodernity*, trans. by John Howe, Verso, 2000, p. 79.
4. Hans Ibelings, *Supermodernisme: L'architectecture à l'ére de la globalisation*, Hazan, 2003, p. 66.
5. Anthony Vidler, *The Architectural Uncanny: Essays in the Modern Unhomely*, The MIT Press, 1999, p. 190. 나아가 비들러는 이러한 근대적 역설이 포스트모더니즘의 필수 요소를 구성한다고 언급한다.
6. 여기서 모더니즘은 미술에서의 모더니즘과 마찬가지로 양식적으로는 19세기 말부터 20세기 포스트모더니즘 시기 이전까지를 지칭한다. 그러나 모더니즘은 이미 마네로부터 시작되었다는 그린버그의 주장처럼, 모더니즘 건축이 19세기 말부터 시작된 건축 양식을 지칭하지만 더 포괄적인 의미로 확장될 수 있을 것이다. 특히 모더니즘 양식은 국제적 양식으로 확장되어 나타난다는 점에서 지역성과 대치되는 대도시, 나아가 근대 도시 공간의 특성을 집약적으로 드러낸다고 할 수 있을 것이다.
7. "자본주의하에서는 영속적 투쟁이 존재하는데, 그 속에서 자본은 특정 순간 자신의 상황에 알맞은 물리적 경관을 형성하며, 그 물리적 경관은 항상 다음에 잇따르는 위기의 과정에서는 파괴되어야 한다. 물리적 자본 축적 환경에 대한 시간적, 지리적 투자의 성쇠는 그러한 과정을 통해서만 이해될 수 있다." David Harvey, "The Urban Process under Capitalism", *International of Jounal Urban and Regional Research* 2, 1978, p. 124. 에드워드 소자, 『공간과 비판사회이론』, 이무용 외 공역, 시각과언어, 1997, p. 134에서 재인용. 여기서 자본의 상황에 적합한 물리적 경관이란 바로 도시적 경관을 말한다. 말하자면 자본에는 그 국면에 따라서 다른 모습을 띤다 하더라도 도시라는 물리적 공간의 전제가 불가피한 것이다.
8. 앤디 메리필드, 『매혹의 도시, 맑스주의를 만나다』, 남청수, 김성희, 최남도 공역, 이후, 2005, pp. 317-8 참조.
9. 마르크스주의자인 하비는 도시란 근본적으로 착취의 공간임을 분명하게 표명하는데, 이를 달리 말하자면 오늘날 도시는 자본의 착취가 이루어지는 공간적 표현이라는 것이다. 그러므로 그에 의하면 이러한 도시의 딜레마를 해결할 수 있는 방안이란 오로지 '반자본주의적 시스템에 의해서 운영되는 새로운 도시 공간을 창출하는 것'이다.
10. 물론 이 말이 오로지 도시에만 헤테로토피아가 존재한다는 뜻은 아니다. 푸코는 "자체적인 헤테로토피아, 또는 헤테로토피아들을 구성하지 않는 사회는 아마도 없을 것이다. 그것은 확실히 모든 인간 집단의 변하지 않는 상수 같은 것"이라고 언급한다. (미셸 푸코 2014, pp. 15) 헤테로토피아는 원시 시대부터 존재한 것이다. 여기서 중요한 것은 헤테로토피아가 원시 사회건 근대 사회건 그 사회의 장소 내에 있으면서도 실제 장소를 갖지 않는 이질적인 공간이라는 것이다. 또는 "우리가 그것 안에 살고 있으면서도 그것에 의해 우리 자신의 바깥으

로 이끌리는 공간, 바로 우리의 삶, 시간, 역사가 침식되어가는 공간, 우리를 주름지게 만들고 부식시키는 공간"으로서 '이질적인 공간'이 헤테로토피아이기도 하다. (미셸 푸코 2014, pp. 45-7)

11. 벤야민에게 자본주의적이고 속물적이라고 할 수 있는 대도시의 공간이 매력적으로 느껴졌던 이유는 바로 이 때문일 것이다. 그는 진리가 총체성(Totalität)의 모습을 띠고 나타난다는 것을 거부하였다. 그것은 오로지 '파편적인 모습'으로만 나타날 수 있는 것이다. 그에게 진리란 그러한 파편적인 모습들이 한 순간 '성좌'(Konstellation)의 모습을 띠고 나타났다 사라지는 섬광과도 같은 것이다. 진리에 대한 벤야민의 정의는 『독일 비애극의 원천(*Ursprung des deutschen Trauerspiels*)』 서문에 상세하게 나타난다. 이 부분은 벤야민의 저술에서 예외적이라고 할 만큼 산문적이지 않은 체계적인 서술로 이루어져 있다. 물론 이 책에는 도시에 대한 언급이 전혀 없다. 그러나 파편들을 통해서 직관적 상상력을 동원하여 하나의 섬광과도 같은 이야기를 만드는 산책자의 모습은 벤야민이 생각하는 가장 이상적인 진리의 발견자에 가까운 것이다.
12. 심혜련, 「도시 공간 읽기의 방법론으로서의 흔적 읽기」, 『시대와 철학』 23(2), 2012, p. 83 참조.
13. 벤야민은 흔적과 아우라를 비교하면서 흔적을 도시의 특성으로 본다. 그에 따르면 "흔적은 흔적을 남긴 것이 아무리 멀리 떨어져 있더라도 가까이 있는 것(Nähe)의 현상이다. 아우라는 설령 그것을 불러일으키는 것이 아무리 가까이 있더라도 멀리 있는 것(Ferne)의 현상이다." (발터 벤야민 2005, p. 1025)
14. 벤야민은 산책자의 사회적 기반을 저널리즘이라고 말한다. 저널리스트는 자신을 팔기 위해서, 즉 노동하기 위해서 도시 한복판으로 나가지만 자신의 노동 가치를 높이기 위해서 쓸데없는 곳에서 시간을 보낸다. 즉 노동력이라는 상품의 가치가 사회적 평균 노동 시간이라는 자본주의의 법칙을 이미 간파하고 있는 듯이, 자신의 노동 시간을 불필요하게 늘임으로써 가치를 높이는 것이다. 벤야민은 바로 역설적인 행위의 특성을 산책자에 부과하고 있는 것이다. (발터 벤야민 2005, p. 1025)
15. 이러한 공간들은 실제로 푸코가 들고 있는 대표적인 헤테로토피아의 공간이다.
16. 가령 에로티시즘의 공간인 매춘 공간은 트랜스젠더가 실질적으로 용인되는 공간이다.
17. Elizabeth Grosz, *Architecture from the Outside: Essays on Virtual and Real Space*, The MIT Press, 2001, p. 91 참조.
18. 이런 점에서 그로스의 전략은 획일적 정체성을 강요하는 '팔루스 중심적' 공간을, 바로 이러한 '외부', 즉 틈으로서의 사이 공간으로 대체하는 것이다.
19. 벤야민은 근대 공간론을 대표하는 기디온이나 르코르뷔지에의 공간적 특징을 '투명성'으로 보고, 이를 고전적 의미의 거주(은밀한 사적 공간)에 대한 종언으로 보았다. (Vidler 1999, p. 217 참조.)
20. 지그프리드 기디온, 『공간, 시간, 건축』, 김경준 역, 시공문화사, 2013, p. 394.
21. 위의 책, p. 476.
22. 위의 책, p. 477.
23. 존 러스킨, 『건축의 일곱 등불』, 현미정 역, 마로니에북스, 2012, p. 51.
24. 위의 책, p. 52.
25. 물론 이러한 태도가 르코르뷔지에의 일관된 태도였다고 할 수는 없을 것이다. 잘 알려져 있다시피 후기에 그는 콘크리트에 아무런 도장도 하지 않은 노출 콘크리트 벽을 디자인하였다. 이는 기능보다는 전적으로 재료가 지닌 물성, 즉 감각적 측면을 고려한 것이다. 철저한

기능주의자로 알려진 르코르뷔지에의 후기 작업들은 기능주의와 대립되는 표현주의의 선구적 모습을 보인다는 것 또한 잘 알려진 사실이다. (Hearn 2003, pp. 265-6)

26. 특히 비행기 디자인에 대한 그의 집착은 매우 심하다. 그는 "나는 건축의 관점에서 볼 때 비행기 발명가의 정신상태를 지니고자 한다."고 말한다. (Le Corbusier 1990, p. 85)
27. 르코르뷔지에의 또 다른 서명이라 할 수 있는 '실내 가로'나 '옥상 정원' 등도 기능적인 차원에서 설명되지 않는 요소들이다.
28. 이런 점에서 우리는 콜린 로우(Colin Rowe)의 '투명성' 개념을 다시 조명해야 할 필요성이 있을 것이다. 그의 '투명성'은 기디온에 나타나는 문자 그대로 투명성과 다른 차원을 지닌다. 심지어 그의 투명성 개념은 모호함과 다의성, 보이지 않은 공간의 차원까지 포괄하는 것이기도 하다. 그에 대해서는 별도의 연구가 필요할 것으로 본다.
29. 미셸 푸코, 『헤테로토피아』, 이상길 역, 문학과지성사, 2014, p. 17.
30. 비들러는 이러한 투명성에 대한 집착이 오히려 드러나지 않는 불투명한 공간을 필요로 하며 이러한 이율배반적 모습이 곧 언캐니한 모습이라고 한다. 그런데 그는 이런 언캐니한 양상을 '반투명성'(translucency)이라는 은유적 표현으로 묘사한다. (Vidler 1999, p. 221) '반투명성'이라는 은유는 그것을 바라볼 때 우리의 모습이 반사되지 않고 여과되어 버리는 투명성이나, 우리의 모습은 반사시키되 속이 전혀 들여보이지 않는 불투명성과 구분하기 위한 것이다. 반투명성은 비록 투명하게 속을 비추지만 완전히 투명한 상태와 달리 우리 자신의 모습을 반사시키는데, 이러한 이중인화(superimposition)의 특성은 곧 투명함 속에 사실상 그 투명성의 주체인 우리 자신을 보여줌으로써 완전한 투명성을 좌절시키는 역설적 과정이다.
31. 지그문트 프로이트, 『프로이트 예술 미학 분석』, 김영종 역, 글벗사, 1995, p. 186. 여기서 인용한 한국어 번역판에서 'the uncanny'(das Unheimliche)는 '무시무시한 것'으로 번역되어 있다. 이 번역어가 오역이라고 할 수는 없지만 프로이트가 사용하는 의미를 드러내기에는 매우 불충분하다. 그래서 프로이트의 'the uncanny'는 마치 외래어처럼 그냥 '언캐니'로 표기하기도 하며, 그 뜻을 좀 더 분명하게 드러내기 위해서 '익숙하지만 낯선'으로 번역하기도 한다. 여기서는 본문에 이 단어의 뜻을 충분히 설명하고 있다고 판단이 되므로 그냥 '언캐니'의 표현을 사용한다.
32. Vidler, 앞의 책, p. 217.
33. 로봇이 인간을 닮으면 닮을수록 친숙하기는커녕 더 낯설고 섬뜩한 느낌을 준다는 '언캐니 곡선'(uncanny valley)은 언캐니의 개념을 가장 잘 드러내는 사례라고 할 수 있을 것이다. 프로이트 역시 기괴한 소설과 이야기에 등장하는 인형들의 사례를 들면서 '언캐니'의 개념을 설명하였다.
34. 마리타 스트러큰; 리사 카트라이트, 『영상문화의 이해』, 윤태진; 허현주; 문경원 공역, 커뮤니케이션북스, 2006, p. 245.
35. 셔먼의 작품은 페미니즘의 성격이 강하며 페미니즘의 맥락에서 많은 주목을 받고 있지만, 여기서 필자가 주목하는 것은 페미니즘의 차원과 비록 무관하지 않지만 보다 근본적인 근대적 바라봄에 대한 문제 제기의 차원임을 밝혀둔다.
36. Vidler, 앞의 책, p. 76 참조.
37. Karsten Harries, *The Ethical Function of Architecture*, The MIT Press, 1997, p. 8.
38. 로버트 벤투리, 『건축의 복합성과 대립성』, 임창복 역, 동녘, 2004, p. 83.
39. 위의 책, p. 43 참조.
40. 위의 책, p. 74 참조.
41. Bernard Tschumi, *Architecture and Disjunction*, The MIT Press, 2001, p. 81. 추미와 바로

후에 언급될 누벨의 건축이 지닌 포스트모더니즘의 특징에 대한 보다 구체적인 논의에 대해서는 박영욱의 저서 『필로아키텍처: 현대건축과 공간 그리고 철학적 담론』(향연, 2009) 3장을 참조할 것.

42. 해리스는 '공간'과 '장소'의 구분에 대한 근거를 하이데거에서 찾는다. 하이데거의 장소와 거주의 개념에 대해서는 『필로아키텍처』 pp. 28-31을 참조할 것.
43. 바로 이런 점에서 해리스는 오늘날 포스트모더니즘 건축을 뒤집는 것은 결국 하이데거가 말한 '공간에 대해서 장소가 지닌 우위'를 복권하는 것으로 보았다(Harries 1997, p. 168).

2. 삶의 형식과 쉘터의 의미: 비트겐슈타인 하우스에 담긴 철학적 성찰

1. Ludwig Wittgenstein, G. H. von Wright (ed.), *Culture and Value*, trans. by Peter Winch, The University of Chicago Press, 1980, p. 16. 인용문은 1931년 10월에 쓰인 원고의 일부이다.
2. 건축주인 마르가레테 슈톤보로우크흐-비트겐슈타인의 이름은 책에 따라 가족 내에서 쓰이던 애칭 '그레틀(Gretl)' 또는 영어식으로 번안한 '마가렛(Margaret)'이 사용되기도 하나 본 논문에서는 독일어 원명인 '마르가레테'로 표기한다.
3. 거리의 명칭에 따라 그 주택을 칭하는 것은 비엔나의 전통이기도 하다. 예컨대, 루트비히와 마르가레테가 어린 시절을 보낸 귀족적인 대저택 '팔레 비트겐슈타인(Palais Wittgenstein)'은 저택이 위치한 거리의 명칭을 따서 간단히 '알레가세(Alleegasse)'라 불리기도 한다. 비트겐슈타인의 철학적 사유 및 그의 생애를 기반으로 하여 그의 건축에 함축된 의미를 고찰하는 본 글에서는 이 저택을 '비트겐슈타인 하우스'라 칭하고자 한다.
4. 비트겐슈타인 하우스를 다룬 대표적인 단행본으로는 〈비트겐슈타인 하우스〉 구원 운동에서 핵심적인 역할을 했던 베른하르트 라이트너(Bernhard Leitner)가 각각 1976년과 2000년에 출판한 『루트비히 비트겐슈타인의 건축』과 『비트겐슈타인 하우스』를 비롯하여, 네덜란드 레이던 대학의 파울 베이데벨트(Paul Wijdeveld) 교수가 자신의 박사 논문(1993)을 책으로 펴낸 『루트비히 비트겐슈타인, 건축가』(1994), 조지 메이슨 대학의 철학과 교수인 로저 페이든(Roger Paden)의 『신비주의와 건축』(2007), 그리고 버지니아 대학의 건축과 교수인 나나 라스트(Nana Last)가 쓴 『비트겐슈타인의 집』(2008) 등이 있다. Bernhard Leitner, *The Architecture of Ludwig Wittgenstein*, New York University Press, 1976; Leitner, *The Wittgenstein House*, Princeton Architectural Press, 2000; Paul Wijdeveld, *Ludwig Wittgenstein, Architect*, The MIT Press, 1994; Roger Paden, *Mysticism and Architecture: Wittgenstein and the Meanings of the Palais Stonborough*, Lexington books, 2007; Nana Last, *Wittgenstein's House, Fordham University Press*, 2008.
5. Allan Janik; Stephen Toulmin, *Wittgenstein's Vienna*, Simon and Schuster, 1973; Ivan. R. Dee, 1996; Ray Monk, *Ludwig Wittgenstein: The Duty of Genius*, Penguin Books, 1990.
6. 만하임의 지식 사회학적 범주를 사용하는 페이든의 통섭적 방법론에 대해서는 Paden, 앞의 책, pp. 1-13을 참조할 것. 언어와 공간의 간극을 극복하기 위해 라스트가 제안하는 철학적 텍스트의 공간 구축 및 '공간적 실천'에 대해서는 Last, 앞의 책, pp. 1-30을 참조할 것.
7. Monk, 앞의 책, pp. 17-18.
8. Leitner, 앞의 책(1976), p. 9; Ray Monk, 앞의 책, p. 235; Paden, 앞의 책, p. 18, pp. 26-27.
9. Paden, 앞의 책, p. 27. 실제로 마르가레테는 비엔나 4구역에 있던 팔레 알레가세(비트겐슈타인 가족의 저택) 가까운 곳에 토지를 구입했으나 도심의 대로에서 저택의 입구로 접근해

야 하는 입지의 문제점 때문에 비엔나 3구역으로 입지를 변경해야만 했다. 그러나 가족의 오락, 공적인 음악과 예술 활동, 식당과 서재 등의 대표적인 방들과 테라스가 있는 1층의 형식은 비엔나의 귀족적인 저택의 형식을 따른 것으로 처음부터 마르가레테가 확고하게 의도한 것이었다. Leitner, 앞의 책(2000), p. 24.

10. Paden, 앞의 책, pp. 22-27.
11. Wijdeveld, 앞의 책, p. 104. Paden, 앞의 책, p. 21에서 재인용.
12. 특히 전통적인 박공 지붕과 대조되는 평평한 콘크리트 지붕은 이후에 언급할 아돌프 로스가 비엔나의 모던 건축에 대한 언급에서 "유사 이래 가장 위대한 건축적인 발명"이라 칭했던 건축 요소이다. Panayotis Tournikiotis, *Adolf Loos*, Princeton Architectural Press, 1994, p. 61.
13. Georg Henrik von Wright, "Ludwig Wittgenstein, A Biographical Sketch", *The Philosophical Review* 64(4), 1995, p. 535; Leitner, 앞의 책(2000), p. 11; Paden, 앞의 책, p. 38; Colin St John Wilson, *Architectural Reflections: Studies in the Philosophy and Practice of Architecture*, Butterworth Architecture, 1992, pp. 54-65.
14. 창문의 메탈 커튼, 코너에 설치한 라디에이터, 출입구의 손잡이와 자물쇠 장치 등 모든 세부 설비를 비트겐슈타인 자신이 직접 디자인했다. 비트겐슈타인은 케임브리지에서 철학 공부를 시작하기 직전인 1908-1911년에 맨체스터 대학에서 항공학을 공부했고 제트 엔진과 프로펠러를 설계할 정도로 기계 공학에 몰두했으므로 비트겐슈타인 하우스 건축 당시 모든 기계적인 설비를 직접 고안하고 설치했다.
15. Suzanne Lennard, "Architecture as Autobiography," *The Humanist* 83, 1983, p. 26.
16. Monk, 앞의 책, pp. 7-8. 교역과 산업을 기반으로 부를 축적한 카를 비트겐슈타인은 세습 귀족이 아니었으며, 당시 신흥부유층과 달리 이름에 귀족을 표시하는 '폰(von)'을 넣지 않았고 유태계 가문이었지만 모두 가톨릭 세례를 받았다.
17. 위의 책, p. 8.
18. Paden, 앞의 책, pp. 18, 26-27. 페이든은 알레가세 저택의 팔레 형식을 따른 비트겐슈타인 하우스의 기본 구조는 마르가레테의 뚜렷한 의도였다고 지적하면서, 마르가레테가 로스 대신 그의 제자 엥겔만에게 설계를 의뢰한 것도 건축주인 자신의 뜻을 확실하게 관철시킬 수 있다고 여겼기 때문이라고 언급한다.
19. Janik; Toulmin, 앞의 책, pp. 13-32.
20. Carl E. Schorske, *Fin-de-siècle Vienna: Politics and Culture*, Vintage Books, 1981, pp. 4-5. 근대적인 자유주의는 인간의 합리적 이성을 그 기반에 두고 이성적 인간의 사회적 실현을 추구하는 정치 이념이라 할 수 있다. 과학적 진리, 도덕적 실천, 심미적 도야는 자유주의적 인간 속에 궁극적으로 통일되어야 할 이성 능력의 세 측면으로, 각각 임마누엘 칸트(Immanuel Kant)가 인간의 심적 능력으로 정립한 바 있는 순수이성, 실천이성, 미적 판단력에 해당한다고 볼 수 있다.
21. Janik; Toulmin, 앞의 책, p. 48.
22. Robert Musil, 『특성 없는 남자』, 안병률 역, 북인더갭, 2013, pp. 32-33.
23. '흥겨운 비엔나(gay Vienna)'는 헨리 슈니츨러의 표현이다. 슈니츨러는 '흥겨운 비엔나'라는 표현이 세기말 비엔나의 단지 피상적인 표면만을 담은 상투어라고 지적하며 이를 한마디로 비엔나에 대한 '신화(myth)'라고 비판한다. (Henry Schnitzler 1954, pp. 94-118) "세계 종말의 실험장(a testing-lab for the end of the world)"은 카를 크라우스가 모순으로 가득 찬 비엔나를 일컬어 사용하던 표현으로 1936년 그의 부고 기사에 인용되어 전해 내려오는 문

구이다. Kirk Varnedoe, *Vienna 1900: Art, Architecture, Design* 5, pp. 18, 227.

24. Schorske, 앞의 책, pp. 36-38.
25. Janik; Toulmin, 앞의 책, pp. 43-44; Paden, 앞의 책, pp. 41-44. 이는 동시에 비엔나의 신흥 부르주아들이 합스부르크 제국의 전통적인 귀족 사회를 향해 지니고 있었던 내적인 경쟁 심리의 표현이기도 했는데, 예술가에 대한 그들의 적극적인 후원과 미적 가치에 대한 몰두는 자신들의 재력에 부합하는 귀족적인 지위를 입증하려는 시도이기도 했다.
26. 특히 1880년대 반유대주의적인 기독사회당, 범게르만당, 슬라브 민족당 등 다양한 계급과 민족을 대변하는 대중 정당들이 출현했는데, 결국 1897년 반유대주의적인 가톨릭교도인 카를 뤼거(Karl Lueger)가 비엔나 시장으로 선출되면서 기독사회당의 비엔나 통치가 시작되었고 이로 인해 1900년 무렵에는 자유주의자들이 의회 권력을 완전히 상실하게 되었다. Schorske, 앞의 책, pp. 5-6.
27. 카를 비트겐슈타인은 은퇴 직전 그동안 축적한 모든 투자액을 미국의 회사로 이전했는데 이로 인해 1차 세계대전 후에 오스트리아를 몰아친 인플레이션으로부터 가족의 재산을 보호할 수 있었다. (Monk 1990, p. 7)
28. Schorske, 앞의 책, p. 10.
29. 위의 책, pp. 46-62.
30. 위의 책, p. 49.
31. Paden, 앞의 책, pp. 60-62. 로스는 역사주의나 절충주의 자체를 반대했다기보다는 오히려 역사적인 양식이나 그러한 양식의 일부인 장식을 본래의 문맥이나 기능과 무관하게 외면을 치장하는 데에 사용하는 것, 특히 실제 현실을 그 자체가 아닌 다른 것으로 보이게 만들기 위해 꾸미는 '가식(false-seeming)'을 비판했다고 할 수 있다. Panayotis Tournikiotis, *Adolf Loos*, Princeton Architectural Press, 1994, p. 14.
32. Adolf Loos, "Potemkin City" (1898), *Spoken into the Void: Collected Essays 1897-1900*, trans. by Jane O. Newman; John H. Smith, The MIT Press, 1982, pp. 95-96.「도시 포템킨」(1898)은 로스가 3년 동안의 미국 생활에서 돌아온 1898년에 쓴 문화 비평 에세이로, 기능적이면서도 진솔한 미국의 건축과 디자인에 대조되는 비엔나의 장식적이고 가식적인 건축을 비판한 것이다.
33. 위의 글, p. 96.
34. Adolf Loos, Adolf Opel(ed.), "Ornament and Crime" (1908), *Ornament and Crime: Selected Essays*, trans. by Michael Mitchell, Ariadne Press, 1998, pp. 167-176. 로스는 결코 장식 자체 또는 장식 모두를 범죄로 보지는 않았으며, 고전주의 건축의 '문법'에 기초한 건축의 어법으로서의 장식은 중요하게 여겼다. "Ornament and Crime"을 "Ornament Is Crime"으로 오해하는 경우는 지금도 종종 있는데, 투르니키오티스(Tournikiotis)는 로스의 글이 독일어권보다 프랑스에 먼저 소개되면서(1913년『오늘의 노트(*Les Cahiers d'aujourd'hui*)』와 1920년『에스프리 누보(*L'Esprit Nouveau*)』), 르코르뷔지에에 의해 로스의 장식 비판이 일종의 순수주의 선언으로 수용되었기 때문이라고 지적한다. (Tournikiotis 1994, p. 23-27)
35. John V. Maciuika, "Adolf Loos and the Aphoristic Style: Rhetorical Practice in Early Twentieth-Century Design Criticism," *Design Issues* 16(2), 2000, p. 81.
36. Adolf Loos, "Architecture" (1910), *Adolf Loos: On Architecture, trans. by Michael Mitchell*, Ariadne Press, 2002, pp. 73-85. 이 문헌에서는 해당 인용문이 "that balance between physical, mental and spiritual being"으로 번역되어 있으나, 본 글은 투르니키오티스가 상기한 책에서 사용한 "that balance of man's inner and outer being"을 따랐다.

37. 위의 글, p. 81.
38. Paden, 앞의 책, p. 62; Tournikiotis, 앞의 책, p. 33. 당시 저택 건축을 의뢰하는 건축주가 주로 상류 부르주아 계층이었다는 점을 감안한다면, 로스가 강조하는 주거 건축의 목적과 그 목적을 실현하기 위한 공간 구성 및 사용 재료를 이해할 수 있다. 이러한 저택 내부는, 앞서 언급한 바와 같이, 자유주의 정치의 실패로 말미암아 정치적인 공적 영역으로부터 소외된 비엔나의 부르주아가 예술과 문화를 향유하는 사적 공간으로서 집중할 수밖에 없었던 영역이다. 이와 관련하여 그론버그(Tag Gronberg)는 당시 공적인 삶에서 물러나 내면으로 침잠한 부르주아의 모던 실내를 1) 비엔나 분리파와 연결된 탐미주의적인 실내와 2) 모더니티와 당대 사회에 대한 비판으로서의 실내를 구분하고 후자에 대해 분석한다. Tag Gronberg, "The Inner Man: Interiors and Masculinity in Early Twentieth-Century Vienna", *Oxford Art Journal* 24(1), 2001, pp. 69-88.
39. 특히 건축 사학자 콜로미나(B. Colomina)는 의복이 신체를 감싸듯 풍요로운 재료로 거주자를 촉각적으로 감싸는 동시에 일종의 연극 무대처럼 거리를 두고 관조될 수 있도록 설계된 로스 건축의 실내에 대해 촉각적, 시각적 '쾌락의 건축(architecture of pleasure)'이라 칭한다. Beatriz Colomina et al, Max Risselada(ed.), "The Split Wall: Domestic Voyeurism," *Raumplan versus Plan Libre: Adolf Loos to Le Corbusier*, 010 Publishers, 2008, pp. 32-51.
40. Paden, 앞의 책, pp. 62-63; Tournikiotis, 앞의 책, pp. 59-74.
41. Adolf Loos, "The Principle of Cladding" (1898), *Spoken into the Void*, pp. 66-69; Paden, 앞의 책, p. 63.
42. Hanno-Walter Kruft, *A History of Architectural Theory: From Vitruvius to the Present*, Princeton Architectural Press, 1994, p. 366.
43. 앞의 책, 같은 곳. 물론 로스적(Loosian) 건축이라는 평가는 로스 건축의 핵심을 무엇으로 정의하느냐에 따라 달라질 수 있다. 즉 로스 건축의 핵심을 그의 공간 설계 이론을 담은 라움플란(Raumplan)으로 본다면 비트겐슈타인 하우스를 가장 전형적으로 로스적인 건물로 보기는 어렵다. 로스의 라움플란에 대한 논의는 Cynthia Jara, "Adolf Loos's 'Raumplan' Theory," *Journal of Architectural Education* 48(3), 1995, pp. 185-201; Risselada, 앞의 책을 참조할 것.
44. Leitner, 앞의 책(2000), p. 13.
45. Paul Engelmann, B. F. McGuiness(ed.), *Letters from Ludwig Wittgenstein with a Memoir*, trans. by L. Furtmüller, Horizon Press, 1967, p. 127.
46. Hermine Wittgenstein, "excerpts from the Family Recollections from the early 1940s"(Leitner 1976, p. 23)
47. Paden, 앞의 책, pp. 30-33.
48. 파울 엥겔만의 첫 설계도와 비트겐슈타인의 변경된 설계도는 Leitner, 앞의 책(2000), pp. 27-31을 참조할 것.
49. 메인 플로어에는 총 9개의 창-문(window-doors)에 메탈 커튼이 설치되어 있다. 세로로 긴 유리창들이 동시에 출입문의 역할을 하기 때문에 낮에는 메탈 커튼을 지하로 내려 채광 유리창으로 기능하도록 하고 밤에는 메탈 커튼을 지상으로 올려 출입문을 차단하도록 하였다.
50. von Wright, 앞의 글, p. 535; Peter Galison, "Aufbau/Bauhaus: Logical Positivism and Architectural Modernism," *Critical Inquiry* 16(4), 1990, pp. 709-752; Hui Zou, "The Crystal Order That Is Most Concrete: The Wittgenstein House," *The Journal of Aesthetic Education* 39(3), 2005, pp. 22-32.

51. 박이문, 『현상학과 분석철학』 지와사랑, 2007, pp. 231-250; 한국분석철학회 편, 『비트겐슈타인과 분석철학의 전개』, 철학과현실사, 1991, pp. 11-23. 필자는 졸고 「개념미술 속의 비트겐슈타인: 1960-70년대 솔 르윗과 멜 보크너의 작품을 중심으로」, 『미학예술학연구』 50, 2017, pp. 195-235에서 비트겐슈타인의 분석철학에 관하여 간단하게나마 다룬 바 있다.
52. 『논리-철학 논고』는 비트겐슈타인 생전에 유일하게 출판된 저서이다. 흔히 간단하게 『논고』라 불리는 이 책은 케임브리지 대학에서 철학을 공부하던 그가 1차 세계대전이 발발하자 오스트리아 군인으로 자원입대하여 전장에서 집필한 것으로 1918년 독일어로 완성된 후 1922년 독어-영어 대역본의 형태로 출판되었다.
53. Ludwig Wittgenstein, *Tractatus Logico-Philosophicus*, §4.112. 이후 『논고』의 인용은 Wittgenstein, *Tractatus Logico-Philosophicus*, trans. by D. F. Pears; B. F. McGuinness, Routeledge, 1974와 루트비히 비트겐슈타인, 『논리-철학 논고』, 이영철 역, 책세상, 2006을 대조하여 번역하였으며, 비트겐슈타인 철학 연구의 관례대로 인용문에 대해서는 원저에 쓰인 문장 번호를 밝혔다.
54. 논리적 명제는 '사실의 논리적 그림'이어야 한다고 강조하는 비트겐슈타인은 형이상학적 언술을 비판하며 "말할 수 없는 것에 대해서는 침묵해야 한다"는 문장으로 『논고』를 끝마친다. Wittgenstein, 앞의 책(1974), §7.
55. 위의 책, preface, p. 4.
56. 위의 책, §4.115, §6.421.
57. 위의 책, §6.54.
58. Brian McGuiness, *Wittgenstein: A Life, Young Ludwig (1889-1921)*, Penguin Books, 1988, p. 207. 비트겐슈타인 전기 철학 연구의 대표적인 학자인 맥기네스의 이 책에는 총 17명의 수혜자들과 수혜 금액이 상세히 수록되어 있다.
59. Monk, 앞의 책, pp. 3-4.
60. Ludwig Wittgenstein, "A Lecture on Ethics" (1929-1930), *The Philosophical Review* 74, 1965, p. 5.
61. 위의 글, p. 12.
62. Karsten Harries, *The Ethical Function of Architecture*, The MIT Press, 1997, pp. 4, 11, 152-166.
63. '존재의 거주'를 중심으로 건축의 윤리성을 강조하는 해리스의 에토스 개념은 마르틴 하이데거(Martin Heidegger)의 사상에 기반을 둔 것이다. 하이데거는 "건물을 짓는 것의 본질은 거주하게 하는 것"이라고 규정하고 "오직 (진정한 의미에서) 거주할 수 있을 때에야 비로소 건물을 짓는 것이 가능하다"라고 설명한다. Martin Heidegger, "Building, Dwelling, Thinking," *Poetry, Language, Thought*, trans. by Albert Hofstadter, Harper & Row, 1971, p. 160.
64. Ludwig Wittgenstein, *Philosophical Investigations* 전체에 담겨 있으나 특히 §116, 117, 139, 421 등에서 명시적으로 언급되어 있다. 『탐구』의 모든 인용은 Wittgenstein, *Philosophical Investigations*, trans. by G. E. M. Anscombe, Blackwell, 1968; 루트비히 비트겐슈타인, 『철학적 탐구』, 이영철 역, 책세상, 2006을 대조하여 번역하였으며, 인용문에 대해서는 원저의 문장 번호를 표시하였다. 'Languespiel'은 'language play' 혹은 'language game'으로 번역되나 본고에서는 '언어 놀이' 대신 '언어 게임'으로 사용한다.
65. Wittgenstein, 앞의 책, 1968, §19.
66. '삶의 형식'에 대한 비트겐슈타인의 '삶의 형식' 개념을 '언어 게임'과 연결하여 심도 있게

논의한 논문으로 Stewart R. Sutherland, "On the Idea of a Form of Life," *Religious Studies* 11(3), 1975, pp. 293-306이 있다. '기도'의 예는 이 논문에서 사용한 것이다.
67. Wittgenstein, 앞의 책(1968), §23.
68. Wittgenstein, 앞의 책(1980), pp. 37-38. 이 책은 케임브리지 대학의 철학 교수이자 비트겐슈타인의 후임이었던 폰 브리크흐트가 1914-1951년에 쓰인 비트겐슈타인의 유고 중 예술과 문화에 관련된 텍스트들을 모아 편찬한 것이다. 인용문은 시카고 독일어·영어를 함께 실은 시카고 대학 출판본(각주 1 참고)의 페이지를 표시하였다.
69. Wittgenstein, 앞의 책(1968), §107.
70. Monk, 앞의 책, pp. 91-104, 520-550.

3. 현대 미술에서의 쉘터 공간 : 안드레아 지텔의 작품을 중심으로

1. *Longman Dictionary of Contemporary English*, 6th ed., s.v. "shelter."
2. 예를 든다면 조지 마키우나스(George Maciunas)의 리서치 작업 〈마키우나스 조립 빌딩 시스템(Maciunas Prefabricated Building System)〉(1965), 브루스 나우만(Bruce Nauman)의 야외 설치 작업 〈분할된 집(House Divided)〉(1983), 샐리 마지(Sally Madge)의 〈쉘터 프로젝트(Shelter Project)〉(2001-2016), 새뮤얼 로이-브아(Samuel Roy-Bois)의 〈게토(Ghetto)〉(2006), 아드리아나 쿠이퍼(Adriana Kuiper)의 〈스낵바 쉘터(Snack Bar-Shelter)〉(2007) 등이 있다. 이 외에도 현대 미술가들이 쉘터 개념에 관심을 두거나 쉘터 형태를 구현한 사례는 많다.
3. 안드레아 지텔을 주요 연구 대상으로 삼은 이유는 그의 쉘터 작업이 작가의 작업 전체를 관통하고 있는 일관된 흐름하에서 유기적인 의미를 가지고 지속적으로 제작되어 왔기 때문이다. 지텔 외에도 쉘터 공간이 작품으로서 제시된 사례는 많지만 대부분 일회적인 작업에 그치거나 혹은 쉘터 구조가 다른 개념을 구현하기 위한 하나의 도구에 불과한 경우가 많았다.
4. 안드레아 지텔은 1965년 미국 캘리포니아 주의 에스콘디도(Escondido)에서 출생했으며 샌디에고 주립대학교(San Diego State University)에서 회화와 조각을 공부하고 로드아일랜드 디자인 학교(Rhode Island School of Design)에서 조각 전공으로 석사 학위를 취득했다. 1990년대에 뉴욕을 중심으로 활동하다가 2000~2001년에 미국 캘리포니아 주의 사막 지역인 조슈아 트리(Joshua Tree)에 땅을 구입해서 옮겨가 거주지를 개척하고 이 거주지를 중심으로 한 자신의 사유지를 예술 실험의 장으로 삼아 활동하고 있다. 뉴욕의 안드레아 로젠 갤러리(Andrea Rosen Gallery), 런던의 사디 콜스 HQ 갤러리(Sadie Coles HQ), 로스앤젤레스의 레건 프로젝트(Regen Projects) 등에 소속되어 있으며 인터넷 홈페이지(www.zittel.org)를 운영하고 있다.
5. 니꼴라 부리요, 『관계의 미학』, 현지연 역, 미진사, 2011, p. 199.
6. 위의 책, p. 104.
7. 위의 책, pp. 104-105.
8. 위의 책, p. 21.
9. 위의 책.
10. 위의 책, p. 22.
11. 'A-Z'는 안드레아 지텔이라는 작가의 이름을 가리키는 동시에 '하나부터 열까지, 완전하게 모든 것을 다 갖춘' 이라는 의미를 가지고 있다. 작가는 'A-Z'를 일관되게 작품 제목의 접두

어로 사용함으로써 자신의 작품에 일종의 상품과 같은 아이덴티티를 부여했다. 그는 작품 활동 초창기부터 'A-Z Administrative Service' 라는 페르소나를 사용함으로써 자기 자신을 회사처럼 위장했는데, 이는 젊은 여성 작가가 받는 사회적 편견을 피하고 작품 활동을 용이하게 진행시키기 위한 실용적인 트릭이었다. 그런데 이 페르소나는 마침 작가의 작업 맥락과도 잘 맞아떨어져 작업 개념을 구성하는 주요 요소가 되었다. 회사 이름은 현재 'A-Z Enterprise'로 변경되었으며, 작가는 더 이상 예전처럼 회사 페르소나가 긴요하게 필요하지 않게 되었다고 한다. Paola Morsiani; Trevor Smith, *Andrea Zittel: Critical Space*, Prestel, 2005, pp. 50-51.

12. 'A-Z 이스트'는 본래 'A-Z'라는 이름으로 불렸으나 지텔이 2000년에 미국 서부 지역에 새로운 작업장을 차리게 되면서 새 작업장과 구분하기 위해 'A-Z 이스트'로 개칭되었다. 아울러 서부의 작업장은 'A-Z 웨스트'라고 칭하게 되었다. 'A-Z 이스트'는 2003년부터 잠정 중단된 상태이다. 위의 책, p. 18.
13. Andrea Zittel, Simona Vendrame(ed.), *Andrea Zittel Diary #01*, Alberico Cetti Serbelloni, 2002, pp. 119-120.
14. 지텔은 〈A-Z 리빙 유닛〉 작업을 하기 전에는 모더니즘 스타일을 전혀 좋아하지 않았으며 관심도 없었다고 한다. Judith Olch Richards(ed.), *Inside the Studio: Two Decades of Talks with Artists in New York*, Independent Curators International, 2004, p. 219.
15. Zittel, 앞의 책(2002), p. 85.
16. 위의 책, p. 141.
17. 위의 책, p. 20.
18. Andrea Zittel; Richard Julin, *Andrea Zittel: Lay of My Land*, Prestel Publishing, 2011, pp. 10-13.
19. Zittel, 앞의 책(2002), p. 60.
20. 위의 책.
21. Zittel; Julin, 앞의 책(2011), p. 100.
22. 위의 책, p. 114.
23. 부리요, 앞의 책, p. 26.
24. Zittel, 앞의 책(2002), p. 60.
25. 부리요, 앞의 책, p. 104-105.

4. 어반토피아의 꿈과 이동성: 현대 미술에서의 쉘터 스페이스

1. Félix Guattari, *The Three Ecologies*, trans. by Ian Pindar, Paul Sutton, Continuum International, 1989/2005. 국내 번역은 펠릭스 가타리, 『세 가지 생태학』, 윤수종 역, 동문선, 2003.
2. 위의 책, p. 26.
3. Antoine Picon, *Smart Cities: A Spatialised Intelligence*, Wiley, 2015.
4. K. Michael Hay; Dana A. Miller, *Buckminster Fuller: Starting with the Universe*, exhibition catalogue, Whitney Museum of American Art, 2008; Janathan Massey, "Review," *The Art Bulletin* 91(4), December, 2009, p. 515. 풀러를 재조명하는 최근의 전시는 *Utopian Impulse: Buckminster Fuller and the Bay Area*, exhibition catalogue, San Francisco Museum of Modern Art, 2012 참조.

5. Allegra Fuller Snyder; Victoria Vesna, "Education Automation on Spaceship Earth: Buckminster Fuller's Vision. More Relevant than Ever," *Leonardo* 31(4), 1999, p. 292, 각주 6.
6. *Utopian Impulse: Buckminster Fuller and the Bay Area,* exhibition catalogue, San Francisco Museum of Modern Art, 2012. 이 전시는 〈4D 타워〉 등의 스케치를 담은 포트폴리오, 풀러가 받은 특허 번호를 포함한 드로잉 등이 전시되었다.《유토피아 충동(Utopian Impulse)》전은 현재 스탠포드대에 있는 R. Buckminster Fuller Archive에 있는 주요 작품과 〈Inventions: Twelve Around One portfolio〉(1981)가 포함되었다.
7. 풀러는 1947년에 지오데식 돔을 발명하고 같은 해에 블랙마운틴 칼리지에서 가르치기 시작했다.
8. R. Buckminster Fuller, *Nine Chains to the Moon,* Anchor Books, 1938/1973, p. 252.
9. 쉘터에 대한 풀러의 생각과 드로잉 등은 Michael John Gorman, *Buckminster Fuller: Designing for Mobility,* Skira, 2005, p. 49.
10. Richard Buckminster Fuller, Joachim Krausse; Claude Lichtenstein(eds.), *Your Private Sky: Discourse,* Lars Müller Publisher, 2001, pp. 39-40. 지오데식 돔은 풀러 이전에 1912년 독일 예나(Jena)에서 발터 바우어펠트(Walther Bauersfeld)의 〈차이스 플라네타리움(Zeiss Planetarium)〉에서 시도되었다.
11. Mark Wigley, "Network Fever," *Grey Room* 4, Summer, 2001, pp. 82-122.
12. Eva Diaz, "Dome Culture in the Twenty-first-Century," *Grey Room* 42, Winter, 2011, p. 103, 각주 24 재인용. 전후 이후 핵에 대한 공포와 묵시록적인 분위기와 연관된 풀러의 연구는 다음과 같다. Alex Soojung-Kim Pang; Francis Spufford and Jenny Uglow(eds.), "Some Days: Buckminster Fuller in the Cold War," *Cultural Babbage: Technology, Time and Invention,* Faber and Faber, 1997.
13. R. Buckminster Fuller, *Operating Manual for Spaceship Earth,* Pocket Books, 1970.
14. 유두현, 「현대 미술에서의 플라잉 시티 연구: 토마스 사라세노의 프로젝트를 중심으로」, 홍익대학교 예술학과 석사논문, 2014 참조.
15. Mark Wigley, "Planetary Homeboy," *Architecture New York* 17, 1997, pp. 16-23; *Archigram,* Editions du Centre Georges Pompidou, 1994; Antoine Picon and Alessandra Ponte, *Architecture and the Sciences: Exchanging Metaphors,* Princeton Architectural Press, 2003, p. 301.
16. Jürgen Claus, "Art for the Solar Age," *Leonardo,* 2003, 36(3), pp. 175-176.
17. Felicity Scott, *Ant Farm: Living Archive* 7, Actar, 2008.
18. Constance M. Lewallen; Steve Seid, *Ant Farm, 1968-1978,* University of California Press, 2004. 앤트 팜은 최근 버클리대학교미술관에서 전시되었다.
19. 위의 책, p. 1.
20. Germano Celant, "ANTFARM, houses - Houses of the century," *Domus* 51, May, 1973, p. 28; "Ant Farm as seen by Germano Celant," *Domus,* March, 2011.
21. http://www.letsremake.info/PDFs/inflatocookbook.pdf (2016년 10월 5일 접속). 본 링크는 이러한 매뉴얼을 담고 있다.
22. 이러한 건축은 '개념 건축'으로 명명되었으며, John Margolies(ed.), "Conceptual Architecture," Special Issue, *Design Quarterly* 78/79, 1970에서 폭넓게 다루고 있다. 이러한 경향을 다룬 다른 문헌은 Jim Burns, *Anthropods: New Design Futures,* Academy Edition Ltd, 1972.
23. Ant Farm: Chip Lord, Doug Michels, Curtis Schreier, Uncle Buddie, 23:02 min, video(-

color, sound), 1975-2003.

24. 당시 이 드로잉은 1965년 미국의 『아트 인 아메리카(*Art in America*)』의 요청으로 이뤄졌으며, 레이너 밴험의 에세이에 같이 수록되어 출판되었다. Reyner Banham, "A Home is not a House," *Art in America* 2, 1965, pp. 70-79.
25. Eva Diaz, "Dome Culture in the Twenty-first-Century," *Grey Room* 42, Winter, 2011, pp. 80-105.
26. 고경호, 김정은, 「현대 미술에서의 쉘터(Shelter) 공간 연구 - 안드레아 지텔(Andrea Zittel)의 작품을 중심으로」, 『조형디자인연구』 19(3), 2016, pp. 169-187.
27. *9+1 Ways of Being Political: 50 Years of Political Stances in Architecture and Urban Design*, exhibition catalogue, The MoMA, 2012.
28. Juliane von Herz, et al., *Tomás Saraceno: Cloud Cities Air-Port-City*, Kerber, 2011.
29. Shigeru Ban, *Humanitarian Architecture*, d.a.p; Aspen Art Museum, 2014; Alejandro Araven, *Elemental*, Hatje Cantz, 2012.
30. Claire Bishop, "chapter 9: Pedagogic Projects: How do you bring a classroom to life as if it were a work of art?", *Artificial Hells: Participatory Art and the Politics of Spectatorship*, Verso, 2012.
31. 국내에서는 상탈 무페로 불리고 있으나 벨기에 태생으로 무프로 발음한다. 이에 대한 논의는 강지선, 「문화적 도시재생과 샹탈 무프의 '쟁투적 공론영역'에 대한 연구」, 홍익대학교 미술학 박사논문, 2016. 참조.
32. Ernst Bloch, *The Utopian Function of Art and Literature: Selected Essays*, trans. by Jack Zipes; Frank Mecklenburg, MIT Press, 1988, p. 12.

5. 미래 도시 생활권의 공간 구조

1. 김정훈, 「유비쿼터스도시 계획제도 개선방안에 관한 연구」, 『국토계획』 46(7), 2011, pp. 151-152.
2. 문태헌 외 6인, 「도시계획과 유비쿼터스도시계획」, 『도시정보』 348, 2011, p.18.
3. 김태호 외 3인, 「대중교통지향형 개발을 위한 역세권 선정방법 및 적용연구」, 『대한토목학회지』 59(7), 2011, p. 74.
4. 1994년 영국의 환경운동가 팀 랭이 제창한 개념으로, 식품이 소비자에게 전달될 때까지 필요한 이동거리를 말한다. 이동거리(km)에 식품 수송량(ton)을 곱하여 산출한다.
5. 주옥정 외 6인, 「수입 음식료품의 푸드 마일리지 및 이산화탄소 배출량 산정」, 『한국대기환경학회지』 26(1), 2010, p. 67.
6. 현재에는 2008년에 제정된 기존 U-City 건설법의 운영상 한계를 전면 개선하여 2017년 9월부터 시행된 「스마트도시 조성 및 산업진흥 등에 관한 법률」(이하 "스마트도시법")에 의해 스마트 도시로 논의의 관점이 변경되었다. 국토교통부는 스마트 시티를 "도시의 경쟁력과 삶의 질의 향상을 위하여 건설·정보통신 기술 등을 융·복합하여 건설된 도시 기반 시설을 바탕으로 다양한 도시 서비스를 제공하는 지속가능한 도시"로 정의하나 현실적으로 명확한 분별적 정의는 어렵다. 따라서 본고에서는 IT와 지속가능성에 초점을 두고 진행하며 용어는 그간 보편적으로 사용되어 왔던 유시티와 스마트 시티를 구별하지 않고 사용한다.
7. 성진욱; 조유경; 류중석, 「유비쿼터스 기술적용을 중심으로 한 커뮤니티 시설 도입 방안에

관한 연구」,『한국도시설계학회 춘계학술발표대회 논문집』, 2009, p. 107.

8. 오덕성; 김영환,「지속가능한 도시 형태 모형의 특성에 관한 연구」,『국토계획』 39(2), 2004, p. 74.
9. 최진무 외 4인,「미래 도시와 공간정보: 쟁점과 의제」,『국토지리학회지』 44(3), 2010, pp. 403-414.
10. 문태훈; 최남희; 김선경,『유비쿼터스 도시(U-도시)구축 실행 계획에 관한 연구』, 정보통신부, 2004, p. 11.
11. 조위덕,「뉴 트렌드 리딩: 유비쿼터스지능공간」,『한국지능정보시스템학회 춘계학술대회논문집』, 2006, p.11.
12. Abowd, G. D. et al,「Ubiquitous Smart Spaces」, A white paper submitted to DARPA, February, 1988, 이연님, 권오병,「특정 유비쿼터스 지능공간 구축을 위한 최적 선정 방법론」,『지능정보연구』 14(3), 2008, p. 111 재인용.
13. 김성아,「U-Space: 지능적 공간에서 경험의 공간으로」,『건축』 53(1), 2009, pp. 22-26.
14. 신예철; 구자훈,「U-생활권 내에서의 U-주거지 구축을 위한 개념적 모델에 관한 연구」,『한국도시설계학회 춘계학술발표대회 논문집』, 2009, p. 368.
15. 지식경제부,「지식경제부용어사전」, 2010.
16. 노진하: 김경배,「유비쿼터스 개념을 적용한 새로운 U-근린주구에 관한 연구」, 한국도시설계학회 추계학술발표대회 논문집, 2009, p. 149.
17. U-Eco City 사업단 2011,「U-Eco City 정의」, www.ueco.or.kr
18. 이창섭; 정무웅; 홍종면,「유비쿼터스 공간의 생태적 접근」,『건축』 55(1),2011,p. 64.
19. 이진원,「클래런스 페리의 근린주구 이론 분석",『대한건축학회논문집』 12(5), 1996, p. 108.
20. 권혁삼; 백혜선; 정화진,「국내 주거지 계획의 생활권 공간 구성 변화에 관한 연구」,『한국도시설계학회지』 9(4), 2008, p. 42.
21. 서충원,「TOD 도입을 위한 도시개발과 토지이용제도 개선방안」,『대중교통지향형 도시개발(TOD: Transit-Oriented Development)의 추진과제와 전략』, 한국교통연구원, 2004, pp. 172-173.
22. 정종대; 김지엽; 배웅규,「미국 래드번 주거단지에 활용된 사적규약의 특징 및 시사점 연구",『대한건축학회논문집』 25(3), 2009, p. 175.
23. 성현곤,「대중교통 중심의 개발(TOD)이 주택가격에 미치는 잠재적 영향」,『지역연구』 27(2), 2011, p.65; 최기주,「지속가능한 대중교통중심도시 구현을 위한 공학연구의 방향」,『대한토목학회지』 58(12), 2010, p. 72.
24. H. Dittmar, et al, 'An introduction to Transit-oriented Development' *The New Transit Town: best practice in Transit-Oriented Development*, Island Press, 2004, pp. 5-9.
25. L. Bertolini et al, "Introduction", *Transit Oriented Development: making It Happen*, C. Curtis et al.(eds.), Ashgate Publishing Limited, 2009, p. 3.
26. R. Cervero, "Public Transport and Sustainable Urbanism: Global Lessons", *Transit Oriented Development: making It Happen*, Routledge, 2009, p. 23.
27. 성현곤, "Lessons from Experiences of the US TOD Planning and Policies",『국토계획』 40(5), 2005, p. 217; 박세훈; 손동욱; 이진희,「대중교통중심형 도시로의 개편을 위한 역세권 도시공간 구조 분석」,『대한토목학회논문집』 29(1D), 2009, p. 113.
28. 김리영, 문태훈(2010, p. 67)의 연구에 의하면, 인구의 집중성, 압축적인 개발, 인구 밀도, 고용 비율, 혼합 토지 이용은 사회적 지속가능성에 큰 영향을 주고 있는 것으로 나타난다. 그러

나 혼합 토지 이용은 지속가능성에 유리하다고 주장되어 온 것과는 달리 상충된 용도나 기능 혼합으로 인한 사회적 지속가능성의 저해 가능성이 지적된다.

29. 송기욱; 남진, 「압축형 도시특성요소가 교통에너지 소비에 미치는 영향에 관한 실증분석」, 『국토계획』 44(5), 2009, p. 195; 김리영; 문태훈, 「압축도시 특성요인의 사회적 지속가능성에 대한 영향분석」, 『주택연구』 16(3), 2010, p. 67.
30. 임희지, 「서울시 역세권 실태분석 및 역중심생활권 형성방안」, 『대중교통지향형 도시개발(TOD: Transit-Oriented Development)의 추진과제와 전략』, 교통개발연구원, 2004, p. 216.
31. 주옥정 외 6인, 앞의 책(2010), p. 67.
32. 석태문, 「농도경북, 10년 후 누가 농사지을 것인가?」, 대구경북연구원, 2010, p. 82.
33. 신예철; 구자훈, 앞의 책, p. 368.
34. 손세관; 하지영; 이하나, 「신도시 생활밀착형 유비쿼터스 서비스 적용방안에 관한 연구」, 『한국도시설계학회지』 10(3), 2009, pp. 177-178.
35. 이하나; 하지영; 손세관, 「신도시의 유비쿼터스 서비스 구축전략에 관한 연구」, 『한국도시설계학회 춘계학술발표대회 논문집』, 한국도시설계학회, 2009, p. 141
36. 도시 통합 센터는 도시 규모에 설치될 수 있으나 본 계획 대지를 TOD 축의 중심 영역으로 보고 도시 차원에서의 도시 통합 네트워크와 연계되어 광역 연계 서비스를 제공하는 중심 공간으로 상정한다.
37. 이상호; 임윤택, 「유비쿼터스도시 전략로드맵 모델 개발」, 『국토계획』 45(6), 2010, pp. 183-184.
38. 이재영; 임윤택, 「자전거이용행태 기반 TOD(B-TOD)의 개념 및 계획권 설정연구」, 『국토계획』 45(6), 2010, p. 151.

6. 다목적 쉘터의 건축적 특성: 재난용 쉘터 사례 분석을 통한 쟁점 도출

1. http://www.jbu.edu/shelter_contest
2. http://emergencyshelteraustralia.com/indexS-P.html

7. 스마트 시티 로드맵 작성을 위한 공간 단위

1. 전기, 가스, 상하수도 등 지하 매설물을 도로 밑 터널 형태의 공간에 공동으로 모아서 설치하는 구조물.

8. 쉘터의 현황과 스마트 도시 속의 쉘터

1. Shelter: 국문으로 번역 시 피난처, 은신처, 오두막, 수용소, 쉼터 등의 다양한 형태로 번역되는 관계로 "쉘터"를 사용 한다.
2. UN 산하 난민 지원 기구인 국제난민기구(United Nations High Commissioner for Refugee, UNHCR, unhcr.org), Forced Migration review(www.fmreview.org)를 발간하는 영국

옥스퍼드대학의 난민 연구 센터(Refugee Studies Centre, University of Oxford, www.rsc.ox.ac.uk), 스웨덴의 가구 업체 이케아(IKEA)가 설립한 이케아 파운데이션(IKEA Foundation). 이케아 파운데이의 지원을 받아 난민을 위한 쉘터를 개발하는 사회적 기업인 Better Shelter(bettershelter.org), 사회적 문제들을 디자인으로 해결하기 위해 설립된 네덜란드의 WDCD(What Design Can Do, whatdesigncando.com)등이 있다.

3. Street Furniture: 국내에서는 "거리 가구"로 번역되어 사용 되고 있다. 권영걸, 「Furniture, 도시의 시설물」, Typography Seoul, 2014.01.22. www.typographyseoul.com/news/detail/572; 고필종; 장은석, 『도시환경과 거리가구 디자인』, 미진사, 2001.
4. UNHCR, Refugees, http://www.unhcr.org/refugees.html
5. UNHCR, Urban Refugees, http://www.unhcr.org/urban-refugees.html
6. Kate Crawford et al., "Urban shelter and the limits of humanitarian action", *Forced Migration review* 34, February 2010. http://www.fmreview.org/urban-displacement/crawford-suvatne-kennedy-corsellis.html
7. Norwegian Refugee Council and Shelter Centre, "Urban shelter guidelines – Assistance in urban areas to population affected by humanitarian crises", NRC, 2010. http://shelterprojects.org/files/NRC-urban-shelterguidelines_23-11-10_compressed.pdf
8. Refugee challenge, https://refugeechallenge.unhcrideas.org/Page/About
9. WCDC, "Refuge Challenge Briefing", 2016. https://unhcrideas.org/refugeechallenge/Page/HIWText
10. UNHCR Shelter and Settlement Section, "Shelter Design Catalogue", UNHCR, January, 2016. https://cms.emergency.unhcr.org/documents/11982/57181/Shelter+Design+Catalogue+January+2016/a891fdb2-4ef9-42d9-bf0f-c12002b3652e
11. BSI smart cities, https://www.bsigroup.com/en-GB/smart-cities/
12. ITU-T Smart sustainable Cities, https://www.itu.int/en/ITU-T/ssc/Pages/default.aspx
13. Arup, "Smart Cities - Transforming the 21st century city via the creative use of technology", 2010.
14. ISO/IEC JTC 1 - Information technology, "Smart cities - Preliminary Report 2014", ISO, 2014.
15. Steven Poole, "The truth about smart cities: 'In the end, they will destroy democracy'", The Guardian, Decemver, 2014. https://www.theguardian.com/cities/2014/dec/17/truth-smart-city-destroy-democracy-urban-thinkers-buzzphrase
16. Rem Koolhaas, "My thoughts on the smart city", Series of Digital Minds for a New Europe, European Commission, 2016. http://ec.europa.eu/archives/commission_2010-2014/kroes/en/content/my-thoughts-smart-city-rem-koolhaas.html
17. ICT는 정보기술(IT)의 확장형 동의어로 자주 사용되지만, 통합 커뮤니케이션의 역할과 원거리 통신(전화선 및 무선 신호), 컴퓨터, 더 나아가 정보를 접근하고 저장하고 전송하고 조작할 수 있게 하는 필수적인 전사적 소프트웨어, 미들웨어, 스토리지, 오디오 비주얼 시스템을 강조하는 용어이다. https://ko.wikipedia.org/wiki/정보통신 기술
18. BIM은 어느 장소의 물리적, 기능적 특징들의 디지털 표현들을 생성, 관리하는 프로세스이며, BIMs(Building information models)는 건물이나 기타 건축 자산과 관련한 의사 결정을 지원하기 위해 추출, 교환, 네트워크화할 수 있는 파일들이다. 현재의 BIM 소프트웨어는 물, 전기, 가스, 통신 시설, 도로, 다리, 터널 등의 다양한 하부 구조들을 계획, 설계, 건축, 운영,

관리하는 개인, 사업체, 정부 기관이 사용한다. https://ko.wikipedia.org/wiki/빌딩 정보 모델링

19. GIS는 지리 공간적으로 참조가능한 모든 형태의 정보를 효과적으로 수집, 저장, 갱신, 조정, 분석, 표현할 수 있도록 설계된 컴퓨터의 하드웨어와 소프트웨어 및 지리적 자료, 인적자원의 통합체이다. https://ko.wikipedia.org/wiki/지리 정보 체계
20. IoT는 각종 사물에 센서와 통신 기능을 내장하여 인터넷에 연결하는 기술을 의미한다. 인터넷으로 연결된 사물들이 데이터를 주고받아 스스로 분석하고 학습한 정보를 사용자에게 제공하거나 사용자가 이를 원격 조정할 수 있는 인공 지능 기술이다. 여기서 사물이란 가전제품, 모바일 장비, 웨어러블 컴퓨터 등 다양한 임베디드 시스템이 된다. 사물인터넷에 연결되는 사물들은 자신을 구별할 수 있는 유일한 아이피를 가지고 인터넷으로 연결되어야 하며, 외부 환경으로부터의 데이터 취득을 위해 센서를 내장할 수 있다. https://ko.wikipedia.org/wiki/사물인터넷
21. Yessios, C. I, "Are We Forgetting Design?", AECbytes Viewpoint #10, 2004, http://www.aecbytes.com/viewpoint/2004/issue_10.html
22. Charles M. Eastman, *Building Product Models: Computer Environments Supporting Design and Construction*, CRC Press, 1999.
23. 제리 라이세린(Jerry Laiserin)은 미국에서는 저명도가 높은 AEC 관련 저술가로서 'The Laiserin Letter'라는 사이트(http://www.laiserin.com)를 운영하며, AEC 관련 선도 기술에 관련된 분석, 전략, 의견 등을 제시하고 있다. 미국에서는 라이세린의 기고문 "Comparing Pommes and Naranjas : 사과와 오렌지 비교"가 BIM 개념을 가장 잘 정리한 최초의 문건으로 보고 있고, 이를 통해 BIM 개념이 확산됐다고 보고 있다.
24. Laiserin J., "Comparing Pommes and Naranjas", The Laiserin Letter, Issue No.15, 16th Dec, 2002. www.laiserin.com/ features/issue15/feature01.php
25. 김언용, "지능형 디지털 아키텍처 도구와 BIM 패러다임", special issue: 디지털 아키텍처, 『건축』 48(11), 2004.
26. Khanzode A. et al., "A Guide to Applying the Principles of Virtual Design & Construction (VDC) to the Lean Project Delivery Process", CIFE Working Paper #093, Center for Integrated Facility Engineering(CIF), Stanford University, 2006.
27. Riku Suomela; Juha Lehikoinen, "Taxonomy for Visualizing Location-based Information", *Virtual Reality* 8(2), 2005.
28. 에스리(ESRI) 홈페이지, "What is GIS" http://www.gis.com
29. 김언용; 주성일; 전한종, 「위치정보기반 디지털건축모델링」, 『대한건축학술발표대회 논문집』, 2008.
30. 공간정보 오픈플랫폼 지도서비스, 국토교통부, https://www.vworld.kr
31. 공공데이터포털, 한국정보화진흥원, 과학기술정보통신부, https://www.data.go.kr/
32. Soo-Hoon Park; Eonyong Kim, "Middleware for Translating Urban GIS Information for Building a Design Society Via General BIM Tools", *Journal of Asian Architecture and Building Engineering* 15(3), 2016.
33. Margaret Rouse, Iry Wigmore(con.), "Internet of Things (IoT)", TechTarget, 2014. https://internetofthingsagenda.techtarget.com/definition/thing-in-the-Internet-of-Things
34. https://www.cs.cmu.edu/~coke/history_long.txt
35. Paolo Magrassi; Tom Berg, "A World of Smart Objects: The Role of Auto-Identification

Technologies", Gartner research report R-17-2243., 12, August, 2002.
36. Autodesk Research, "Dasher Project", https://www.autodeskresearch.com/projects/dasher
37. Eonyong Kim, "Field Survey System for Facility Management Using BIM Model - IoT Management for Facility Management", the 23rd International Conference of the Association for Computer-Aided Architectural Design Research in Asia (CAADRIA) 2018.
38. Graphisoft, "Transitional Shelters designed using ARCHICAD", 2016. www.graphisoft.com/users/bim-case-studies/transitional-shelters-designed-using-archicad.html
39. UNHCR Innovation, "Using GIS Technology to map shelter allocation in Azraq refugee camp", 15, January, 2016. http://www.unhcr.org/innovation/using-gis-technology-map-shelter-allocation-azraq-refugee-camp/

참고 문헌

1. 좋은 공간의 모색: 모더니즘 공간과 포스트모더니즘 공간을 넘어서

로버트 벤투리, 『건축의 복합성과 대립성』, 임창복 역, 동녘, 2004.
마리타 스트러큰; 리사 카트라이트, 『영상문화의 이해』, 윤태진; 허현주; 문경원 공역, 커뮤니케이션북스, 2006.
미셸 푸코, 『헤테로토피아』, 이상길 역, 문학과지성사, 2014.
박영욱, 『필로아키텍처: 현대건축과 공간 그리고 철학적 담론』, 향연, 2009.
발터 벤야민, 『아케이드 프로젝트』, 조형준 역, 새물결, 2005.
심혜련, 「도시 공간 읽기의 방법론으로서의 흔적 읽기」, 『시대와 철학』 23(2), 2012.
앤디 메리필드, 『매혹의 도시, 맑스주의를 만나다』, 남청수; 김성희; 최남도 공역, 이후, 2005.
에드워드 소자, 『공간과 비판사회이론』, 이무용 외 공역, 시각과언어, 1997.
장 보드리야르; 장 누벨, 『건축과 철학』, 배영달 역, 동문선, 2003.
존 러스킨, 『건축의 일곱 등불』, 현미정 역, 마로니에북스, 2012.
지그문트 프로이트, 『프로이트 예술 미학 분석』, 김영종 역, 글벗사, 1995.
지그프리드 기디온, 『공간, 시간, 건축』, 김경준 역, 시공문화사, 2005.
Augé, Marc, *Non-Places, Introduction to an Anthropology of Supermodernity*, trans. by John Howe, Verso, 2000.
Grosz, Elizabeth, *Architecture from the Outside, Essays on Virtual and Real Space*, The MIT Press, 2001.
Harries, Karsten, *The Ethical Function of Architecture*, The MIT Press, 1997.
Hearn, Fil, *Ideas That Shaped Buildings*, The MIT Press, 2003.
Iblings, Hans, *Supermodernisme, L'architectecture à l'ére de la globalisation*, Hazan, 2003
Le Corbusier, *Vers une Architecture*, Arthaud, 1990.
Schroer, Markus, *Räume, Orte, Grenzen - Auf dem Weg zu einer Sozialogie des Raums*, Suhrkamp Verlag, 2006.
Tschumi, Bernard, *Architecture and Disjunction*, The MIT Press, 2001.
Vidler, Anthony, *The Architectural Uncanny, Essays in the Modern Unhomely*, The MIT Press, 1999.

2. 삶의 형식과 쉘터의 의미: 비트겐슈타인 하우스에 담긴 철학적 성찰

로베르트 무질, 『특성 없는 남자』, 안병률 역, 북인더갭, 2013.
루트비히 비트겐슈타인, 『논리-철학 논고』, 이영철 역, 책세상, 2006.
__________, 『철학적 탐구』, 이영철 역, 책세상, 2006.
박이문, 『현상학과 분석철학』, 지와 사랑, 2009.
한국분석철학회 편, 『비트겐슈타인과 분석철학의 전개』, 철학과 현실사, 1991.
Engelmann, Paul, B. F. McGuiness(ed.), *Letters from Ludwig Wittgenstein, with a Memoir*. trans.

by L. Furtmüller, Horizon Press, 1967.

Galison, Peter, "Aufbau/Bauhaus: Logical Positivism and Architectural Modernism." *Critical Inquiry* 16, Summer, 1990, pp. 709-752.

Gronberg, Tag, "The Inner Man: Interiors and Masculinity in Early Twentieth-Century Vienna." *Oxford Art Journal* 24, 2001, pp. 69-88.

Harries, Karsten, *The Ethical Function of Architecture,* The MIT Press, 1997.

Heidegger, Martin, "Building, Dwelling, Thinking" *Poetry, Language, Thought,* trans. by Albert Hofstadter, Harper & Row, 1971, pp. 145-161.

Janik, Allan; Toulmin, Stephen, *Wittgenstein's Vienna,* Simon and Schuster, 1973; Chicago, I. R. Dee, 1996.

Kruft, Hanno-Walter, *A History of Architectural Theory: From Vitruvius to the Present,* Princeton Architectural Press, 1994.

Last, Nana, *Wittgenstein's House,* Fordham University Press, 2008.

Lazenby, James Mark, *The Early Wittgenstein on Religion,* Continuum International Publishing, 2006.

Leitner, Bernhard, *The Architecture of Ludwig Wittgenstein,* New York University Press, 1976.

______________, *The Wittgenstein House,* Princeton Architectural Press, 2000.

Lennard, Suzanne, "Architecture as Autobiography: The Meaning of Wittgenstein's Architecture." *The Humanist* 83, September/October, 1983, pp. 25-32.

Loos, Adolf; John H. Smith(ed.), *Spoken into the Void: Collected Essays, 1897-1900;* trans. by Jane O. Newman; Peter Eisenman; Kenneth Frampton, The MIT Press, 1982.

__________, *Ornament and Crime: Selected Essays,* trans. by Michael Mitchell; Ariadne Press, 1998.

Maciuika, John V., "Adolf Loos and the Aphoristic Style: Rhetorical Practice in Early Twentieth-Century Design Criticism" *Design Issues* 16, Summer, 2000, pp. 75-86.

McGuiness, Brian, *Wittgenstein: A Life, Young Ludwig (1889-1921),* Penguin Books, 1988.

Monk, Ray, *Ludwig Wittgenstein: The Duty of Genius,* Penguin Books, 1990.

Paden, Roger, *Mysticism and Architecture: Wittgenstein and the Meanings of the Palais Stonborough,* Lexington Press, 2007.

Risselada, Max(ed.), *Raumplan versus Plan Libre: Adolf Loos / Le Corbusier,* 010 Publishers, 2008.

Schnitzler, Henry, "Gay Vienna: Myth and Reality" *Journal of the History of Ideas* 15, January, 1954, pp. 94-118.

Schorske, Carl E., *Fin-de-siècle Vienna: Politics and Culture,* Vintage Books, 1981.

Sutherland, Stewart R., "On the Idea of a Form of Life." *Religious Studies* 11, September, 1975, pp. 293-306.

Tournikiotis, Panayotis, *Adolf Loos,* Princeton Architectural Press, 1994.

Varnedoe, Kirk, *Vienna 1900: Art, Architecture, Design,* Museum of Modern Art, 1986.

Von Wright, Georg Henrik, "Ludwig Wittgenstein, A Biographical Sketch" *The Philosophical Review* 64, October, 1955, pp. 527-545.

Wilson, Colin St John, *Architectural Reflections: Studies in the Philosophy and Practice of Architecture,* Butterworth Architecture, 1992.

Wittgenstein, Ludwig, *Tractatus Logico-Philosophicus*(1922), trans. by D. F. Pears; B. F. McGuinness, Routledge, 1974.

__________________, *Philosophical Investigations*(1953), trans. by G. E. M. Anscombe, Blackwell, 1968.

__________________, G. H. von Wright(ed.), *Culture and Value*, trans. by Peter Winch, University of Chicago Press, 1980.

__________________, "A Lecture on Ethics"(1929-1930), *The Philosophical Review* 74, January, 1965, pp. 3-12.

Zou, Hui, "The Crystal Order That Is Most Concrete: The Wittgenstein House", *The Journal of Aesthetic Education* 39(3), Autumn, 2005, pp. 22-32.

3. 현대 미술에서의 쉘터 공간 : 안드레아 지텔의 작품을 중심으로

고경호; 김덕수,「현대조각에 나타난 네거티브 공간의 배경과 발현 양태: 건축과의 상호텍스트적 관계를 중심으로」,『기초조형학연구』13(2), 2012, pp. 39-47.

김은정; 김미경,「건축적 가구에 나타난 모빌리티(Mobility)의 구조적 의미 분석: 안드레아 지텔의 작품을 중심으로」,『한국실내디자인학회 논문집』23(4), 2014, pp. 42-51.

니꼴라 부리요,『관계의 미학』, 현지연 역, 미진사, 2011.

니꼴라 부리요,『래디컨트: 니꼴라 부리요의 현대미술 이론』, 박정애 역, 미진사, 2013.

도널드 프레지오시 편,「확장된 장에서의 조각」,『꼭 읽어야 할 예술이론과 비평 40선』, 정연심 외 공역, 미진사, 2013, pp. 443-460.

로잘린드,『현대 조각의 흐름』, 윤난지 역, 예경, 1998.

린다 와인트라웁,『미술을 넘은 미술』, 정수경; 김진엽 공역, 북코리아, 2015.

알렉스 콜스,『디자인과 미술: 1945년 이후의 관계와 실천』, 장문정; 박활성 공역, 워크룸프레스, 2013.

Ackermann, Franz et al, *Comfort: Reclaiming Place in a Virtual World*, Cleveland Center for Contemporary Art, 2001.

Bergdoll, Barry, *Home Delivery: Fabricating the Modern Dwelling*. The Museum of Modern Art, 2008.

Bourriaud, Nicolas, *Esthétique Relationnelle*, Les Presse Du réel, 1998.

________________, *The Radicant*, trans. by James Gussen; Lili Porten, Sternberg press, 2009.

Coles, Alex(ed.), *Design and Art*, The MIT Press, 2007.

Grosenick, Uta(ed.), *Women Artists in the 20th and 21st Century*, Taschen, 2003.

Grögel, Katrin, *Andrea Zittel: Institute of Investigative Living*, Edition Metzel, 2013.

Krauss, Rosalind, "Sculpture in the Expanded Field," *October* 8, Spring, 1979, pp. 30-44.

______________, *Passages in modern sculpture*, The MIT Press, 1981.

Morsiani, Paola; Smith, Trevor, *Andrea Zittel: Critical Space*, Prestel, 2005.

Richards, Judith Olch(ed.), *Inside the Studio: Two Decades of Talks with Artists in New York*, ICI(Independent curators International), 2004.

Pearson Education, *Longman Dictionary of Contemporary English*, 6th ed, 2014.

Salvadori, Alberto(ed.), *Andrea Zittel: Between Art and Life*, Mousse Publishing, 2010.

Schumache, Rainald; Zeiger, Mimi, *Andrea Zittel*, Sammlung Goetz, 2003.
Vischer, Theodora; Anfrea Zittel, *Andrea Zittel: Gouaches and Illustrations*, Steidl, 2008.
Weintraub, Rinda, *Art on the Edge and Over: Searching for Art's Meaning in Contemporary Society 1970s-1990s*, Art Insights, Inc, 1996.
Zdenek, Felix, *Personal Programs: Andrea Zittel*, Hatje Cantz, 2000.
Zittel, Andrea; Vendrame, Simona(ed.), *Andrea Zittel Diary #01*, Alberico Cetti Serbelloni, 2002.
Zittel, Andrea; Julin, Richard, *Andrea Zittel: Lay of My Land*, Prestel Publishing, 2011.
안드레아 로젠 갤러리 웹사이트. "Andrea Zittel-Artist" http://www.andrearosengallery.com/artists/andrea-zittel
안드레아 지텔 웹사이트. "A-Z: An Institute of Investigative Living" http://www.zittel.org/

4. 어반토피아의 꿈과 이동성: 현대 미술에서의 쉘터 스페이스

강지선,「문화적 도시재생과 샹탈 무프의 '쟁투적 공론영역'에 대한 연구」, 홍익대학교 미술학 박사 논문, 2016.
고경호; 김정은,「현대 미술에서의 쉘터(Shelter) 공간 연구 - 안드레아 지텔(Andrea Zittel)의 작품을 중심으로」,『조형디자인연구』 19(3), 2016, pp. 169-187.
유두현,「현대 미술에서의 플라잉 시티 연구: 토마스 사라세노의 프로젝트를 중심으로」, 홍익대학교 예술학과 석사 논문, 2014.
정연심,『현대공간과 설치미술』, 에이엔씨, 2014.
펠릭스 가타리,『세 가지 생태학』, 윤수종 역, 동문선, 2003.
Araven, Alejandro, *Elemental*, Hatje Cantz, 2012.
Archigram, exhibition catalogue, Centre Georges Pompidou, 1994.
Banham, Reyner, "A Home is not a House," *Art in America* 2, 1965, pp. 70-79.
Ban, Shigeru, *Humanitarian Architecture*, d.a.p.; Aspen Art Museum, 2014.
Bishop, Clarie, *Artificial Hells: Participatory Art and the Politics of Spectatorship*, Verso, 2012.
Bloch, Ernst, *The Utopian Function of Art and Literature: Selected Essays*, trans. by Jack Zipes;-Frank Mecklenburg, MIT Press, 1988.
Burns, Jim. *Anthropods: New Design Futures*, Praeger, 1972.
Celant, Germano, "ANTFARM. houses - Houses of the century," *Domus* 51, May, 1973.
________________, "Ant Farm as seen by Germano Celant," *Domus*, March, 2011.
Claus, Jürgen, "Art for theSolar Age," *Leonardo* 36(3), 2003, pp. 175-176.
Diaz, Eva, "Dome Culture in the Twenty-first-Century," *Grey Room* 42, Winter, 2011, pp. 80-105.
Fuller, R. Buckminster, *Nine Chains to the Moon*, Anchor Books, 1938/1973.
____________________, *Operating Manual for Spaceship Earth*, Pocket Books, 1970.
____________________, Joachim Krausse; Claude Lichtenstein(eds.) *Your Private Sky: R. Buckminster Fuller, the art of design science*, trans. by Steven Lindberg and Julia Thorson, Lars Müller publishers, 2001.
____________________, *Critical Path*, St. Martin's Press, 1981.

Gorman, Michael John, *Buckminster Fuller: Designing for Mobility*, Skira, 2005.

Guattari, Félix, *The Three Ecologies*, trans. by Ian Pindar; Paul Sutton, Continuum International, 1989/2005.

Hays, K. Michael; Dana A. Miller, *Buckminster Fuller: Starting with the Universe*, exhibition catalogue, Whitney Museum of American Art, Yale University Press, 2008.

Lewallen, Constance and Steve Seid, *Ant Farm 1968-1978*, University of California Press, 2004.

López-Pérez, Daniel. *R. Buckminster Fuller: World man*, Princeton Architectural Press, 2014.

Margolies, John(ed.), "Conceptual Architecture," Special Issue, *Design Quarterly* 78/79, 1972.

Margolius, Ivan, *Architects+Engineers = Structures*, Wiley-Academy, 2002.

Massey, Jonathan. "Review", *The Art Bulletin* 91(4), December, 2009, pp. 515-518.

Pang, Alex Soojung-Kim, Spufford, Francis; Uglow, Jenny(eds.), "Some Days: Buckminster Fuller in the Cold War," *Cultural Babbage: Technology, Time and Invention*, Faber & Faber, 1997.

Pawley, Martin; *Buckminster Fuller*, Taplinger Publishing Company, 1990.

Picon, Antoine; *Smart Cities: A Spatialised Intelligence*, Wiley, 2015.

Picon, Antoine; Ponte, Alessandra *Architecture and the Sciences: Exchanging Metaphors*, Architectural Press, 2003.

Scott, Felicity, *Ant Farm: Living Archive* 7, Actar; Columbia GSAPP, 2008.

Snyder, Allegra Fuller; Victoria Vesna, "Education Automation on Spaceship Earth: Buckmister Fuller's Vision, More Relevant than Ever," *Leonardo* 31(4), 1999, p. 292.

SFMoMA, *Utopian Impulse: Buckminster Fuller and the Bay Area*, exhibition catalogue, San Francisco Museum of Modern Art, 2012.

Von Herz, Juliane et al, *Tomás Saraceno: Cloud Cities Air-Port-City*, Kerber, 2011.

Wigley, Mark. "Network Fever," *Grey Room* 4, Summer, 2001, pp. 82-122.

___________. "Planetary Homeboy," *Any Magazine* 17, 1997, pp. 16-23.

9+1 Ways of Being Political: 50 Years of Political Stances in Architecture and Urban Design, exhibition catalogue, The MoMA, 2012.

Inflatocookbook-Ant Farm, http://www.letsremake.info/PDFs/inflatocookbook.pdf
(2016년 10월 5일 접속).

5. 미래 도시 생활권의 공간 구조

권혁삼; 백혜선; 정화진, 「국내 주거지 계획의 생활권 공간 구성 변화에 관한 연구」, 『한국도시설계학회지』 9(4), 2008, pp. 39-60.

김리영; 문태훈, 「압축도시 특성요인의 사회적 지속가능성에 대한 영향분석」, 『주택연구』 18(3), 2010, pp. 51-72.

김성아, 「U-Space: 지능적 공간에서 경험의 공간으로」, 『건축』 53(1), 2009, pp. 22-26.

김정훈, 「유비쿼터스도시 계획제도 개선방안에 관한 연구」, 『국토계획』 46(7), 2011, pp. 145-156.

김태호 외 3인, 「대중교통지향형 개발을 위한 역세권 선정방법 및 적용연구」, 『대한토목학회지』

59(7), 2011, pp. 74-79.
노진하; 김경배, 「유비쿼터스 개념을 적용한 새로운 U-근린주구에 관한 연구」, 『한국도시설계학회 추계학술발표대회 논문집』, 2009, p. 148-162.
문태헌 외 6인, 「도시계획과 유비쿼터스도시계획」, 『도시정보』 348, 2011, p. 18.
문태훈; 최남희; 김선경, 『유비쿼터스 도시(U-도시)구축 실행 계획에 관한 연구』, 정보통신부, 2004, p. 11.
박세훈; 손동욱; 이진희, 「대중교통중심형 도시로의 개편을 위한 역세권 도시공간구조 분석」, 『대한토목학회논문집』 29(1D), 2009, p. 111-120.
서충원, 「TOD 도입을 위한 도시개발과 토지이용제도 개선방안」, 『대중교통지향형 도시개발(TOD: Transit-Oriented Development)의 추진과제와 전략』, 한국교통연구원, 2004, pp. 179-216.
석태문, 「농도경북, 10년 후 누가 농사지을 것인가?」, 대구경북연구원, 2011.
성진욱; 조유경; 류중석, 「유비쿼터스 기술적용을 중심으로 한 커뮤니티 시설 도입 방안에 관한 연구」, 『한국도시설계학회 춘계학술발표대회 논문집』, 2009, p. 104-114.
성현곤, 「Lessons from Experiences of the US TOD Planning and Policies」, 『국토계획』 40(5), 2005, p. 205-223.
성현곤, 「대중교통 중심의 개발(TOD)이 주택가격에 미치는 잠재적 영향」, 『지역연구』 27(2), 2011, p. 63-76.
손세관; 하지영; 이하나, 「신도시 생활밀착형 유비쿼터스 서비스 적용방안에 관한 연구」, 『한국도시설계학회지』 10(3), 2009, pp. 165-180.
송기욱; 남진, 「압축형 도시특성요소가 교통에너지 소비에 미치는 영향에 관한 실증분석」, 『국토계획』 44(5), 2009, p. 193-206.
신예철; 구자훈, 「U-생활권 내에서의 U-주거지 구축을 위한 개념적 모델에 관한 연구」, 『한국도시설계학회 춘계학술발표대회 논문집』, 2009, p. 368-376.
오덕성; 김영환, 「지속가능한 도시 형태 모형의 특성에 관한 연구」, 『국토계획』 39(2), 2004, p. 63-76.
이상호; 임윤택, 「유비쿼터스도시 전략로드맵 모델 개발」, 『국토계획』 45(6), 2010, pp. 179-190.
이연님; 권오병, 「특정 유비쿼터스 지능공간 구축을 위한 기술조합에 대한 최적 선정 방법론」, 『지능정보연구』 14(3) 2008, pp. 109-131.
이재영; 임윤택, 「자전거이용행태 기반 TOD(B-TOD)의 개념 및 계획권 설정연구」, 『국토계획』 45(6) 2010, p. 149-161.
이진원, 「클래런스 페리의 근린주구 이론 분석」, 『대한건축학회논문집』 12(5), 1996, p. 108.
이창섭; 정무웅; 홍종면, 「유비쿼터스 공간의 생태적 접근」, 『건축』 55(1), 2011, p. 62-65.
이하나; 하지영; 손세관, 「신도시의 유비쿼터스 서비스 구축전략에 관한 연구」, 『한국도시설계학회 춘계학술발표대회 논문집』, 2009, p. 134-145.
임희지, 「서울시 역세권 실태분석 및 역중심생활권 형성방안」, 『대중교통지향형 도시개발(TOD: Transit-Oriented Development)의 추진과제와 전략』, 교통개발연구원, 2004, p.133-150.
정종대; 김지엽; 배웅규; 「미국 래드번 주거단지에 활용된 사적규약의 특징 및 시사점 연구」, 『대한건축학회논문집』 25(3), 2009, p. 134-145.
조위덕, 「뉴 트렌드 리딩: 유비쿼터스지능공간」, 『한국지능정보시스템학회 춘계학술대회논문집』 1(1), 2006, p. 3-17.
주옥정 외 6인, 「수입 음식료품의 푸드 마일리지 및 이산화탄소 배출량 산정」, 『한국대기환경학회지』 26(1), 2010, p. 57-68.
지식경제부, 「지식경제부용어사전」, 2010.
최기주, 「지속가능한 대중교통중심도시 구현을 위한 공학연구의 방향」, 『대한토목학회지』 58(12), 2010, p. 72-75.
최진무 외 4인, 「미래도시와 공간정보: 쟁점과 의제」, 『국토지리학회지』 44(3), 2010, pp. 403-414.
Abowd, Gregory D. et al, 「Ubiquitous Smart Spaces」, A white paper submitted to DARPA, February, 1988. 이연님, 권오병, 「특정 유비쿼터스 지능공간 구축을 위한 최적 선정 방법론」, 『지능정보연구』 14(3), 2008, p. 109-131.
Bertolini, L. et al, “Introduction”, *Transit Oriented Development: making It Happen*, Routledge, 2009, p. 3.
Cervero, R. “Public Transport and Sustainable Urbanism: Global Lessons”, *Transit Oriented Development: making It Happen*, Routledge, 2009, p. 23.
Dittmar, H. et al, “An introduction to Transit-oriented Development”, *The New Transit Town: best practice in Transit-Oriented Development*, Island Press, 2004, pp. 5-9.
U-Eco City 사업단, 「U-City 정의」, www.ueco.or.kr

6. 다목적 쉘터의 건축적 특성: 재난용 쉘터 사례분석을 통한 쟁점 도출

로이드 칸, 『쉘터』, 이한중 역, 시골생활, 2009.
마이클 폭스; 마일스 켐프, 『인터렉티브 건축 공간』, 남수현 역, Spacetime, 2010.
Robert Kronenburg, *Transportable Environments 2*, Spon Press, 2003.

8. 쉘터의 현황과 스마트 도시속의 쉘터

고필종 외, 『도시환경과 거리가구 디자인』, 미진사, 2001.
김언용, 「지능형 디지털 아키텍처 도구와 BIM 패러다임」, 『건축』 48 (special issue: 디지털 아키텍처) , 2004. pp. 56-59.
김언용; 주성일; 전한종; 「위치정보기반 디지털건축모델링」, 『대한건축학술발표대회논문집』, 2008, pp. 37-41.
Arup, “Smart Cities - Transforming the 21st century city via the creative use of technology”, 2010. http://www.cisco.com/c/dam/global/en_vn/assets/sccconference2011/pdfs/michael_tomordy-presentationeng.pdf
Crawford, k., “Urban shelter and the limits of humanitarian action”, *Forced Migration review* 34, February, 2010. http://www.fmreview.org/urban-displacement/crawford-suvatne-kennedy-corsellis.html
Eastman C., *Building Product Models: Computer Environments Supporting Design and Construction*, CRC Press, 1999.
Graphisoft, “Transitional Shelters designed using ARCHICAD”, 2016. http://www.graphisoft.com/users/bim-case-studies/transitional-shelters-designed-using-archicad.html

ISO/IEC JTC 1 - Information technology, Smart cities - Preliminary Report 2014, ISO, 2014

Khanzode, A. et al, "A Guide to Applying the Principles of Virtual Design & Construction (VDC) to the Lean Project Delivery Process(CIFE Working Paper #093)", Center for Integrated Facility Engineering(CIF), Stanford University, 2006.

Kim, Eonyong, "Field Survey System for Facility Management Using BIM Model - IoT Management for Facility Management", the 23rd International Conference of the Association for Computer-Aided Architectural Design Research in Asia (CAADRIA) 2018.

Magrassi, P.; Berg, T., "A World of Smart Objects: The Role of Auto-Identification Technologies", Gartner research report R-17-2243, 12, August, 2002.

Norwegian Refugee Council and Shelter Centre, "Urban shelter guidelines - Assistance in urban areas to population affected by humanitarian crises", NRC, 2010. http://shelterprojects.org/files/NRC-urban-shelterguidelines_23-11-10_compressed.pdf

Park, S.; Kim, E., "Middleware for Translating Urban GIS Information for Building a Design Society Via General BIM Tools", *Journal of Asian Architecture and Building Engineering* 15(3), 2016.

Poole, S., "The truth about smart cities: 'In the end, they will destroy democracy'", The Guardian, December, 2014. https://www.theguardian.com/cities/2014/dec/17/truth-smart-city-destroy-democracy-urban-thinkers-buzzphrase

UNHCR Innovation, Using GIS Technology to map shelter allocation in Azraq refugee camp, 2016.

UNHCR Shelter and Settlement Section, "Shelter Design Catalogue", UNHCR, January, 2016. https://cms.emergency.unhcr.org/documents/11982/57181/Shelter+Design+Catalogue+January+2016/a891fdb2-4ef9-42d9-bf0f-c12002b3652e

Rem, Koolhaas, "My thoughts on the smart city", Series of Digital Minds for a New Europe, European Commission, 2016. http://ec.europa.eu/archives/commission_2010-2014/kroes/en/content/my-thoughts-smart-city-rem-koolhaas.html

Rouse M., Wigmore, I.(con), "Internet of Things (IoT)", TechTarget, 2014. https://internetofthingsagenda.techtarget.com/definition/thing-in-the-Internet-of-Things

Suomela, Riku; Lehikoinen, Juha, "Taxonomy for Visualizing Location-based Information", *Virtual Reality* 8(2), 2005.

공간정보 오픈플랫폼 지도서비스, 국토교통부, https://www.vworld.kr

공공데이터포털, 한국정보화진흥원, 과학기술정보통신부, https://www.data.go.kr/

권영걸, 「Furniture, 도시의 시설물」, Typography Seoul, 2014. www.typographyseoul.com/news/detail/572

에스리(ESRI) 홈페이지, "What is GIS" http://www.gis.com

Autodesk Research, Dasher Project. https://www.autodeskresearch.com/projects/dasher

Better Shelter. http://bettershelter.org

BSI smart cities. https://www.bsigroup.com/en-GB/smart-cities/

Forced Migration review. http://www.fmreview.org

https://www.cs.cmu.edu/~coke/history_long.txt

IKEA Foundation. https://www.ikeafoundation.org

ITU-T Smart sustainable Cities. https://www.itu.int/en/ITU-T/ssc/Pages/default.aspx

Laiserin J., “Comparing Pommes and Naranjas”, The Laiserin Letter 15, 2002. www.laiserin.com/features/issue15/feature01.php
Refugee challenge, https://refugeechallenge.unhcrideas.org/Page/About
Refugee Studies Centre, University of Oxford, https://www.rsc.ox.ac.uk
The “Only” Coke Machine on the Internet, https://www.cs.cmu.edu/~coke/history_long.txt
UNHCR, http://unhcr.org
UNHCR, Refugees, http://www.unhcr.org/refugees.html,
UNHCR, Urban Refugees, http://www.unhcr.org/urban-refugees.html
WCDC, Refuge Challenge Briefing, 2016. https://unhcrideas.org/refugeechallenge/Page/HIWText
What Design Can Do(WDCD), http://whatdesigncando.com
Wikipedia, https://en.wikipedia.org/wiki/Internet_of_things
Wikipedia, https://ko.wikipedia.org/wiki/빌딩 정보 모델링
Wikipedia, https://ko.wikipedia.org/wiki/사물인터넷
Wikipedia, https://ko.wikipedia.org/wiki/정보통신 기술
Wikipedia, https://ko.wikipedia.org/wiki/지리 정보 체계
Yessios, C.I., “Are We Forgetting Design?”, AECbytes Viewpoint #10, 2004 www.aecbytes.com/viewpoint/2004/issue_10.html.

9. 스마트 쉘터의 텍스 기반 IoT 모듈: 뇌파 모듈을 중심으로

고경호; 김정은, 「현대 미술에서의 쉘터(Shelter) 공간 연구: 안드레아 지텔(Andrea Zittel)의 작품을 중심으로」, 『조형디자인연구』 19(3), 2016, pp. 169-187.
신동희, 『휴머니타스 테크놀로지』, 커뮤니케이션북스, 2013.
정연심, 『현대공간과 설치미술』, 에이엔씨, 2014.
지승열; 고경호, 「뇌파 정보를 활용한 스마트 쉘터 운용에 관한 연구」, 『현대미술사연구』 41, 현대미술사학회, 2017, pp. 119-138.
Karvinen, Tero et al, *Make: Sensors: A hands-on primer for monitoring the real world with arduino and raspberry pi*, Maker Media, Inc., 2014.
Badcock, Nicholas A. et al, “Validation of the Emotiv EPOC EEG system for research quality auditory event-related potentials in children.” PeerJ 3e:907, 2015.
Eastman, Charles M. et al, *BIM handbook: A guide to building information modeling for owners, managers, designers, engineers and contractors*, John Wiley & Sons, 2011.
Edith, Cherry, *Programming for Design: From Theory to Practice*, Wiley, 1998.
Gertz, Emily; Patrick Di Justo, *Environmental monitoring with Arduino: building simple devices to collect data about the world around us*, Makter Media, Inc., 2012.
Gartner Research Center, A Gartner Trend Insight Report, 2014. https://www.gartner.com/newsroom/id/2603623
Shotton Jamie et al, *Real-Time Human Pose Recognition in Parts from Single Depth Images*, CVPR, 2011.
Valenzi, Stefano et al, “Individual classification of emotions using EEG” *Journal of Biomedical*

Science and Engineering 7(8), 2014. pp. 604-620.
https://en.wikipedia.org/wiki/Leonard_Kleinrock
https://en.wikipedia.org/wiki/Sensor_fusion

도판 출처

2. 삶의 형식과 쉘터의 의미: 비트겐슈타인 하우스에 담긴 철학적 성찰

2-1. Bernhard Leitner, *The Architecture of Ludwig Wittgenstein*, New York University Press, 1976, p. 41.
2-2. 정은영 촬영.
2-3. Wikipedia Commons 제공 비엔나 지도 재구성.
2-4. Leitner, 앞의 책, p. 38.
2-5. 정은영 촬영.
2-6. Ray Monk, *Ludwig Wittgenstein: The Duty of Genius*, Penguin Books, 1990, p. 115.
2-7. Brian McGuiness, *Wittgenstein: A Life*, Penguin Books, 1988 p. 82.
2-8. Bernhard Leitner, *The Wittgenstein House*, Princeton Architectural Press, 2000, p. 53.
2-9. 정은영 촬영.
2-10. Carl E. Schorske, *Fin-de-Siècle Vienna*, Vintage Books, 1981, pp. 32-33.
2-11. 위의 책, p. 37.
2-12. Leitner, 앞의 책(2000), p. 29. 현관과 중앙 홀의 크기 표시 첨가.
2-13. 위의 책, p. 67. 중앙 홀 중심의 크기 표시 첨가.
2-14. Leitner, 앞의 책(1976), p. 91, 크기 표시 첨가.
2-15. Leitner, 앞의 책(2000), p. 163.
2-16. 위의 책, pp. 120-121 재구성.

3. 현대 미술에서의 쉘터 공간: 안드레아 지텔의 작품을 중심으로

3-1. 안드레아 지텔 웹사이트 www.zittel.org/works
3-2. Andrea Zittel, Simona Vendrame(ed.), *Andrea Zittel Diary #01*, Alberico Cetti Serbelloni, 2002.
3-3. 위의 책.
3-4. 위의 책.
3-5. 위의 책.
3-6. 앞의 웹사이트.

4. 어반토피아의 꿈과 이동성: 현대 미술에서의 쉘터 스페이스

4-1. Michael John Gorman, *Buckminster Fuller: Designing for Mobility*, Skira, 2005, p. 34.
4-2. 위의 책, p. 37.
4-3. *Shelter* Cover, May, 1932
4-4. KnudLonberg-Holm, Cover Design, *Shelter*, April, 1938.

4-5. Gorman, 앞의 책(2005), p. 71.

4-6. 위의 책, 2005, p. 71.

4-7. Constance Lewallen; Steve Seid, *Ant Farm 1968-1978*, University of California Press, 2004, p. 16.

4-8.위의 책, 2004, p. 18.

4-9. Germano Celant, "ANTFARM. houses - Houses of the century," *Domus* 522, May, 1973.
_________________, "Ant Farm as seen by GermanoCelant," *Domus*, March, 2011. https://www.domusweb.it/en/from-the-archive/2011/03/25/ant-farm-as-seen-by-germano-celant.html

4-10. from Reyner Banham, "A Home Is Not a House," *Art in America*, April, 1965, p. 77.

4-11. Eva Diaz, "DomeCulture in the Twenty-first-Century," *Grey Room* 42, Winter, 2011, pp. 80-105, p. 90.

4-12. www.zittel.org/works

4-13. Photo: Tomás Saraceno. http://tomassaraceno.com/projects/cloud-cities-flying-garden/

5. 미래 도시 생활권의 공간 구조

5-1~16. 자체 개발.

6. 다목적 쉘터의 건축적 특성

6-1. https://www.jbu.edu/shelter_contest/2013/, 첫 번째 영상 스크린 샷

6-2. https://www.jbu.edu/shelter_contest/2014/, 두 번째 영상 스크린 샷

6-3. http://www.l-a-v-a.net/projects/digital-origami-emergency-shelter/

6-4. http://www.l-a-v-a.net/projects/digital-origami-emergency-shelter/

6-5. http://emergencyshelteraustralia.com

6-6. https://www.e-architect.co.uk/concept/sphere-shelter

6-7. https://www.e-architect.co.uk/concept/sphere-shelter

6-8. 자체 개발.

7. 스마트 시티 로드맵 작성을 위한 공간 단위

7-1~9. 자체 개발.

8. 쉘터의 현황과 스마트 도시속의 쉘터

8-1~9. 자체 개발.

9. 스마트 쉘터의 텍스 기반 IoT 모듈: 뇌파 모듈을 중심으로

9-1~6. 자체 개발.

저자 소개

고경호
현 홍익대학교 조소과 교수. 홍익대학교 조소과 및 동 대학원을 거쳐, 미국 스쿨 오브 비주얼 아츠(School of Visual Arts)에서 미술학 석사 학위(MFA)를 받고 국민대학교 건축디자인과에서 "현대 조각과 건축의 네거티브 공간에 나타나는 상호 텍스트성"(2010)을 주제로 박사 학위를 받았다. 주요 수상 경력으로는 제12회 대한민국미술대전 대상 수상이 있다. 15회의 국내외 개인전 및 100여회의 단체전을 통해 조각, 미디어, 회화, 설치 등 다채로운 작품을 선보이고 있으며 건축, 공학, 미술의 융합 연구를 통해 새로운 작품 및 연구를 진행 중이다. 주요 작품으로는 〈클레오파트라의 바늘〉, 〈흰 코뿔소의 여정〉, 〈리플렉션 시리즈〉 등이 있다.

김덕수
현 한밭대학교 건축학과 교수. 국민대학교 건축학과에서 건축 공부를 시작했다. 미국 미시간대학교(University of Michigan)에서 건축학 석사 학위를 받고 의료 시설 설계에 특화한 건축사 사무소를 분석의 대상으로 하는 건축 사회학적 연구로 텍사스 에이 앤 엠 대학교(Texas A&M University)에서 건축학 박사 학위를 받았다. 연구의 방향성이 산만하고 학문의 깊이가 얕아진다는 단점에 대한 반성은 하고 있지만 국내외 다양한 분야의 전문 학술지에 논문을 투고하고 있다. 수고에 비해 성과는 별로 없는 편이다.

김언용
현 한양대학교 공과대학 건축학부 연구교수. 명지대학교 건축학과 공학사, 공학 석사 취득 후 호주 시드니 대학교(University of Sydney) 건축학부의 디자인 컴퓨팅 및 인지 분야 국가 핵심 센터(Key Centre of Design Computing and Cognition)에서 디자인 컴퓨팅(Design Computing) 전공으로 박사 과정을 수학했다. 한양대학교 건축 환경 공학과에서 건축학 박사 학위를 취득했다. CAD/BIM/GIS 융합, 건물 정보 모델링, 공간 및 시설 관리, IoT 기반 시설 관리를 연구하고 있으며, 책임자로 인천국제공항 통합공간관리시스템 개발 프로젝트를 수행했다. 주요 논문으로 「Field Survey System For Facility Management Using BIM Model」(2018), 「Three-dimensional visualized space and asset management system for large-scale airports」(2016), 「Middleware for translating urban GIS information for building a design society via general BIM tools」(2016) 등이 있다.

김정은
홍익대학교 대학원 미술학과 예술학 전공 박사 과정을 수료했으며, 홍익대학교와 용인대학교에서 강의하였다. 저서로는 『SeMA Collection 200』(공저, 서울시립미술관, 2016), 『단색화 미학을 말하다』(공저, 마로니에북스, 2015), 『서양 미술 사전』(공저, 미진사, 2015), 『비평가, 이일 앤솔로지』(공편, 미진사, 2013) 등이 있다.

박영욱
현 숙명여자대학교 교양학부 조교수. 고려대학교 철학과 및 동 대학원 박사 과정을 졸업하였다. 국민대학교 테크노디자인전문대학원, 홍익대학교 예술학과, 한양대학교 작곡과, 한국예술종합학교 음악원 등에서 강의하였으며 저서로는 『보고 듣고 만지는 현대사상』(바다출판사, 2015),

『필로아키텍처』(향연, 2009), 『데리다와 들뢰즈』(김영사, 2009), 『매체, 매체예술, 그리고 철학』(향연, 2008) 등이 있다.

송복섭

현 한밭대학교 건축학과 교수. 한양대학교 건축공학과를 졸업하고 프랑스 파리 라빌레뜨 건축학교(Ecole d'architecture de Paris La Villette)에서 국가공인건축가(D.P.L.G.)와 파리 8대학(Universite de Paris VIII)에서 건축학 박사 학위를 받았다. 건축과 도시 관련 연구와 활발한 작품 활동을 펼치고 있다. 주요 작품으로는 〈행복도시 도시개념 국제공모 1등 당선〉, 〈오송바이오밸리 마스터플랜 국제공모 가작〉, 〈행복도시 유럽마을〉 등이 있다.

정연심

현 홍익대학교 미술대학 예술학과 부교수. 2018-2019 풀브라이트 펠로우이며, 뉴욕대학교 인스티튜트 오브 파인 아츠(IFA, Institute of Fine Arts)에서 미술사 박사 학위를 취득했다. 뉴욕 구겐하임 미술관에서 개최된 '백남준' 회고전의 리서처로 일했으며, 뉴욕주립대(FIT)에서 조교수를 역임했다. 『비평가, 이일 앤솔로지(미진사, 2013; *Lee Yil: Dynamics of Expansion and Reduction,* Les Presses du reel, 2018)』, 『*Lee Bul Dissident bodies*』(공저, Hayward Gallery, 2018), 『현대공간과 설치미술』(에이엔씨, 2015) 등을 출판했고 2018년에는 광주비엔날레 '상상된 경계들(Imagined Borders)'의 큐레이터로 참여한다. 한국문화예술위원회 위원, 광주비엔날레재단 이사 등을 역임했다.

정은영

현 한국교원대학교 미술교육과 부교수. 이화여자대학교 영문학과와 홍익대학교 예술학과를 졸업하고 미국 일리노이 대학교(University of Illinois at Urbana-Champaign)에서 미술사학 석사 학위 및 박사 학위를 받았다. 20세기 현대 미술을 중심으로 전위 미술의 논리와 의미 작용의 탈·구조를 연구하고 있으며, 주요 논문으로 「개념 미술 속의 비트겐슈타인」(2017), 「초현실주의와 에로스의 수사학」(2016), 「현대조각의 파편화된 형상과 부분대상에 관한 연구」(2012) 등이 있다.

지승열

현 한양대학교 건축학부 연구교수. 목원대학교 건축학과를 졸업하고 한양대학교 건축환경공학과에서 디자인 컴퓨팅 관련 석사 학위 및 박사 학위를 받았다. 컴퓨터 언어인 코딩을 활용해 최신 기술 간의 소통을 통한 건축 디자인 방법론을 연구하고 있으며, 주요 논문으로는 「뇌파 정보를 활용한 스마트 쉘터 운용에 관한 연구」(2017), 「Space Management on Campus of a Mobile BIM-based Augmented Reality System」(2017), 「BIM-based File Synchronization and Permission Management System for Architectural Design Collaboration」(2017), 「Elementary Implementation of a Parameter-Based Generative Design System Considering the User Environment」(2014), 「모션캡처와 공간 변수를 이용한 형상 알고리즘 활용 및 디자인 구현에 관한 연구」(2012) 등이 있다.